木全 巌

細谷四方洋

松井孝晏

岡田稔弘

福井敏雄

伊藤 健

吉松広彰

島田勝利

松田栄三

鈴木 孝

日本クルマ界

歴史の証人10人

自動車業界の〝レジェンド〟たちが綴る歴史の舞台裏

（インタビュー／まとめ）佐藤篤司

講談社ビーシー／講談社

すべては木全 巌さんの話を聞いたところから始まった……

ベストカー本誌での連載スタートは2013年の3月26日号からだった。当時の講談社BCの勝股優相談役から「知人の取材をしてくれないか？」という依頼があり、打ち合わせに出向いた。そこで初めて取材相手が元ラリーアート監督の木全 巌さんであることを告げられた。もちろんお名前も功績も存じていたのだが、正直、その時点で木全さんを取材するような理由やニュース性が見当たらなかった。すると「僕の元気なうちに話しておきたいことがあるんだよ」と木全さんご自身が、勝股相談役に打ち明けられたためだという。実はこの企画、編集部側からの依頼によるものではなく、木全さんの希望によるものだった。確かにラリーファンならずとも、自動車メディアに身を置く者としてはレジェンドと言える木全さんにお会いできることは、ある種の興奮を伴ったものであった。

私と担当編集は木全さんのご自宅に近い、JR藤沢駅前のファミレスに出かけた。お会いした途端に「さぁ～て、何から話そうか、何でも話すからね」と実に饒舌に、こちらを圧倒するほどの迫力で取材が始まった。まさにそこからは立て板に水のごとくで、確か午前中に始まったインタビューは2時間ほどの取材予定を大幅にオーバーし、終了したのはなんと午後3時を過ぎていた。有望新人だったトミ・マキネンを英語ができないからという理由で不合格にした話とか、再度英語ができるようになったマキネンを雇った話など、WRCにおける三菱の黄金期の裏話が次々と出てくる。

木全さんの証言はついに1日では収まりきらず「また、ここに来てくれないかなぁ」と茶目っ気たっぷりに言われた。数日後同じファミレスで2度目の取材に入る。この日も木全さんは、時間を惜しむように話し続けた。そして取材を終えて席を立った時、「また、お話したいね」と、少し寂しそうな表情をされたことが少しだけ気になった。

こうして木全さんよりお聞きした証言だが、とても1号では収まりきらず、2号、3号と続く短期連載となり、その話の面白さからその証言は好評となった。そして編集部からは「木全さんに続き〝日本のモータリゼーションを支えてきた人たちの証言を連載で〟」となったのだ。これが現在まで続く「クルマ界歴史の証人」のスタートだった。

そして私は次の方、さらに次の方という具合に取材や執筆に取りかかっていた。おひとり2号から3号の短期で掲載するというスタイルがほぼ固まり、順調に進んでいた。そんなある日である。木全さんの取材から5カ月ほど経過した頃、木全さんの訃報を耳にするのである。信じられなかった。あれほどお元気だったのに……。人づてだがご自身のご病気のことを理解したうえで「まだまだ話しておきたいことがあるんだよ」と我々に話されていたようなのだ。2度目の取材を終えた時、一瞬見せた寂しげな表情の意味をこの時に初めて知り、目頭が熱くなった。享年71歳。あまりに早すぎる。第1回に登場していただいた木全さんを書籍の第1章としたのはそのためであるというか、木全さんしかあり得ないのである。

こうして木全さんを皮切りに始まった連載は今年で8年目に入った。現在まで55名の方々にご登場いただくところまでやってきた。お会いした方々は、歴史的事実のど真ん中に身を置かれてきた方ばかりである。その皆様からお聞きした真実には独特の重さがあった。その言葉を尽くした多くの証言の前にはどんな推測も憶測も風聞も、ましてや部外者の個人的な思い込みなどはなんの意味も持たないのだと思った。だからこそその歴史を目の当たりにされたご本人の証言は貴重なのである。こうして集めた多くの証言のなかから10人の方の連載を再編集して、一冊にまとめることができたことは、嬉しいことである。まずはご一読いただければ幸いである。

日本クルマ界

歴史の証人10人

もくじ

第1章

三菱ラリーアートチーム総監督

木全巖

IWAO KIMATA

20世紀初頭に日本車が誕生して以来、日本車メーカーはクルマを開発し、モータースポーツなどへも挑戦を行った。今回の新連載は、そんな日本車の歴史を知る先輩方に、その生々しい体験談を語っていただくというもの。トップバッターとして、三菱ラリーアートチームの総監督を始め、国際的なモータースポーツに多数参加した木全巖氏にご登場いただき、未来に残し、伝えるべき証言を聞いた。

きまたいわお●1942年東京都杉並区生まれ。

16歳で小型四輪免許を取得後、18歳からラリーを始め、法政大学経営学部を卒業後、'67年に三菱自動車と契約。乗用車開発本文乗用車消費金企画部や研究部モータースポーツグループでラリー出場車の開発を行うとともに国内外のラリーに出場した。'69年の第1回アジアハイウェイモーターモーターラリーにコルト1200Sで出場したほか、'74年のサザンクロスラリーでは篠塚建次郎選手のコ・ドライバーとしても出場。

'90年の三菱の本格的なWRC参戦に合わせて三菱ラリーアートチームの総監督に就任し、三菱がランサーエボリューションとトミ・マキネンによって'96～'99年までWRCドライバーズチャンピオンを獲得した黄金期の立役者。'99～'02年までラリーアートのゼネラルマネージャーとしてWRCの三菱ラリーアートチームの総監督を務めた。

その後はJAFのマニュファクチャラーズ専門部会やラリー専門部会の会長を歴任し、ラリージャパンの字招致に積極的に取り組み、JAFラリー部会長として日本にSS方式のラリー規則導入に関して尽力した。さらに日本のモータースポーツの普及や振興について中長期的なあり方をJAF会長に進言することを目的に'07年にJAFに設置された「モータースポーツ振興ワーキンググループ」の初代座長を務めたほか、全日本ラリーやアジアパシフィックラリー選手権などの審査委員としても活躍していた。'13年7月に逝去、享年71歳。

クルマ好きの父の影響でその魅力に取り憑かれた

　凄くラッキーなクルマ人生だったし、これからもこの幸せは続くだろう。私がこう言えるのは、これまでに出会ってきた多くの人たちのおかげだと思っている。改めて考えるとすべての出会いが幸運へと導いてくれたような気がする。

　まず親父の存在だ。親父は名古屋大学に在学中、自動車部を創設したひとりだと自慢げに言っていた。「以前、T型フォードに乗ったことがある」とか、とにかく、そのうんちくは凄かった。ところが親父は免許を持っていなかったのだ。それでも無類のクルマ好きには変わりなく、そんな影響もあって私もクルマが大好きだった。

　私が16歳になると2ℓ以下のクルマなら運転できる小型4輪免許というのがあって、当然のようにその免許を取得した。すると親父が自分も乗せてもらいたくて「クルマを買ってやる」という。クルマは中古のモーリス・マイナーだ。

　とにかくそのクルマが木全家のマイカー第一号となったのだが、「クルマの床の穴から下駄が落ちるわよ。もう少しいいクルマにしなさいよ」と母が言うほどボロボロだった。もちろん、それでも当時は自家用車があるなんてまだまだ特別な時代だったし、憧れの生活だったから私も得意になって乗り回していた。

　しかし、近所のタクシー会社で出物の〝タク上がり〟があると聞くと、モーリスのボロさ加減に嫌気がさしていた父は、そのタクシー上がりを買う決断をしてくれた。'59年式のブルーバード310、通称「柿の種」だ。

　そしてこのクルマが次の出会いを演出してくれた。タクシー時代にいろいろな改造が施され、配線もめちゃくちゃで、かなりノーマルとは違っていた。これを普通に戻すために作業をしなければいけなかったが、私にすればこれほど楽しい時間はなかった。

　まだ大学生だったが授業を終えるとまっすぐ帰ってきて整備を始める。授業以外はすべてクルマのために使った。夜中の12時まで開いている近所のエッソのスタンドに頼み込んで、そこで毎日ブルーバードをいじっていた。

フィアット1600で乗りつけたドライバー

　そんなある日、夜の11時頃だったと思うが、スタンドに〝鉄のパイプ〟でキャビンを囲んだフィアット1600カブリオレで乗りつけた人がいた。鉄のパイプとはロールバーのことだが、当時はそんなものを見たことも聞いたこともなかった。あまりの珍しさからそのドライバーに「それは何ですか」と聞いた。すると「第一回日本グランプリ自動車レース大会というのが鈴鹿サーキットであるんだが、このクルマで出るんだよ」というワケだ。

　こちらとすれば、その人とクルマが神々しく見え、ただただ凄いなぁと思った。おまけに、これからなら慣らしを兼ねて試運転に行くという。慣らし運転の意味もよく知らない私は「一緒に連れて行ってくださいよ」と聞いてみた。すると「家のお母さんがいいと言ったら連れて行くよ」と言われたので、すぐにガソリンスタンドから電話を入れて許可をもらった。

　実はそのドライバーが荻窪の呉服屋さんの若旦那で、宇田川武良さんという人だった。大地主で、キャデラックを含めて5台か6台のクルマを持っていた。この出会いが日産ワークスとの出会いに繋がるのだ。

荻窪の呉服屋さんとの縁から日産ワークスへ

　それからというもの宇田川さんのところに入り浸りとなる。学校から帰るとすぐに家に行き、タイヤを洗ったり、ボディを洗ったり、2台連なってガソリンを入れに行ったりと、とにかく毎日クルマに触れながら過ごしていた。

　すると、ある時に宇田川さんが「日産が第2回日本グランプリのドライバーのオーディションをやるらしいよ」と言うのだ。当時、宇田川さんは「日本スポーツカークラブ」と「日本ダットサンクラブ」の両方の会員だった。もちろんその情報は「日本ダットサンクラブ」からのもので「お前、出てみない?」となったワケだ。

　もちろん怖いもの知らずの私は「やってみます」と即答。すると特別な練習をしていたワケではなかったが20人以上の応募者のなかから4人合格し、そのひとりに選ばれた。第2回グランプリ要員として契約されたワケだが、宇田川さんとの出会いがなければ、その道は開けなかったかもしれない。

　こうして日産のワークスに入ったのだが、すべてが未知の世界だった。当時の日産は待遇がよくて、まずは足グルマとしてセドリックを貸してくれた。おまけに、土日の鈴鹿でのサーキット練習ともなれば、東京から飛行機で名古屋まで飛び、そこからセドリックで鈴鹿へ移動という贅沢さだ。もちろん練習終了後も、また飛行機で東京まで戻ってくるというVIP待遇だった。

　さらに日産の秘密主義というのも体験した。ドライバーにもボンネットのなかを見せてくれないことがよくあったのだ。ある時、フェアレディの練習走行中に冷却ファンがボンネットを突き破って飛んでいったことがあった。鈴鹿のS字でのことだったが、そのままピットに戻ってボンネットを開けると見たことのないキャブレターが付いていた。当時としては最先端のウエーバーキャブだったが、そんなことすら知らずに走っていた。

そして、いよいよ第2回グランプリに出るための準備も本格的になったある日、「ライセンスを取るので、名前と住所を書け」と指示された。言われるがままに記入し、提出すると、なんと1週間後に無事ライセンスが届いた。1964年のことだが、日本のモータースポーツライセンス第一号の143人は、こうして取得できたのだ。

難波靖治氏からの突然の呼び出しに……

何はともあれ準備も順調に進み、後は本番に備えて、というところで難波靖治さんから呼び出しを受けた。後にニッサン・モータースポーツ・インターナショナル（ＮＩＳＭＯ）初代社長となる難波さんだが「実はね、メーカー間の競争が激化してきたので、悪いが君は今回は乗せられない」というのだ。

第1回グランプリはアマチュアも多く出ていたが、今回は少し様子が違うというのだ。国内各メーカーが真剣勝負を繰り広げるため「キミにはシートがない」となった。

トヨタ、日産、三菱、プリンス、本田技研、東洋工業、いすゞ、鈴木自工、富士重工、日野などといった国内メーカーがワークスチームを送り込むというのだから、監督の指示も当然かも知れない。内心面白くはないがまだ大学生だった私は指示に従うしかない。チームの練習に出てもいいが「早い話が裏方に回れ」というワケだ。

そんなことをやりながら過ごしていると今度も監督から「お前、学生で暇だろう。ちょっと新しいクルマのテストに行ってくれないか」と声がかかったので、まずは話を聞いた。すると「サファリラリーに出るためのクルマを浅間サーキットで開発している」という。もちろん悶々としていた私は「クルマに乗れるならどこでも行きます」となり、浅間へ飛んだ。すると、それまで浅間を走っていた連中よりはるかに速いタイムで走り、ラリー用のセドリック開発担当になった。

すると難波さんは「日本人はサーキットのレースではトップになれない。でも、ラリーならなんとかなるかも知れない」。これなら海外にも行けるし、すぐにでもレースに出れる、と私もまだ素直だったから一生懸命練習した。そして「サファリに連れて行くからパスポートも準備しておけ」というところまで話は進んだ。この時私はラリーを志すことを決心したのだと思う。まさに大学3年の時だ。

マシンの開発で私が担当していたのは薄いブルーのセドリック。もちろん全力で仕上げた。そしてほぼ完成というところで、また難波さんより呼び出しがかかった。「実はね、現地でヒーリアという、もの凄く速いドライバーと急遽、契約できたんだ。従ってキミはサファリに行かなくてよろしい」と言われ、愕然とした。慣らしまでやり、丹精込めて仕上げた薄いブルーのセドリックは、その外人が乗ってサファリに出場。確か2位になったのだが、何とも複雑な気持ちになったものだ。

今でも難波さんとは年賀状などのやりとりもあるし、親しくさせていただいている。ある時「貴方のおかげで、ボクはラリーなんて世界に入ってしまったじゃないですか」と冗談混じりに申し上げたこともあったが、それはまんざらウソではない。

三菱のラリー挑戦が移籍のきっかけに!!

ＪＡＦ公認ラリーの第一号となったのが'64年開催の「第6回アルペンラリー」。ここで総合2位に入った私は、その翌年からもアルペンラリーに日産のドライバーとして出場していた。

大きく私の人生が動いたのは'66年の第8回アルペンラリーのスタート直前である。三菱のモータースポーツ関係者から声をかけられたのだ。「実はね、三菱でもラリーをやろうと思うんだけど、キミ、うちでやってみないか」とスカウトされたのだ。彼らは浅間などでのテストの結果をじっくりと観察していたようだ。私としてもサファリで走れなくなったもやもやなどもあり、正直「日産に対して面白くはなかった」。だが、日産の恵まれた環境からの転身は勇気もいった。

それに当時の三菱にはラリーを戦えるほどのクルマがなかったし、第一、ラリーのことを誰も知らなかったのだ。そこで三菱は私にすべてを任せるという。責任者である北根幸道さんからの話だった。そして私はまさに「鶏口となるも牛後となるなかれ」と決断して三菱に移ったワケだ。ここから私は三菱のトップドライバーとして自由に走れるワケだ。

三菱コルトでサザンクロスラリーに挑戦へ

三菱は当時、コルトに4サイクルの1ℓエンジンを搭載してオーストラリアに輸出しようと考え、テストを重ねていた。そしてテストレポートの最後に「このクルマは耐久性にも優れているのでぜひ、サザンクロスラリーにチャレンジして、耐久性の証明をしてみないか?」とオーストラリア側のスタッフからも要請されていた。

ところが、まだ三菱にはラリーを知っている人が少なく「ラリーって何? 誰かラリーを知っているヤツはいないか?」となり、私に白羽の矢が立ったというのが事の真相だ。

当時、ラリー車のベースとなるコルトは、岡山の水島工場で作られていて、それを見るために寝台特急の一等を用意してくれたが、今にすれば、かなり贅沢な話。おまけに工場では70人ほどの技術者たちがずらりと並んで私を待ち構えていた。

彼らを前にダンパーの話からボディの剛性の上げ方、配線のやりかた、ブラケットはこう作るとかすべて講義した。

こんな話もあった。ある時「カヤバ」にダンパーを作ってもらおうと頼んだが、待てど暮らせど実物が届かない。そこで〝スタートに間に合わない〟と催促すると「思いのほか時間がかかり、間に合いそうもない。ラリーを延期してもらえないか」と。当時のラリーはその程度の認識しかなかったワケだ。

たぶん、日産にいたら経験しなくてもよかったことが三菱では起きていた。

いっぽうで、北根さんは私のラリーに対する知識と運転のテクニック、そして語学力を生かした折衝力を高く買い、信じて任せてくれた。そのうえで、私という人間を北根さんが有効に使ってくれたことがさらにいい結果を生んだのだと思う。

北根さんはよく「俺はわからないから君が行ってくれ」と多くの折衝の場で、自由にやらせてくれた。組織の大きな日産ではまずできなかった動きがここでは可能だったワケだ。

そして私の決断が間違っていなかったことを、最近、ある人と話して確信した。アルペンラリー創設者のひとり、渋谷道尚さんが「あのまま日産でやっていた人で、木全さんのように現在まで活躍されている人はいないですよね。日産のラリードライバーで覚えている人たちはいませんよね。でも木全さんは三菱に行く決心をいち早くやったおかげでこうして今も大きな影響力を持っているじゃないですか」というのだ。

確かにそうかもしれない。人生に〝たられば〟はないが、あの時もし日産で、もやもやした気分のまま走っていたら……。三菱で定年まで過ごすことができたからこそ、その経験を日本のモータースポーツ発祥の地、まさに聖地である浅間サーキットの地元での講演会で披露できたのだ。

私を誘った北根さんとの出会いがその後、篠塚建次郎やトミー・マキネンといった世界的な名手たちとの出会いにつながっていくのだから不思議なものである。

三菱ラリーチームで4WDの開発に貢献

'67年、日産から三菱のラリーチームに移籍した私を待っていたのは、今まで以上に多忙な日々だった。

〝優れたラリーマシンを作らせるため〟であり、〝その技術を一般のユーザーのためにも還元する〟ことに奔走した。

私は持てる経験と知識と運転技術、そして〝顔の広さ〟を生かした折衝能力と語学力をフルに使った。日本は言うに及ばず、世界で戦うための最前線を任されたワケだから忙しくとも充実していた。この転機を皮切りに三菱で世界を相手に戦い続け、最終的には50億円以上の予算を任され、世界9カ国から280人のスタッフを集めてWRCの世界チャンピオンを取るまでに成長していくことになる。

ま、それでもとにかく最初はマシン作りもドライバー育成も苦労の連続だったのだ。

コルト、ギャラン、ランサー、GTOなど多くのマシンを作り上げてきたワケだが、そんななかでやはり最も思い出深いのは'83年10月に東京モーターショーで発表したスタリオン4WDラリーだ。

ファンの間では〝幻のグループBマシン〟などと言われているようだが、このクルマが三菱の〝4WDマシンの礎〟と言って間違いない。当時、4WDに対するイメージというのは〝トラクションはいいが曲がらない〟というものが一般的。アンダーステアが強すぎてラリーではムリというものだった。

もちろん、そんなことは私もわかっていたが、心のどこかに〝これからは4WDの時代になる〟という確信のようなものがあり、迷いはなかった。

おまけに当時、アウディがビッグクワトロの勝利で示したようにターボエンジンと4WDとの組み合わせは勝利に不可欠という流れが生まれていたのだ。

もちろん、こちらもランサーEX2000ターボのターボエンジンを持っていたワケだから、残る問題は4WDというシステムである。

スタリオン4WD ラリーのグループB 開発がスタート

次期マシンとして年間200台以上生産される市販車をベースとするグループBの「スタリオン4WDラリー」開発はこうして始まった。

さらにもうひとつ、この年にはヨーロッパの前線基地であるラリーアートヨーロッパを設立していたワケだから、前進あるのみだ。

実は当時、私はラリー振興のために新聞や雑誌などで執筆活動も行っていて、かなり時間を取られていた。だが、スタリオンの開発計画がスタートした時点ですべての依頼をお断りしたのだ。

当然のことなのだが〝何ごと

もいい加減〟ができない性格で、スタリオンに全精力をつぎ込んで没頭することにした。

　最初の頃のマシンは二駆と四駆の切り替えも手動だったが、とても人間の判断力で間に合うほどの速度域ではなかった。また、機械式LSDのセンターデフも採用していたのだが、ワンウェイカムを組み込んだクラッチを使ってトルク配分の制御を行うようにした。これでアンダーステアを解消できたり、着実に進化していった。

　最終スペックは2140㏄まで排気量をアップし、380馬力を絞り出していた。残念ながら翌年に市販車生産計画が中止となってホモロゲーションが取得できなかったワケだが、そのポテンシャルは相当なものだった。

　あるテストでは当時、最強だったビッグクワトロよりもコーナリングスピードが速かったほどだ。WRCという檜舞台には正式に上がることができなかったスタリオン4WDラリーだが、このマシンの開発で培われた4WDラリーマシンの技術は後に登場してくるギャランVR−4やGTO、そしてランサーエボリューションに受け継がれることになるのだ。

　そしてこの後、スタリオン4WDラリーは私の人生も大きく変えることにもなるのだが、その話は後ほど。

篠塚建次郎と出会い、そしてパリ・ダカ

　さて、この'83年は三菱がパリ〜ダカールラリーへの挑戦が始まった年でもある。前年に発売された本格派の4WD乗用車、パジェロの〝イメージアップ戦略〟を世界最大のアドベンチャーラリーで開始されたのだ。

　私自身は〝パリダカはスポーツではなくアドベンチャーだ〟という意識があったが、パジェロの名前はこのラリーのおかげでどんどん浸透していったのは間違いない。

　そしてパリダカといえば、我々日本人にとって篠塚建次郎が最もなじみ深いドライバーとなる。

　彼が初めて私の元にやってきたのは確か'60年代後半だったと思う。まだ東海大学の20歳の学生だった篠塚を当時、三菱チームのドライバーだった加藤爽平さんが連れてきたのだ。よく聞くと「こいつはとにかく速い」と加藤さんがしきりに勧める。

　なんでもヤビツ峠で篠塚を横に乗せて走ったら「あれ、加藤さん、そこはアクセルを踏まないんですか?」と生意気なことを言う。そこで実際に走らせてみたら〝これが相当に速い〟となり、加藤さんは連れてきた。

　一年ほどナビを経験した後にドライバーとなり、私がそれまで乗っていたコルトが彼のマシンとなった。

　国内でのレース経験を積みながら成長していった篠塚が初めて海外で走ったラリーは'76年のサザンクロスラリーだ。この時私がナビ役を務めた。しかし、篠塚は何もかもが初めてでパスポートの出し方さえもわからないほど。

　私の役割は当然ナビだけではなく、通訳も折衝も金勘定も全部やることになった。会社とすれば「お前が行けばメカニックも通訳もコーディネータの3人分の経費が浮く」と言わんばかりに、どこへでも行かされた。しかしながら、結果的にはこれが自分のポジションをさらに上げることになったワケだ。

　篠塚はその後、'71年から2年連続で全日本ラリー選手権でシリーズチャンピオンを獲得するとか、'76年のサファリラリーでは日本人初の6位となるなど、実績を積んでいたが〝ラリードライバー〟としての知名度はまだまだ低かった。

　また、三菱としてもしかし、オイルショックや排気ガス対策などの諸事情により私たちは'78年にワークス活動を休止。これによって篠塚はラリーから離れなければならなかった。'83年にパリダカにパジェロで参戦するまで私や篠塚にとっては耐える日々であった。だがようやく'85年のパリダカでみごとに初優勝を達成。三菱はその勢いをさらに加速させることを考えていた。

　そこで'86年のパリダカのドライバーとして篠塚を採用することになった。監督は俳優の夏木陽介さんにご登場願ったワケだ。「チーム夏木」としてパリダカ参戦。当然のように世間の注目度は段違いに高くなった。

　これに実績が伴ったワケだからパリダカ、パジェロ、篠塚建次郎の知名度は飛躍的に高まることになる。

　その後も世界ラリー選手権やパリ・ダカで活躍し、'97年のパリダカで日本人初の総合優勝を成し遂げている。日本で最も有名なラリードライバーとなったことはモータースポーツ界に大きな功績を残したことは間違いない。

王者 トミ・マキネンと最新の4WDシステム

　実はこの頃、私もドライバーとしての第一線を退くことを考えていた。その原因があのスタリオン4WDラリーだ。380馬力のモンスターマシンをダートのストレートで時速240㎞という超ハイスピードで走れるのは私だけ、と思いつつも恐怖はあった。

　そしてその走りを実際に映像で見ている時に心底怖くなったのだ。40歳を前にしてこの経験が、私をマネジメントの世界へと入らせたワケだから、いろんな面でつくづくスタリオンは凄いクルマだった。

　さて、こうして三菱のラリーチームのマネジメントをやるようになって忘れることのできないドライバーといえばやはりト

ミ・マキネンだ。

ホンダさんにとってのアイルトン・セナと同じくらいに大切なドライバーのひとりと言える。彼が最初に私の前に来た時はまだまだ荒削りで〝アクセルをドンと踏む〟だけのドライバーだった。

まさか彼がWRCで4年連続でチャンピオンを獲得するようになるとは、さすがに想像はできなかった。何よりも英語が話せず、フィンランド語のみだったことで、私はマキネンを不採用としたのだ。

確かに紹介してくれたのは'82年当時、カンクネンを始めとしたフィンランド人ドライバーを多く育て上げているティモ・ヨッキだった。彼が「こいつは期待の星。タイトルを取るなら絶対に必要だ」とお墨付きだった。

しかし、技術的な情報交換はすべて英語でやっていたため、英語を使えないドライバーは世界を取れないという風に私は思っていたのだ。

ドライバーに監督の気持ち、チームや会社としての方針、そしてメンタル面での懸念などを理解させるためには言葉が非常に大切なのだ。通訳や文章では本当に感じていることや細かなニュアンス、思いはほとんど伝わらない。ラリーで世界を相手に戦う時に必要なものはウデ、部品、金などは、もちろん重要だ。が、それ以前に語学力と折衝力が備わっていなければダメなのだ。

ラリーの現場でも基本には確かに機械があるが、その先にあるのは人間同士の付き合いである。言葉ができないとそこが欠けてしまう。日本人ドライバー、いやスポーツ選手の多くが海外で苦労するのはやはり言葉の問題が大きいと思う。

そして私は、それまで優秀で速くても言葉ができないがために、大成できなかったドライバーを多く知っていたから、この時はマキネンを不採用としたのだった。

トミ・マキネンは のちにコミュニケーション 能力を向上させていく

するとマキネンは2年後にまたやってきて、英語で話し始めた。なんとコミュニケーションが取れるというか、技術的な意思の伝達がこなせるようになっていたのだ。もちろん、その意気、そしてドライバーとしての資質を評価して正式に契約となった。実際に付き合ってみるとマキネンは口数も少なく寡黙な青年だが、そのぶん、裏表もなかった。非常に実直で信頼できる人間だったのだ。そうしたことも言葉があってこそ理解できたワケだ。

だが彼は、社交性があまりなかったために苦労したこともあった。当初はマスコミとの対応がうまくなかったのだ。そこで、マキネンをプロスポーツ選手向けのアカデミーに2週間ほど通わせてプレスの対応なども学ばせた。

メンタル的にはどちらかと言えば日本人に近く、上下関係もきっちりとわきまえていた。これはフィンランド人特有の気質だと言うこともコミュニケーションを取れるようになってよく理解できたのだ。

さて、ドライバーとしてのレベルだが〝天才〟だと思った。ドンとアクセルを踏み込む大胆さと、非常にセンシティブな操作の両方を感覚的に使い分けることのできる数少ない天才だと感じた。

私自身、今までの経験から、そうしたドライバーを見分ける目の正しさには絶対の自信を持っていたから、本当に嬉しかった。

こうなるとマシン作りもすべてがマキネン仕様となる。チームは徹底的にマキネンの走りを分析し、研究も怠らない。

例えば、シーケンシャルミッションだが、シフトレバーを前に倒す時のマキネンの力加減を分析した。その力が加わった瞬間に〝シフトアップ〟と判断してエンジン回転を瞬時に落として、タイムラグがない状況でシフトアップができるようにしたのだった。

シフトダウンの時も同じで、マキネン独特の力が加わった瞬間にエンジン回転を上げてシフトが決まるようにした。実はこの力加減というのはドライバー特有の強さやタイミングがあり、ほかのドライバーのセッティングに乗ると本当に操作がしづらくなるものだ。

マキネン仕様の マシンをセカンド ドライバーに

レギュレーション上、2名のドライバーを走らせなければいけないということになっていたが、残念ながらマシンには二人ぶんのセッティングを行うにはお金もスタッフも時間も不足していた。

ということで当然、トップドライバーのマキネン仕様をセカンドドライバーにも乗ってもらうことになる。

'99年から'01年までチームに加入していたセカンドドライバーのF・ロイクスなどは、マキネン仕様が本当に走りにくそうだった。もちろんセカンドドライバーのマネジメントをやっている人などは「三菱はうちのドライバーにマシンを作ってくれない」というクレームを付ける人までいた。予算不足と人不足の壁は何ともしがたいものだったのだ。

しかし、マキネンにはそれだけの価値が充分にあった。実はドライバーとしてだけでなく、メカニックとしても優秀だったのだ。家にあったトラクターの整備をした経験もあるし、新しいシステムへの興味も人一倍高かった。もちろん、クラッシュ時のダメージを車載工具だけで強引になんとかしてしまうだけの知識も経験もウデもあったのだ。

そんなマキネンだが、最初の頃にアクティブデフという当時の最新システムを〝なじめないからコンベンショナルなものに戻してほしい〟と要望してきたことがあった。

アクティブデフは加速時に直結する4WDに近いトルク配分となるのだが、いっぽうで旋回時には前後のトルク配分を変化させる。さらにデフやブレーキを使うことによって左右輪に回転差を生じさせて、ドライバーがわずかにハンドルを切るだけでコーナーをクリアできるのだ。

私がそんなアクティブデフの有効性をじっくりと解説するとマキネンは徐々に理解してくれ、自分のものとした。その結果、ドライバーズチャンピオンを獲得することができたのだった。

私にとってすべての勝利が素晴らしい思い出ではあるが、なかでも'98年のマニュファクチャラーとドライバーのダブルタイトルが取れたことが最も思い出に残っている。

こうして多くの勝利を手にすることができた私の人生はやはり幸運だったと思う。その幸運をプレゼントしてくれた恩人が、実は3人もいたことを紹介したい。

ラリーで出会った私の師匠たち

50年以上にわたってモータースポーツの世界に身を置いてきたわけだが、そのなかで最も大切にしてきたのは人とのつながりだ。基本は裏切らないこと、信頼すること、なのだ。

これはどこの国の人でも同じで、お互いの信頼さえ築けたならば物事が上手く運ぶし、窮地に陥った時にも助けてもらうことも助けることもできるワケだ。そうしたなかで私には3人の師匠と呼べる存在ができたのだ。

ひとり目はオーストラリアのダグ・スチュワート。この人には'67年のサザンクロスラリーで三菱の挑戦に対するまとめ役でもあり、活躍してくれた優秀なドライバーでもあり、とても重要な人だった。

オーストラリアの自動車連盟の副会長も務めていて、もちろん地元の事情にも精通していたのだ。一緒に戦ううちに学んだことはクルマ作りやドライビングテクニックなどではなく、チーム運営や予算管理など、いわゆるマネジメントだった。

低予算で最大の効果を引き出す。これはラリーチームを効率的に運営するためには何が必要で何が不要なのかを基本から考え直さなければいけないことに直結していた。当時の日本にはまだ確立していなかったワークスチームのマネジメントをしっかりと学ぶことができたのは彼のおかげだ。

サザンクロスラリー優勝の立役者、アンドリュー・コーワン

次は名手、アンドリュー・コーワンだ。サザンクロスラリーには'67年からチャレンジしていたのだが、6年を経た'72年に初めて念願の総合優勝を成し遂げられたのは彼がいたからだ。

実はコーワン、ある知人のパーティに現れ「俺にマシンを任せろ。必ずサザンクロスで優勝してみせるから」と売り込んできたのだ。結局新たなエースドライバーとなるワケだが、その最大の理由が運転の上手さ。

私はコーワンから、ヨーロッパの本当に速いドライバーの走りというモノをたっぷりと見せてもらったのだ。クルマってこうやって動かすと速く走れるもんだということを、教えてもらったのだ。

例えば、私が運転して助手席にコーワンが乗っている時に「木全、まっすぐ走っている時にはステアリングもまっすぐにあまり動かさずピタリと決めるもんだよ」というのだ。

実は当時の日本車はステアリングの中立（センター付近）が甘くて、プランプランしていた感じのクルマがほとんど。当然私も直線を走る時にもしょっちゅうステアリングを修正しながら走ることになった。

当然私はそれがふつうだと思った。でもコーワンは「お前、まっすぐの時はいいんだよ動かさなくて」ときたワケだ。「クルマというのはまっすぐ走っている時は手放しでも走れるようじゃないといけないんだ」というワケだ。

確かにヨーロッパのクルマはピタリとステアリングが決まった。私も「なるほど、速く走るためにはステアリングもそうして仕上げないといけないんだなぁ」などと理解した。ほかにもコーワンからはその後のラリー車作りにプラスになることを随分と勉強させてもらったワケだ。

その信頼のもととなったのも彼の卓越したドライビングテクニックによる速さがあったからこそ、'72年のサザンクロスラリー総合優勝を公約どおりに成し遂げてくれた。

これで三菱は国際ラリーの総合優勝を初めて手にしたワケだから、コーワンへの信頼は当然のことだったのだ。三菱自動車初となるインターナショナルラリーでの優勝を飾り、後にサザンクロス・マスターと呼ばれるまでの存在になっていたコーワン。すでにご存じのとおり、後のラリーアートヨーロッパの創設者でもあるワケだ。

最も過酷なサファリでクルマ作りを学ぶ

さて3人目はケニアのジョギ

ンダ・シンだ。彼からはラリー車作りの精神のようなモノを学ぶことができた。

サザンクロスなどで実績を上げていた'72年のことだが「そろそろ、うちもサファリをやりたいね」と考えていた。

日本での知名度もサファリは高かったし、やはり当時の世界三大ラリーのひとつだったワケだから、挑戦してみたいのは当然のことだった。しかし、ドライバーがいない。

そこで思い立ったのが'71年に日産240Zで優勝したエドガー・ヘルマンというドライバー。そのヘルマンが優勝記念で来日し、銀座のホテルの宿泊していることがわかった。

その優勝記念のパーティが終わり、ホテルに日産の関係者が送ってきた。私を始め三菱の交渉役が3人、柱の陰に隠れて見ていて、日産の社員が帰ったところを見計らって、ヘルマンに接触した。

部屋に電話して、ロビーに呼び出した。そこで「我々はサファリをやりたいんだが、乗ってくれないか」というと「いいよ」と快諾してくれた。

そして実際にヘルマンにギャランで走ってもらったのだが、残念ながらぜんぜんダメだった。「彼がなぜ、サファリで勝てたのかよくわからない」という感想しかなかったのだが、とにかくヘルマンという選択は消えた。

困っているところに'73年、ケニアのディーラーからジョギンダ・シンという地元のドライバーがいるのだが「サファリラリーには並々ならないほどの興味を持っている。ぜひやってみないか」と打診があったのだ。

そこでテストも兼ねて'73年のサザンクロスに呼んでみて走ってもらった。するとこれが、けっこう速かった。

同年のサザンクロスラリーで総合1位となり、ドライバーとしてのポテンシャルの高さを示した。そこで'74年のサファリにも乗せようとなった。

プライベーターとしてのジョギンダ・シンを三菱がサポートするという形で進めたワケだが、後に私は、280kgもの荷物を持って現地に入り、11日間でクルマを現地で仕上げるという荒技をやることになったのだった。

当初は現地でラリー車を作ることは自分でもできるということで、ジョギンダ・シンに任せ、エンジンや足回りの部品を空輸した。だが向こうから「部品がぜんぜん到着しない」という連絡が入る。

エンジンや足回りだが、当時は中東戦争など政情が非常に不安定だったから荷物を紛失してしまったようだ。そこで〝もう一度送るよ〟と連絡を入れると向こうから「送るな。またなくなると思うから、できれば誰か来てくれ!」となった。

サファリにたったひとりで向かうことに

そこで私に白羽の矢が立った。私が行けばメカニックもマネジメントも通訳も全部ひとりでできる。これほど便利な人間はいないということだったのだろうが、サファリにたったひとりで、おまけに大量の部品も持ち込まなければいけないワケだ。

その凄さたるや、木箱がふたつでその総計は280kg。もちろん、羽田までは三菱の社員たちが手伝ってくれるからまったく問題はない。ところがイミグレーションをくぐった、そこからはひとりだ。

当時は羽田からケニアには、一度ボンベイでトランジットする必要があり、そこで一泊するのだ。当然、大量の荷物はスルーするはずだったのだが、なんと空港のベルトの上に木箱が並んで出てきたではないか。

もちろん、ピックアップして、空港職員に文句を付けた。「こいつはナイロビにスルーなんだから」とケンカである。空港職員も親身じゃないから話がなかなか進まず、とても苦労した。なんとか交渉を終え、解決した頃にはすでに眠る時間もなくなっていた。

本来ならば8時間はホテルでくつろげるはずだったのに、残り3時間もない状態でシャワーを浴びてようやくケニアに向かったのだ。

サファリ独特のクルマ作りにはシンのアイデアが生かされた

問題はその後も続く。ナイロビに入った状態から車検に受かるまでの時間が11日間しかなかった。この時、私のアドバイスを真摯に聞くと同時に、ジョギンダ・シンのサファリ独特のクルマ作りのアイデアを生かしながらワークス仕様を製作した。実はジョギンダ・シンの弟であるダヴィンダ・シンも同スペックのマシンでサファリに参戦したのだ。

ジョギンダ・シンは決して高学歴というワケではなかったが、何よりサファリの状況に精通していて〝どんなクルマが勝てるか〟を感覚的に知っていた。サファリに合ったクルマ作りに対する姿勢、壊れないクルマ作りの精神もあり、優勝できたワケだ。

この時、彼は「サファリに優勝するためには、優れたハンドリング性能、強靱なボディ、そしてメンテナンスのしやすいシンプルな構造、これらを備えたマシンがなければ、優勝なんて夢物語だ。私はランサーというマシンに出合えたから今回の優勝が叶ったと思っている。この勝利は今後も鮮明に記憶に残り続けるだろう」と述べている。彼はサファリで勝つための条件を熟知していたワケだ。

この優勝は世界的にも大々的に報じられた。もちろん、そこからも大忙し。東京に電話するが、いまのようにすぐに繋がって話せるワケではなく、なかなか上手くいかない。

　そんななかでナイロビ中のマスコミを集めて、ひとりぼっちで広報活動も行わなければいけなかった。さらに帰国したら、今度は日本国内の「記者発表もやってくれ」となって資料をまとめるのに3日間、会社に缶詰状態となってしまった。

　状況を見ていたのは私だけだからしかたないが、本当にラリー以上の激務だった。

　その後のサファリもジョギンダ・シンに任せることになったのだが、やはり彼のラリー車作りに対する精神を尊重した。サファリラリーのスペシャリストと呼ばれ、実績を持ったジョギンダ・シンは'76年に再びランサーを駆って参戦。

語学力と交渉力こそ、世界の舞台に必要だ

　チャンピオンカーのランチアストラトスを抑え、1～3位独占という結果を残しているのだから凄いことだ。

　こうしてランサーは日本国内外を問わず、クルマとしての名声を高めていく。当時、サザンクロスラリーやサファリ・ラリーの活躍などもあり、アフリカでは「キング・オブ・カー」と呼ばれるほどになっていたのだ。

　さて、こうして尊敬できる師匠を得ることができた基本にあったのはやはり語学だった。言葉ができなければ彼らの真意はなかなか理解することができなかったはずだ。

　私の語学の原点は父が家に揃えていた洋書や外国からのお客さんだったワケだが、最も必要性を痛感したのは大学時代のアルバイトだ。実は東京オリンピックの時にスウェーデン、ハロルド皇太子がヨット競技の選手としてやってきた時の、お抱え通訳兼運転手のアルバイトを務めたことがあった。

　日産のセドリックを専用車として用意して私が運転手となったワケだ。当時、大学出の初任給が1万8000円程度の時代に、なんとバイト代が7万円と破格だった。断る理由などないし、喜んでやった。

　勉強は嫌いだったが、父の影響で小さい頃から英語に触れていたから、これほどおいしいアルバイトができたワケだ。

　そして何よりも、外国人たちの気持ちを理解できると、こちらの言いたいことも正確に伝えることができることが、どれほど重要かも理解した。そして後に外国のドライバーはもちろん、現地メカニックやスタッフとの意志疎通が正確にできることは勝利のための最低条件ということになる。

　もちろん、英語やスペイン語を使ってFIAに対する影響力を持てた。'98年にFIAのなかにラリー委員会、クロスカントリー委員会のアジア地区の委員として籍を置けたことをきっかけとしてモータースポーツの世界で「日本人で木全というのがいるんだ」ということで、みんな認めてくれるようになった。

英語でやり取りしてFIAでの地位を確立

　すると俄然、仕事がしやすくなった。さらにマルボロなどのスポンサーにも名前が知られ、付き合いも始まる。

　とにかくFIAなどでの、やりとりや交渉は当然、英語が中心ということになる。ここで私が自分の言葉でやり合えたことが大きかった。それまではただFIAからのお達しを受け取るだけだったが、今度は意見を言える立場になった。

　アジア地区の代表ということで参加しているのだが、それまでぜんぜん知らない中東の人からも「今、中東のラリー界では、こんな問題が起きているから、国際ルールに則ってこういう点を変えてほしい」などと言った意見がどんどん入ってくる。もちろん、ロビー活動も活発だ。

　今（2013年取材時）、2020年開催予定の東京オリンピックの招致で〝これから交渉で頑張ります〟と言っていた日本人の委員がいたが、これからじゃ遅いという気もする。極端ではなく、会議の時にはすでにすべてが決しているなんてこと、向こうの連中の間では常識といっていい。

　ヨーロッパ人たちのアジアや日本のモータースポーツに対する認識は本当に低いし、あまり重要視もしていない。会議で資料が配られ、それに目を通しているだけで発言するきっかけもつかめないようだと、会議ではお飾り同然だ。

　おまけにこちらに聞かせたくないような話などは〝突然フランス語〟でやり出したりする。こちらも普段から英語だけじゃなくてスペイン語もフランス語もできるんだよといったように認識させる必要があった。

　短い冗談をフランス語で言ったりしながら、意思の疎通には問題ないことを、そして私を無視するんじゃないよ、という姿勢を見せる。

　慣用語まで理解していくと、これが本来の信頼に繋がるし、ロビー活動も自在にできるようになる。やはり通訳を介してでは本当の話し合いはできないと知るべきだ。

　現在（※'13年）、日本メーカーはWRCなどの世界選手権のかかったレースには参加していないワケだが、今後またチャレンジする時に必要なことがある。

　それは卓越した交渉力と〝会社のため〟ではなく〝日本のラリー界のため〟に動ける人間がどれだけいるかということだ。英語が話せるだけではもちろんダメ。

　モータースポーツに精通し、心から愛している人間がどんどん出てきてくれることを願っている。

↑ダグ・スチュワートはオーストラリアで開催されたサザンクロスラリーに参戦した三菱をサポートした

↑1973年のサザンクロスラリーにA73ランサーで参戦したアンドリュー・コーワンはみごと優勝

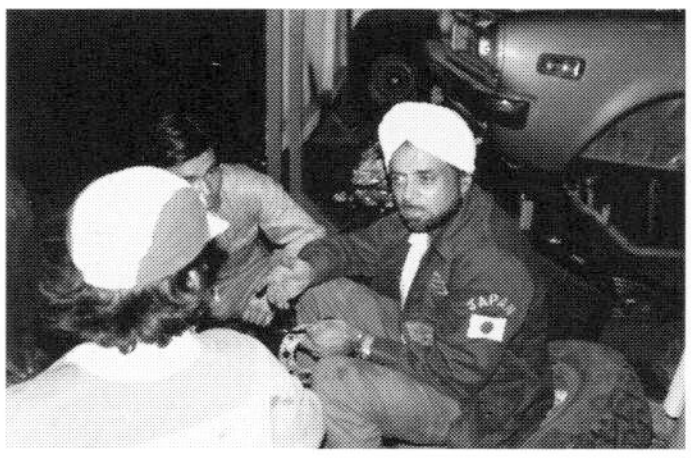

↑木全氏の持ってきたパーツを使い、わずか11日で仕上げたマシンだが、ジョギンダ独自のノウハウが詰まっていた

↑右下のフィアットで宇田川氏はスポーツカーレースに出場し、ライバルとデッドヒートを繰り広げた

↑'74年のサファリラリーは全行程6000km、５日間という過酷なものだったが、ジョギンダのドライブで無事に完走し、優勝を果たしている

↑ジョギンダ・シンは'74年のサファリにランサーで出場し、三菱にWRC初出場での初優勝をもたらした

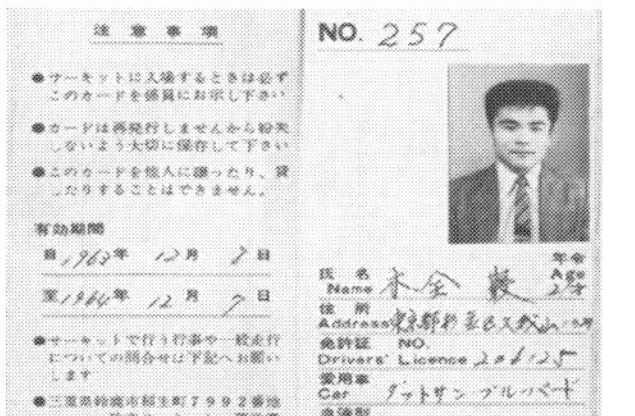

注意事項

NO. 257

有効期間

氏名 Name 木全 巌

住所 Address

免許証 NO. Drivers' Licence

愛用車 Car ダットサン ブルーバード

血液型 Blood Group A型

↑国内初となるJAF発行のサーキットスポーツ走行ライセンスは143人が獲得したが、特に試験はなかったという

↑鈴鹿サーキットでテストの時は、送迎付き飛行機で移動だったという。フェアレディは'63年の第３実験車輌

↑貴重なマキネン夫妻と木全氏の３ショット。公私ともに強いパートナーシップを築き上げたのだった

↑海外で最も活躍したラリードライバーに与えられたJMSロンソントロフィー。'76年はサファリとサザンクロスで入賞した篠塚健次郎選手に与えられたのだった

第2章

TEAM TOYOTAキャプテン

細谷四方洋

SHIHOMI HOSOYA

ほそやしほみ●1938年広島県尾道市生まれ。

幼い頃から自動車に憧れを抱き、高校卒業後は広島県内の自動車学校教師として勤務していた。その際に'63年「第1回日本GP自動車レース」で知人から借り受けたノーマルのパブリカで自費参加し、並みいる改造車を相手に3位入賞を果たした。その運転技術を見込まれ、翌'64年にトヨタ自動車のプロドライバーとして専属契約し、技術部に所属。

そして、'65年トヨタS800で参戦した第1回スズカ300㎞レースで優勝。これを皮切りに'66年「チーム・トヨタ」が発足するとキャプテンに任命され、'73年に起きたオイルショックなどを理由にチームが解散するまでキャプテンとして、数々のレースで伝説的な勝利を上げていくことになる。

さらにトヨタ2000GT開発の初期メンバーとしての顔も持ち、ドライバーだけではなく、デザイン担当の野崎 喩（さとる）氏の作図アシストもしていた。

もちろん、'66年のトヨタ2000GTによる「78時間スピードトライアル」では3つの世界記録と13の国際記録の樹立にキャプテンドライバーとして参加していた。

'71年にはTMSC-Rというレースチーム運営の会社が発足し、細谷氏も加わることになり、同年11月の日本オールスターレースにセリカ1600GTで優勝を果たしている。

急遽、第1回日本GPにパブリカで出場し3位に

小さな地方都市だった故郷、尾道には自家用車などまだ数えるほどしかなかった頃、私は終戦を迎えた。そして広島に投下された原爆により、警察官だった父を失い、大きな悲しみと失意のなかにいた。そんな私の支えとなったのがクルマであり、できるかぎりその傍らにいたくて近所のバス会社によく出入りしていた。

そこで車掌さんと仲よくなり、木炭バスの木炭を燃やすために、風を送る手伝いなどをしたものだった。そんな時は手伝いをしたお礼として回送バスにタダで乗せてもらえたのだ。この木炭バスでのドライブは代えがたい楽しみだった。

また、私にとって初めての運転体験は自宅前にやってくる進駐軍のJEEPだ。まさに〝ギブミーチョコレート〟とやりながら、JEEPの運転手に近づく。顔見知りになると今度は近所の空き地でJEEPの運転させてくれるようになったのだ。小学生が運転していても進駐軍のやることだから、当時の警察は何も言えない。そんな経験をしながら「早く自分のクルマが持ちたいな」と適わないと知りつつも、ほのかな夢を見ていた。幼少期の喪失感から私を救い出し、心を癒やしてくれたのはクルマだった。

そんな私が高校を卒業すると〝クルマに携わりたい〟と尾道自動車学校で構造の教鞭をとることになる。ある日のこと、「第1回日本グランプリとかいうレースが、なんでも鈴鹿というところで開かれるらしいよ」という話を耳にした。

そしてなんと友人である岡本節夫さんが出場するというのだ。岡本さんは1958年に開催された日本初の本格的ラリー、「日本一周読売ラリー」にダットサンで参戦し、2位になった人物。その実績をひっさげてパブリカ広島（現トヨタカローラ広島）と交渉し、車両の提供を受けて出場するというのである。

その話を聞いて私は「あぁ、出たいなぁ」と漠然と思った。しかしながら当然、私にはモータースポーツに対する知識もまるでなく、ライセンスすらない。ところが、岡本さんは私を補欠として登録してくれていたのだが、その直後に今度は岡本さんが家庭の事情で出場できないということになった。つまり、補欠である私が出場することになったのだが、もちろんスポンサーであるパブリカ広島は難色を示した。

しかし、岡本さんは「すべての責任は私が取る。金もすべて面倒見る」と交渉し、私が出場となった。自家用車も、レース費用もない、オートバイで走るのが精一杯の男が第1回日本グランプリに出場するのだ。開幕3週間前のことだ。さっそく私は講義を受けライセンスを取り、鈴鹿に行った。そこで私を支えたのは「俺も初めてだが、ほかの連中だって初めて。なんとかなるだろう」というなんの根拠もない自信だった。

しかし、周囲を見渡すと出場するC-Ⅱ（700cc）クラスのライバルは、なんらかの形でメーカーから援助を受けているクルマばかり。一方、私は完全なノーマルの中古車である。周囲のマシンはラジアルタイヤを履き、私はホワイトリボンのバイアスタイヤ。

その性能差は歴然としていたが、それ自体なにを意味するのかも、理解できないほどのレベルだった。むしろ「へぇ、こんなタイヤがあるんだ」という程度だ。

ノーマルのパブリカで3位入賞を果たす

そんな私だったが、並みいる強豪と互角に渡り合い、僅差での3位入賞。1位から3位までの差が、0・2秒であり、4位以下をぶっちぎってのゴール。これがディーラーでの評価を上げ、「レースを続けるならウチに来ないか」となり、パブリカ広島に転職した。ふだんは営業としてけっこうな台数を売り歩いたし、それなりに充実していたのだった。

そして1年ほどした頃に今度はトヨタ自工から「今後はいろいろなクルマの開発やレースもやる。ウチに骨を埋めるつもりでこっち（豊田）に来ないか」という誘いがあったのだ。もちろん妻をはじめ、周囲には心配や反対する声もあった。それをなんとか説得し、オーディションを受けた。そして'64年の1月1日が常勤嘱託課長待遇の、プロドライバーという立場で契約した。ここまで来られたのは岡本さんのご尽力があったからこそである。

ところで、この頃の課長といえば今の感覚とまったく違い、重役待遇なのだ。都ホテルから給仕が来るという食堂で食事もできた。タクシーも使い放題だったし、電車は現在のグリーン車に当たる1等車。入社後はテストと開発の日々を送ることになったのだ。

「レースというのはテストの延長である」というのが当時、私の上司であった河野二郎部長の意見だった。河野さんはトヨタのモータースポーツを統括していたのだが、私はその下で「クルマ」というものの本質を学びながら、トレーニングやテストをこなし、充実した日々を送っていた。そんな時である。河野さんから魅力的なお誘いがあったのだ。

第2回日本GPも終わった'64年の夏頃だったと思うが、「トヨタとしてしっかりとした技術的象徴を作りたい。つまり、それはトヨタを代表するようなスポーツカーがほしいということだ」というのである。

今、明かされるトヨタ2000GTの開発秘話

　その方針によってすぐに〝主査室〟が立ち上げられ、開発スタッフが集められた。コロナＲＴＸ（１６００ＧＴ）を手がけたデザイナーの野崎喩さん、エンジンの高木英匡さん、足回り担当の山崎進一さん、記録など実務担当の松田栄三さん、そして私がドライバーとして参加するのだが、後にデザイナーの野崎さんのアシスタントとしてボディラインも描くことになるのだった。

　よく、トヨタ２０００ＧＴのデザインはヤマハから持ち込まれたとか、ドイツのカーデザイナー、アルブレヒト・フォン・ゲルツが手がけたという人がいるようだが、それはまったく根拠のないでたらめである。デザインのすべては野崎さんの手で描かれたもの。当時はコンピューターもなにもなく、すべて手描き。壁に現寸大の紙を貼り、そこに図面を描き込む。クルマにはいろいろな曲線があるのだが、その曲線を描くために〝バッテン〟と呼ばれる釣り竿のような道具を使う。私はそのバッテンの端を持ったり、独特のしなりを作ったりしながら野崎さんの下であの独特の美しさを持つラインを描く手伝いをしていたものだ。

　このバッテンの種類はかなり多くあり、形状に合ったバッテンを探すのもアシスタントの重要な仕事だった。そう断言できるのも、手伝っていた本人が言うのだから間違いない。トヨタ２０００ＧＴは我々の設計であり、他社の図面を真似したとか、外国人の設計などという事実はない。

　また、開発があまりにも早くないか？　という噂はヤマハ発動機（以下ヤマハ）と日産が同時期に進めていた「日産２０００ＧＴ」のプロジェクトが事情によりご破算となり、それをトヨタがいただいたからだという、荒唐無稽な話に起因している。

　ヤマハからスポーツカーの共同開発についての話があったのは確かであるが、その話を聞いたのは'64年の12月だったと思う。しかし、我々のトヨタ２０００ＧＴはその時点で、すでに全体計画図の作成や各種計算がすんでいた。そしてヤマハが正式に加わったのは開けて'65年の1月であるから、初期段階で影響を受けていたという推測は当たらないのだ。

　もちろん、我々にとってヤマハが加わってくれたことは大変嬉しいことだったし、そもそもヤマハの製造面での技術協力がなければこれほど短期に完成していなかった。実はそれまで「設計は進んでいるのだが、これをどこで作ってもらおうか。関東自動車（現在のトヨタ自動車東日本）はどうだろうか？」などと喧々諤々やっているところだった。

トヨタ2000GT第1号車ができるまで

　そこにヤマハからの申し出があり、トヨタとしても渡りに舟ということで快諾することになったのだ。これで理解してもらえると思うのだが、トヨタ２０００ＧＴの初期設計を行ったのは、プロジェクトリーダーの河野氏が社内から集めた少数のエンジニア、デザイナーたちなのである。

　さらにアシスタントとして私と、ほとんど表舞台では語られていないのだが、水上さんという方もいたのだ。合計6名によるトヨタ２０００ＧＴの開発は、その後はヤマハのスタッフとの共同作業へと移っていく。私の仕事は野崎さんのアシストと河野さんの運転手であるのだが、ほとんどトヨタとヤマハ、そして鈴鹿サーキットの移動という慌ただしくもやり甲斐のある生活が始まった。

　だが、開発作業は当時27歳の私にとっても実に楽しく充実したものであった。図面を仕上げていく過程で前面、上部、側面からの輪切りの線を書き入れる。それは病院のＭＲＩ写真のようにボディを輪切りにした状態で描かれる。この図面をもとにモックアップ（実物大の模型）を作り、いっぽうでは実寸のエンジンや足回りが書き込まれていく。

　どんどん、実車の形が三次元で見えてくるのだが、その時の楽しさは今でも鮮明に覚えている。外観上のポイントとして私の意見も多く取り入れてもらったのだが、一番のポイントはスピンした際、クルマの向いている方向が瞬時に把握できるよう〝フェンダーにライン〟を入れてもらったこと。

　このフロントフェンダーがトヨタ２０００ＧＴの大きな特徴のひとつとなっているのだが、実は1号車のラインは少しだけ高くしてあるのをご存じだろうか？　2号車以降は基本的に市販モデルと同様であり、ラインは低い。このほかにも1号車と2号車とではいろいろと相違があるのだ。

2000GT第1号車と第2号車の違い

　例えば、外観の相違点では「ヘッドライトの形状」、「ドアとリアフェンダーのクリアランス」、「ドアハンドルの形状（1号車はクラウンのものを流用）」、「ワイパー（1号車は3連、2号車以降は2連）」、「スピンナーの形状」などほかにもまだ多くある。インテリアで特徴的なのは1号車のセンターコ

ンソールのメーターが四角いデザインとなっているが、「やはりスポーツカーは丸形」ということで2号車以降は丸形になっている。

　基本レイアウトにおいても通常ならエアクリーナーはキャブに直接ついているが、それが入る場所があまりにも狭く、苦肉の策として左フェンダーのなかに装着している。そして右フェンダーのなかにバッテリーを入れることになった。ストップランプはコースターのものを流用している。

　また、モックアップの運転席に実際に座り、視認性をチェックしながらハンドル、メーター類、チェンジレバーの位置、レバー類の位置などの最終決定をして1号車の製造にとりかかった。メーターパネルはピアノなどに使用されるローズウッドの特級品、スイッチレバーは操作時に雑音が出ないというエレクトーンの最高級品など、ヤマハの技術と製品をふんだんに使用することができた。前期型トヨタ２０００ＧＴのメーターパネルはもちろんウッドの一品物であり、ふたつとして同じ模様はないのだ。

　ここで、トヨタ２０００ＧＴの開発コンセプトを今一度確認してみよう。「高性能で本格的なスポーツカー」、「レース専用のレースマシンではなく日常の使用を満足させる高級車」、「輸出を考慮する」、「大量生産を主眼とせず仕上げのよさを旨とする」、「レースにも出場し好成績を得られる素地を持つこと」である。

　このコンセプトのもと、設計から完成までわずか1年でできたことは、まさに奇跡である。ヤマハとの共同作業がスタートしてからわずかに3カ月ほどで全設計図が出図され、そしてヤマハでトヨタ２０００ＧＴの試作1号車を受け取ったのが'65年8月14日だ。ちょうどお盆休みの時期である。

　私は豊田から河野さんと大型幌つきのＤＡ型トラックで、東名がまだ開通前だったので国道1号線を走り浜松に向かった。そして昼飯をご馳走になってから試作車両を積み込み、ヤマハのエンジニア、安川力（つとむ）さんたちに見送られ、トヨタのテストコースに向かった。今でもあの時の嬉しさは忘れることができない。

　そこからトヨタに戻ってきたのが午後3時頃だったが、コースに試作車両を降ろした途端に待機していた写真室の皆さんが撮影にかかる。誰の顔も楽しそうに、まさに弾けるような笑顔で夏空のもとで作業をこなしていく。この時、ナンバーの文字の字体も〝丸みのある書体〟と〝角張った書体〟の2種類で検討した。

トヨタ2000GTの第1号車が完成し、初走行

　そして2時間くらいで無事に撮影が終わり、いよいよテスト走行が始まった。その栄誉ある最初のドライブは私であり、その時の感激は今でもしっかり心に刻み込んでいる。テストコースを数周して、今度は河野さん、その後に再び私がハンドルを握り徐々にスピードアップしていく。

　すると、ここでひとつ問題が発生した。ワイヤーホイールのスポークに緩みが発生し、走行時にローリングが起きたのだ。オートバイメーカーのヤマハがスポークを採用することには疑問がなかったのが、クルマのホイールには前後だけでなく左右にもテンションがかかる。どうやら、それに堪えられなかったのだろう。とりあえず2号車のホイールまではできていたのだが、3号車以降は河野さんの判断でスポークホイールを諦めることになった。

　そして、あのおなじみのホイールができ上がる。野崎さんがひと晩で図面を書き上げたものだ。この段階で私は〝後世に残る失敗〟をすることになる。「ホイールの材質はどうする」と聞かれたのだが、私の頭にあったのは〝ロータス23やロータスレーシングエラン〟の美しいマグネホイールだった。そこで迷わず「ホイールの材料はマグネシュウムでいきましょう」と強く進言してしまったのだ。これが私の一生の不覚とも言える決断だと今でも思っている。

　確かに軽量で強度のあるマグネシュウムはレースには向いている。しかし、経年劣化が大きいのだ。実はこの時点でいくらトヨタ２０００ＧＴが優れていても「まさか半世紀も現役で走り続ける」などとは考えもしなかったのだ。生産台数３３０台あまりのなか、１００台以上の現動車があることは大変な驚きなのだが。当然のように現在でも２０００ＧＴのクラブ員から「おかげで大変です」となどと言われるのである。

福澤幸雄操るトヨタ2000GTが炎上

　さて、1号車は展示会などに使用した後に第3回日本ＧＰの練習車になるのだ。福澤幸雄君のドライブで富士スピードウェイの本コースにコースインし、私も続いてアルミボディのＧＰ本番車で続いた。するとすぐ前を走っていた福澤車からガソリンが漏れているではないか。あの悪名高き富士の30度バンク内で福澤君を強引に抜き、前で合図をすると彼も了解をしてくれ、ピット入り口まで誘導。横目で約30ｍ前方を走行しているピットロードの福澤車の停止を確認してひと安心。

　ところが、福澤君がエンジンスイッチを切ったと同時に発生したアフターファイヤーからの引火で、トヨタ２０００ＧＴの1号車は炎上し、さらに福澤君も中度の火傷を負ってしまったのだ。もちろんクルマは全焼。特にマグネシュームホイールが

すさまじい勢いで燃えたのには驚愕した。

残骸は鉄板のボディのみで、我々が精魂込めて完成させた1号車は、私の停止しているコースとピットロードを挟んで数メートルのところでスクラップになってしまったのだ。だが、なんとこの1号車はあのスピードトライアルの記録挑戦車としてみごとに復活することになる。

この'66年に開催される第3回日本GPの練習走行中、1号車は全焼。さらにはドライバーだった福澤幸雄君も中度の火傷を負ってしまいグランプリ出場を諦めなければならなくなってしまった。事故が起きたのはグランプリ直前の3月下旬だったように記憶している。とにかくチームメイトの離脱は非常に残念であった。

TEAM・TOYOTAが'65年冬、ついに発足する

さてここで〝チーム〟といったのは、この時点で「TEAM・TOYOTA」がすでに発足していたからだ。話は少し戻るが'65年の第12回東京モーターショーでお披露目されたトヨタ2000GTは、次なる目標を翌年5月に開催される第3回日本GPに定めていた。そしてレースに参加するにあたり、正式なチーム名を決定することになったのだ。

その年の忘年会でのことである。当時の斎藤尚一副社長が「TEAM・TOYOTA」と命名し、ついに発足したのだ。英文名では〝すべて大文字で表記する〟このチーム名こそ、トヨタの純血ワークスともいえるチーム・トヨタのことであり、ほかの表現は存在しない。よく頭文字だけ大文字とかいろいろな表記も見かけるが、それは間違いである。

メンバーはキャプテンを拝命した私、そして田村三夫君、福澤幸雄君の3名でスタートとなった。ご存じのとおり、チーム・トヨタには後に延べ10名のメンバーが所属することになる。そして最終メンバーとしてトヨタニュー7の5ℓターボのステアリングを握ったのは私と久木留博之君、そしてテスト中に亡くなった川合稔君の3名であった。そう、チーム・トヨタは3名で始まり、3名体制を最後に休眠状態に入るという、奇しき因縁を持っていたとも言える。私がここで「休眠状態」と敢えて書いたのは、チーム・トヨタはまだ現在も解散はしていない。その詳細については改めて証言したいと思う。

浮谷東次郎のスポーツカー哲学

ここでもうひとつ、話しておきたいのは、あの伝説のレーサーと言われる「浮谷東次郎」君についてだ。トヨタと契約していた彼はトヨタ2000GTが完成を目にすることなく、鈴鹿サーキットでのテスト中に事故で亡くなっている。有望なドライバーである浮谷君の死は私にとっても実に大きなショックであった。

彼はトヨタ2000GTが開発前段階にあった頃、船橋サーキットで盛んにロータスエランに乗ってレースに臨んでいた。このロータスエランに乗ったことによって〝スポーツカーとはかくあるべきだ〟という彼なりのスポーツカー哲学を抱き、4輪独立懸架、ダブル・オーバー・ヘッドカムエンジン、ディスク・ブレーキなどを提唱していた。

「トヨタがスポーツカーを作るなら、これらのことを全部取り入れるべきだ」と常々、我々にアドバイスしていたのだ。そして、その思いがまさに結実したとも言える、理想的なトヨタ2000GTが完成する直前に、それを見ることも走ることもなく、亡くなってしまったのだ。

もし東次郎君が生きていれば、我々とともに日本グランプリにトヨタ2000GTで出場していただろうし、当然のようにチーム・トヨタでは中心的な開発ドライバーになっていたはずだ。そんな思いがあったからこそ、後に私は「東次郎をぜひ〝チーム・トヨタの一員〟として迎えようじゃないか」とほかのメンバーに提案。もちろん異を唱える者はおらず、全員一致による賛成を得て浮谷東次郎君はチーム・トヨタの〝名誉会員〟となったのである。

さてチーム・トヨタの名が、最初に使われるのはトヨタ2000GTで挑む最初のレースである第3回日本GPレースから。そのため、チームは発足していたが翌'66年1月に開催された第1回鈴鹿500kmレースにトヨタスポーツ800で参戦し、総合優勝した時にもチーム名は使われていない。

トヨタRT-X、トヨタスポーツ800での善戦

また、同年3月の富士スピードウェイのオープニングレース、第4回クラブマンレースにトヨタRTX（トヨタ1600GTプロトタイプ）で総合優勝した時にも、レーシングスーツには「TMSC（トヨタ・モータースポーツ・クラブ）」のネームが入っていた。TMSCはトヨタ車をドライブするレーシングドライバーを核として'64年に発足し、JAF公認クラブ第1号の認可を受けた伝統あるクラブである。

そのなかにあってもチーム・トヨタのメンバーは特別な存在であり、我々もそれなりの結果を上げていた。例えば第1回鈴鹿500kmレース。当時、怪物

的存在のロータスレーシングエランを始め、プリンススカイライン2000GT、ホンダS600、コンテッサ1300クーペ、ヒルマン・インプ、MG–Bなどが居並ぶレースだ。

ドライバーは私と田村三夫君、そこにトヨタ自販のエース、多賀弘明君が加わった3名で挑んだ。当初、我々はロータスに対して勝負を挑む気持ちはなく、あくまでもマイペースで走行ダイヤを守り、レースを進める作戦だった。幸いにして少し前に行われた鈴鹿300kmレースで、タイヤの消耗やガソリン消費などのデータがあったため、かなり正確な走行プランを組むことができた。

その結果、作戦を〝ノンストップで500kmを走破する〟と決め、スタートした。日本初の長距離レースであり、ライバルは給油を何回かしなければいけない。ところが、今のレースでは考えられないことだが、その給油場所では順番待ちが出るような状態だったのだ。

トヨタスポーツ800はそんな状況を横目で見ながら黙々と走り続けた。ちょうど250kmを通過した時、トップは予想どおりというかロータスが独走状態。我々3人のトヨタスポーツ800がそれに続く形だったが、ここで、我々のなかで3番手を走行していた多賀選手がタイヤとガソリンのデータを取るために犠牲となってピットイン。ノンストップで500km走れるかどうかの判断をするためだった。

トヨタRT-Xを駆り、第4回クラブマンレースで優勝

すると「最後まで細谷号と田村号は走りきれる」とピットからのサインが出たので、こちらも安心してダイヤどおりの走行をした。相変わらずガソリンスタンドは大混雑が続いていた。そして確か450kmを過ぎた時点で私と田村君は総合2位と3位をキープしていた。ここで我々を2周離してダントツの1位を走っていたロータスがトラブルのために、ヘアピンの出口でストップ。

ここで私が1位、田村君が2位になり、そのままの体制でゴール。多賀君は7位だったが、とにかく強豪のロータス、フェアレディ、スカイラインなどは給油に失敗していくなか、トヨタスポーツ800が総合優勝したのだ。

大相撲の本場所で幕下力士が優勝したのと同じようなことなのだ。レース終了後、「トヨタはガソリンタンク容量にインチキしているのではないか?」とクレームが出された。トヨタスポーツ800のタンク容量は規程により、最大70ℓ。我々はその場ですぐに給油して見せた。すると給油量は55ℓで違反がないことを証明。なんと500kmを走行で燃料消費量が55ℓということは、1ℓで約9kmという燃費でレースを戦っていたことになる。

また、1名のドライバーがノンストップで500km走行したのは日本記録であり、それ以降のレースでは、2人のドライバーで走ることになったため、この記録は破られていない。こうして私は総合とGT–Iクラスのダブルウィンで国内初の耐久レースを制するという栄光を手にできた。

その後、3月開催の富士スピードウェイのオープニングレースである「第4回クラブマンレース」にトヨタRTX(トヨタ1600GTプロトタイプ)で参戦し、こちらでも総合優勝し、福澤幸雄君が2位という結果を残すことができたのである。レーシングスーツにはTMSCのネームが入っていたものの、第3回日本GPに臨むチーム・トヨタとしての心構えを作るには、さい先のいいレース結果となったのは事実だ。

不公平な戦いといえた第3回日本GP

そして、迎えた5月開催の第3回日本GP。ステージは富士であり、初めて正式なチーム・トヨタのレーシングスーツでの参加である。2000GTの目標でもあるが、ここでレギュレーションが過去2回とは変更になっていた。第2回までとは違い、細かいクラス分けをやめて富士スピードウェイを〝60周するメインレース〟に一本化されていたのだ。

もちろん我々、ドライバーや開発陣はレースのために軽量なアルミボディのスペシャルマシンを用意していた。しかし、プロトタイプレーシングカーの出場も認められていたのである。いくらチューニングをしていたからといっても、こちらは市販を前提にしたスポーツカーの2000GT。不利な戦いは誰の目にも明らかである。

それでも2台のプリンスR380に続いて3位でフィニッシュし、ポテンシャルの高さを見せることができた。しかし、私にとってレーシングカーとスポーツカーを同じ土俵に上げるという、この不公平なレースの結果はもやもやとしたものを残しただけだった。

もちろん、それでもこのレースを通じて2000GTの弱点や問題点を洗い出し、性能の向上を図ることができたことは収穫であった。グランツーリズモとして開発された2000GTは、スプリントレースよりも耐久レースで真価を発揮することも実証できた。2カ月後に行われた「第1回鈴鹿1000kmレース」ではワンツーフィニッシュを決め、翌'67年には鈴鹿500kmレースで優勝し、富士24時間レースではスポーツ800ともにデイトナフィニッシュを飾ったことは今でも鮮烈な記憶として残っているからだ。

さて、続いてここで2000GTのアルミボディについて少し話しておきたい。1号車の事

故で負傷した福澤君は第3回日本GPに参加不可能となり、「福澤号アルミボディ」は残念ながら完成していない。当時、トヨタは田村号とか細谷号とか、専属ドライバーの名前で各車両を表記していたのでこう呼んでいる。

福澤号はボディの部品ができ上がっただけで、フェンダーやドアなどはまだ取りつけられてなく、とても完成とはいえる状態ではなかった。しかし、それは福澤君が参加不可能になったために、総組み立てが中止となっただけ。部品はすべて揃っていて、福澤号アルミボディはいつでも完成させることができる状態だったのだ。

いまだに悔やまれるトヨタ2000GTでのレース

その後のGPでパッとしなかったアルミボディは長距離レース専用として使用することとなり、直後に開催された「第1回鈴鹿1000㎞レース」に、そのアルミボディで参加することになった。細谷号アルミボディのドライバーは私と田村君、もう1台のアルミボディである田村号には、火傷が回復した福澤君と新たに加わった津々見友彦君で参戦。

結果は福澤／津々見組が1位、細谷／田村組が2位と、トヨタ2000GTは耐久レースの幕開けで幸先のよいスタートを切った。が、この伝統ある長距離レースの第1回目の勝者になれなかったことをいまだに後悔しているのだ。確かに2位ではあった。しかし、「2位は負けと同じ。1位には数十億円の価値があるけれども、2位には100万円の価値しかない。ましてや3位には1万円の価値しかない。それがレースの世界なのだ」と私は考えているからなのだ。

おまけに第1回という記念レースという特別な存在だったのに勝てなかったことには本当に悔いが残る。今も鈴鹿に行けば「第1回鈴鹿1000㎞」の勝者として名を刻まれているのは福澤／津々見の両名。そこには私の名前はないし、もちろん田村君の名前もない。そして何よりも、その負けが私のちょっとしたミスによってもたらされたと言っていいから余計に悔しいのである。

私が負けた原因を今明らかにする！

さて、日本GPで悔しい思いをし、その鬱憤を晴らそうと臨んだ鈴鹿であったが、顛末はこうだ。実は私と田村君の間には体格差があり、ステアリングが破損するという、通常なら考えられないトラブルが発生した理由は、細谷さんと田村さんでは体格差があり、ドライビングポジションが違ったことにある。私のシートポジションは田村君より10㎝ほど後ろであり、そのままのポジションで乗り込むと窮屈になる。

そこで私はステアリング・スポークを無理矢理にパイプレンチを使ってふたりの中間となるあたりに加工したのだが、これがいけなかった。金属部分に金属疲労が生じ、ステアリングが破損したために交換を余儀なくされたのだ。到底考えられないことが原因でトップを走っていながら、我々は優勝できなかった。一緒に走ってくれた田村のみっちゃんには本当に悪いことをしたと同時に、レーサーである私の本音としても、悔いの残るレースであった。

一方、トヨタにすれば、このレースは願ってもない結果を得られたワケだった。そして、その後のレースでは2000GTの市販車を使用することになったため、アルミボディはお役御免となり、廃棄されたと後に聞いている。

さて、鈴鹿でワンツーフィニッシュを遂げたものの、翌'67年に正式デビューするトヨタ2000GTにとっては、まだ〝勲章〟、つまり話題性が足りないとどうやらトヨタは考えていたようだ。

トヨタ2000GTによる速度記録への挑戦に向けて

そこで机上のプランとして「世界速度記録への挑戦計画」が着々と進んでいたのである。ここであの福澤君のテスト中に出火炎上した、2000GTの1号車が再び陽の目を見ることになる。本社の外山工場の片隅で、なんと雨ざらしのまま放置してあった1号車の車体を記録挑戦車として復活させることになった。

もちろん時間はなかった。メカニックが総がかりで錆を落とし、ペーパーをかけて徹底して磨きあげていく。ロールバーも新しいものに変更し、焼け落ちて何もないダッシュ板に必要なメーター類、スイッチ類、無線機などがエンジニアやメカニックの必死の作業によりセットされていく。

そんなスタッフたち全員の昼夜を問わない努力によって1号車はみごとに復活したのだ。そして挑戦するためには、あと2名のドライバーが必要となり、津々見友彦君と鮒子田寛君が新たにメンバーとして加わり、チーム・トヨタは5名体制となった。自動車速度世界記録の挑戦日は'66年10月1日午前10時スタートと、FIA世界自動車連盟に申請が出された。さぁ、いよいよ新たな伝説への挑戦となる。

この挑戦の発端となったのは、もちろん「さらなるトヨタ2000GTのアピール」が目的だった。プロジェクトリーダーの河野二郎さんを始め、私たちが手塩にかけて育て上げたトヨタ2000GTの真価を問うためのチャレンジとして選んだのが、世界速度記録挑戦（以下タイムトライアル）の案だった。

国際記録の樹立は充分に射程圏内だった

そして正式な挑戦の許可を会社側から得るために高木英臣さんが、八方手を尽くして懸命に調査されていた姿を今でも覚えている。すべての記録や競技規則を高木さんはマスターしたうえで、トヨタ2000GTはタイムトライアルを走りきれるだけのポテンシャルを備えていることを確認し、その結果、ひとつの目標数値が明確になった。

当時、フォード・コメットが持っていた世界記録のひとつ、「72時間を平均速度202・21km／hで走行」という記録の〝プラス1%〟で走れれば、「1万5000km走行の平均速度202・75km／h」と「1万マイル走行の平均速度202・23km／h」という、やはりフォード・コメットが持っていたふたつの世界記録も同時に更新可能であることがわかったのだ。

ほかにもクーパー、ポルシェ、トライアンフなど、世界の錚々たるブランドのスポーツカーが持っている〝国際記録〟の更新も充分に射程内であった。ちなみに「世界記録」というのは排気量に区別のない、まさに〝無差別級王者〟であり、〝国際記録〟はクラス別の世界最高記録のこと。

トヨタ2000GTは排気量1500〜2000ccのEクラスに入っていたのだが、そのポテンシャルを持ってすれば、数々の記録樹立に挑戦する価値が充分にあると判断され、ようやく河野さんからも、そしてトヨタのトップからもGOサインが出た。こうしてサーキットレースをこなしながら、同時にタイムトライアルの準備を進めてきたのだが、いよいよ実証の時を迎えることになる。

自動車速度世界記録の挑戦日は'66年10月1日午前10時スタートという内容で、FIA世界自動車連盟に申請が出された。ルールでは場所、日時、種目などをあらかじめ申請するのが決まりであり、勝手にいつでも、というワケにはいかないのである。

さぁ、いよいよ新たな伝説への挑戦である。目標は210km／hで走りきることだが、挑戦するためにはチーム・トヨタの3人のドライバーだけでは無理ということになる。そこであと2名のドライバーが必要となり、津々見君と鮒子田君が仲間に加わったという次第だ。

場所は現在のつくば市、当時はまだ茨城県の筑波郡谷田部町と呼ばれていた街の郊外になった自動車高速試験場（現在の日本自動車研究所）の通称「谷田部コース」だ。この谷田部のコースは1周5473mで、もちろんFIA公認の自動車高速試験場であった。正確な日時は定かではないが、鈴鹿1000kmレースが終了した後、我々は7月から本番まで茨城にある谷田部に、テストのため4回ほど遠征している。

テスト初日からトラブル続出！

テスト中はもちろんいろいろなトラブルが噴出したが、これこそテスト本来の意味である。本番ではわずかなミスも命取りになるのだから、テストの間に徹底してトラブルや問題点を洗い出さなければいけない。テスト1回目の初日、さっそく、私がテストドライブ中に問題が起きた。なんとピストンに穴が開き、テストは続行できなくなり、わずか半日で終了することになった。

これは燃料を絞りすぎたために起きたトラブルだったのだ。燃料タンク容量が160ℓと決まっていたので、燃費をなるべくよくしようとした結果だ。ドライバー交代や給油などのことを考えれば少しでも燃費をよくしなければいけないのだが、これも適正値を設定することに苦心した。

2回目のテストでは、1日目の夕方に南バンクの入り口で右後輪のアームが破損し、スピンをして危うくバンクの外へ飛び出しそうになったのだ。次々と襲いかかるトラブルをスタッフ全員が地道にコツコツと改善していく。

そんなテストの走行中に一番心配したのが油圧関係で、本当に苦労したと記憶している。エンジン回転を常時7200rpmくらいに保つと速度は220km／hオーバーとなり、なんとか目標値をクリアできる。1周を1分33秒くらいでコンスタントに周回を重ねながらひとりが2時間半、走り続けることになるのだが、これは潤滑にとって大変なことだった。

この油圧の問題に関してはヤマハさんのエンジン担当である田中俊二研究課課長（当時）の技術とアイデアで心配もなくなった。実はこのトラブルを契機に潤滑方式を強制的にドライサンプへと作り替えたのだ。ある一定の回転をずっと使い続けるロングディスタンスの場合、エンジンにとって強烈なストレスになる問題をドライサンプによって解消できたのだ。

ガソリンの効率的な給油はエッソさんの努力によって特殊タンクローリーを使用することで、25秒に120ℓの給油が可能となっていたので問題はなくなっていた。そして、「これでなんとかいける」となったところで迎えた最終となる4回目のテスト。しかし、なんとここに来てクラッチの不具合が出てしまったのだ。

本番の2日前のことだったから、かなり慌てた。本社に留守番役でいた山崎進一さんと松田栄三さんにすぐに連絡を入れた。そして材質が違うクラッチを谷田部まで徹夜で運んでもらうことになり、無事交換ができて何とか本番に間に合う状態になった。

　ここでクラッチの材質を変更したのにはもちろん理由がある。もし壊れたクラッチと同じ材質の物を使用したら、また壊れる可能性がある。そこで違う材質で作った物を最初から使うことにしたのだ。ある意味賭けでもあったが、なんとか無事に対策できたワケだ。もちろん我々、ドライバーも自然とモチベーションが上がっていく。

　が、ここで人的な努力ではどうにもならない問題が発生してしまう。実はクラッチトラブルと時を同じくして、不安なニュースが我々の耳に入ってきていた。台風28号が発生し、日本に向かって近づいてくるというのだ。

　予報が当たれば、チャレンジの2日目か3日目に台風が最接近することになる。スピードトライアルを中断する可能性すら出てきたワケだ。もちろん、時すでに遅し。今回の申請は3カ月前に提出しなければいけないという規程があるために、当然スタート日の変更はできず、ついに本番当日を迎えることになったのだ。

1966年10月1日午前10時スタート！

その初日は台風の接近など微塵も感じさせないほど晴れ上がった。爽やかな風がコースを吹き抜け、美しい晴天の空の下、'66年の10月1日午前10時に私がファーストドライバーとして斉藤副社長の日章旗が振り下ろされるのを合図についにスタートした。

　まず、心配したのはテスト走行もしてないクラッチが滑らないように、静かにスタートできるかどうかである。もしクラッチが滑ってスタートできなければすべてがそこで終わってしまうからだ。しかし、幸いうまくスタートできて、まずはひと安心だった。

　ここからはエンジン回転7200rpmくらいで速度は約220km/hを維持し、2時間30分走行するのがファーストドライバーである私の役割だ。その後は78時間、ひとり2時間30分交替で過酷な挑戦を淡々とこなすことになる。まさに精密機械の一部とならなければいけないのだ。

スピード・トライアルに対する私の考え方

私にはスピードトライアルに対してひとつの考えがあった。まず、記録達成はエンジニアとメカニックとドライバーの努力が〝ただ1台のクルマに結集〟されて初めて実現できるものだと思っていた。つまり、ドライバーはその歯車のひとつにすぎない。そのドライバーも、ひとりではどうにもならないからこそ、5人のドライバーが2時間30分ずつの交替で78時間（1万マイル）を乗り継がなければ達成できないワケだ。

　当然、チームワークが大切になってくる。ひとりが2000GTに乗り込む。次のドライバーが待機する。ほかは休養だ。これを3日間、機械的に支障なく繰り返す。レースは「マシン6分にウデ4分」で勝敗が決まると言われていたのだが、スピードトライアルでは「マシンがすべて」であった。我々乗り手側からいえば「いかにマシンの一部になりきるか」ということになる。

　ちょっとわかりづらくて申し訳ないが、乗車順は「細谷→田村→細谷→田村→福澤→津々見→福澤→津々見→鮒子田→細谷→鮒子田→細谷……」。これでわかるように2回の乗車が終わったドライバーはすぐに休息に入る。ひたすら睡眠と休暇を取って、次のドライブに万全で備えることになる。

　さらに言えば、こうした機械的なドライブのなかではマシンをフルに酷使してはならないことも重要になってくる。記録を計画どおりに達成するには、エンジンの回転もマキシマムの70%から80%くらいに抑える必要がある。私も含め、ちょっと油断しているとラップ・スピードが上がり過ぎてピットからは「スピードを落とせ」のサインが出たほどだ。

　おまけに燃費を維持するためにもアクセル・ペダルの踏み加減にはデリケートさが必要で神経を払わなければならなかった。このような長丁場のトライアルでは、ちょっとしたミスが結果に大きな影響を与える。メーター類にも絶えず気を配らなければならなかったことはいうまでもない。そしてトライアルの最大の敵は退屈であり、そこから生まれる油断が本当に怖かったのだ。

台風の影響でテスト2日目から暗雲が……

ところで、懸念された台風の影響は予想どおり2日目から出始め、風と雨には悩まされた。谷田部のコース路面はコンクリート製で、継目もピッチで繋いであるため直線部には水が滞まり、大変な苦労を強いられた。平均速度も10km/hくらい落ちてしまったが、このままで進行しても世界記録を狙えるという計算が出た。

　いっぽうで天候の状況次第では、もちろん中止という選択肢も消えていなかった。一時、大会実行委員会が開かれ、「台風のため中止」と意見も出されていたのだが、私たちドライバーの〝続行を熱望する〟という意見が尊重された。「少しのスピードダウンで世界記録更新ができるのであれば、このまま走行をさせてください」と懇願したのだ。そして〝決して無理をしないこと〟を条件に続行が決定された。

河野さんの指示によって台風のなかでは我慢の走行になった。無線からは「焦って走らないでください。晴れてから取り戻しますから充分に気をつけて」という指示が入ってきていた。ここで私が感心させられたのは、この風のなか、210km/h以上で走っているトライアルカーの走行姿勢の完璧さだった。コンピューターも風洞実験室もまだ満足にない時代に、生産車そのままのスタイルでスポイラーなどの空力的な付加物なしで完璧に安定して走行していたのだ。

これは驚異に値するし、私がバッテンを持ってお手伝いしたデザインの素晴らしさが証明されているようで実に嬉しかったのだ。後で聞いた話であるが、トヨタ2000GTはハッチバック部分のルーフのなだらかさが、プリウスの角度と同じだという。最新の空力テクノロジーと同じ回答を、まさに勘によって導き出していたということなのかも知れない。

1万マイル、約78時間走破して成功を手にする

さて、トライアルも3日目になると天候は徐々に回復へと向かい、2000GTの速度も周回を重ねるたびにプログラムどおりのスピードを回復できるようになってきた。3日目の72時間を迎えた時点の朝10時に、まず最初の世界記録である「206・02km/h」を達成したのだった。

次に1万5000kmは約1時間後に「206・04km/h」で、そして16時過ぎに1万マイルを「206・18km/h」で記録を樹立してチェッカーとなった。私が10月1日10時にスタートしてから不眠不休で、トヨタ2000GTは5名のドライバーが1万マイル、なんと地球半周分に相当する距離を約78時間で走破して成功を手にすることになった。

正式には'66年10月4日16時09分に3つの世界新記録と13の国際記録を樹立してスピードトライアルは終わったのだ。実は最後のドライバーを私が務める予定だったのだが、鮒子田君がその任を務め、ゴールとなった。しかし、この時点ではまだ記録は正式に確定はしていなかった。実はエンジンの冷却を待ってすぐに走行後の車両検査を受けなければいけなかったからなのだ。

まずはエンジンの精密な部品チェックが始まり、一番重要な気筒容積チェックはボア×ストロークを特に厳密に測定されたのだが、新品とまったく同じ気筒容積で磨耗部品はなかったと報告された。こうしてこのタイムトライアルの最後の関門である検査を終えて、ようやく正式に記録の樹立が確定したのだ。このまま勝利の美酒に酔いたいところなのだが、なんと我々にはもうひと仕事、このあとに待っていた。

というワケで翌日の10月5日は朝からトライアルカーの清掃にかかることになった。スタッフが総がかりで綺麗にして、その日の昼には東京へと送り出した。トライアルカーの行く先は東京の晴海ふ頭。2日後の7日から始まる「第13回東京モーターショー」にこのトライアルカーを華々しく、出展するためだ。

3つの世界新記録と13の国際記録を樹立

まさにトヨタ2000GTはその実力を世間に示すには最高の場に〝3つの世界新記録〟という願ってもない勲章とともに飾ることができたのだ。私も急遽、東京に飛んで会場へと向かった。実は私がそこでトライアルカーの説明をすることになったからだ。

初日である10月7日は東京モーターショーの〝特別招待日〟のことである。お昼前、たぶん11時頃だったが会場に当時の皇太子殿下（現上皇陛下）がご来場くださったのだ。そして「台風のなか大変でしたね、記録オメデトウ」とのお言葉をいただき、本当に感動したことを今でも鮮明に覚えている。その時間はわずかに1分少々だったと思うが、あれほど緊張したのは初めてだった。

モーターショーを終えたトライアルカーは日本全国のディーラーやイベントに引っ張りだことなるのだが、実はその後、所在が不明となってしまうのだ。そうした証言と、さらにトヨタセブンにまつわる話はもうひとつある。

ボンドカーと3ℓのトヨタ7開発の経緯

「世界速度記録トライアル」とほぼ同時進行で行われていた、映画『007は2度死ぬ』のボンドカーという〝大役〟をオープンに改装した2000GTが果たしていた。これは福澤幸雄君が映画のルイス・ギルバート監督と懇意にしていて実現したのである。

こうした多くの〝勲章〟をひっさげて'67年5月、ついに2000GTは発売。だが、ここでひとつ残念なのはスピードトライアルのオリジナル車両が現存していないことである。トライアルカーはどのように処分されたのか、誰も答えられる人はいない。その後、トヨタ博物館の

オープンのため八方手を尽くし、全国を探して回ったが残念ながら発見はできず、さらに設計原図もすでにないことは、やはり不名誉なことだと思う。

結局、アメリカのシェルビーに3台渡していた内の1台のレース用車両を引き取り、新明工業さんに持ち込んで、私もつきっきりでレプリカを製作。トヨタ博物館のオープンに間に合わせることができたのである。

さて'67年当時に話を戻すと、今度はトヨタ2000GTで長距離レースをやるというプランが動き出したのだ。その計画を進めるためにはドライバーを増員しなければいけないということで、まずは大坪善男君、見崎清志君、蟹江光正君、川合稔君が加入する。後にテスト中の事故によって福澤君が亡くなり、久木留博之君がチーム・トヨタに加入することになる。

'67年の2000GTによるレースでは富士24時間レース、富士1000kmレースで細谷／大坪組が優勝するが、時代はすでに国内外のプロトタイプレーシングカーへと移っていた。各メーカーが威信を賭けて行うレースにトヨタは市販車ベースの2000GTで参戦していたワケだが、太刀打ちできず、自社初のプロトタイプマシン「トヨタ7」を開発することになる。

しかし、多くの市販車の計画を進めていた当時のトヨタにとって、レーシングカー開発に人員を割く余裕はなかった。そのため2000GT開発で良好な関係を築いていたヤマハと再び組むことになった。さらにダイハツからも応援として、確か10名以上だったと思うがメカニックの派遣があった。

こうした各メーカーの多大なる協力があったからこそ、トヨタ7の計画は進めることができたのだ。歴代のトヨタ7を見てもらえばわかるが、必ずボディのどこかに〝ヤマハ、デンソー、ダイハツ〟の手書きによる各社のロゴマークが入っている。これはスポンサーの意味ではなく、リーダーの河野二郎さんが〝我々の力だけでは決してなし得ないこと。感謝を込めて入れよう〟ということで書いた。

トヨタ7の開発が'67年春にスタート

さて、初代トヨタ7（社内コード415S）は'67年の春に開発計画がスタートし、'68年1月に1号車が完成した。さらに同年2月3日に鈴鹿サーキットで2000GTのエンジンを搭載してシェイクダウンを行った。シャシーはアルミ製モノコックだが短時間で製作した間に合わせ的なマシンだった。アルミの小さなブロック板をリベットでつなぎ合わせていたので、走行中の負荷によってリベットが緩んでシャシー剛性が落ち、おまけに補強を重ねたために重くなっていた。

鈴鹿のシェイクダウンのすぐ後にアルミ合金製のV8、3ℓエンジンが完成、ここで本来の形に仕上がった。排気量無制限のグループ7マシンだったのだが、ル・マンなどへの参戦を視野に入れていたので、グループ6（スポーツ・プロトタイプ）規定に合わせ、3ℓエンジンにしたのだ。公称では330psほどであったが、実際に走らせてみると300ps前後という感触だった。

当時のレーシングカーとすれば中の下、といったレベルである。おまけにシャシーの重量増もあってパワー不足は決定的。ヤマハが参考で持ってきたフォードGT40も運転したが、あまりの違いに愕然とした。また、エキゾーストパイプを上に出すタイプと下に出すタイプを併用したが、馬力の差は微々たるものであった。それよりも私を悩ませたのは甲高いエンジン音が背中から直接聞こえてきたこと。イヤープラグもマウスピースも満足にない時代に私の耳はかなりダメージを負った。

'68年日本GPにはチーム・トヨタから4台エントリー

さて、最大の目標としてきた5月3日の「'68年日本GP」だがチーム・トヨタから4台がエントリーした。ドライバーごとにボディカラーが塗り分けられ細谷号が赤、鮒子田号が白、大坪号がクリーム色、そして福澤号がダークグリーンとなった。

以来、私の乗るクルマは、後にターボ7で川合稔君にマシンを譲るまで、ずっと赤である。

そしてレースだが、決勝では並みいる5ℓ級マシンについて行けず完敗。大坪君の8位が最上位で優勝はV8、5・5ℓシボレーエンジンを搭載する日産R381だった。この時、私は当時の豊田英二社長に「トヨタもベンツのエンジンでも買って搭載したらどうですか」と冗談っぽく言った。

すると、「細谷君、トヨタがレースをするのは技術の開発と蓄積を行うことが目的なんだよ。当然、将来はガラスとタイヤを除きすべての部品を自前で作ることが目標だ。もちろん君はドライバーの教育も頼むよ」と諭されたことをおぼえている。私の幸運のひとつは豊田英二社長という素晴らしい経営者に会えたことである。

福澤幸雄の悲劇の事故死、そして5ℓのニュー7開発

そんな状況で迎えた6月30日の「全日本鈴鹿自動車レース大会」では私が優勝し、1〜3位を3ℓの7が独占した。実はこのマシン、リベット止めボディが緩んでいくのが弱点ではあっ

たが、あるレースでは絶妙のバランスになったのだ。最初はガチガチだった剛性がレースをこなしていくうちにリベットが緩み、最高に乗りやすい状況が出てきたのだ。もちろん、それ以降は戦闘力が落ちてしまう。さすがにそんなマシンにいつまでも頼るわけにはいかず、次の「ニュー7」の開発が始まった。

明けて'69年2月、福澤君がヤマハの袋井でのテスト中に事故死するという悲しい出来事が起きてしまった。彼が事故を起こしたマシンは直前まで私が谷田部でテストしていた3ℓの7。その時にどうしても300km／h出なかったので、フルカバーのカウルを付けて挑戦。

しかし、297km／hとか298km／hどまり。そこで私は「超高速での操縦安定性を少し煮詰め直す必要がある」と述べたら、福澤君が「そのくらい乗れないでプロと言えますか」というのだ。ドライバーは皆誰もが自分が一番と思うもので、福澤君はセンスがあり速かったから、そう言うのも理解できた。

そして彼はヤマハのテストコースでそのマシンに乗った。ある周回を終え、私が調整のためにピットに戻った直後、横を走り抜けていった福澤君が事故を起こしたのである。風聞では〝誰も消火をせずに黙って見ていた〟と言った無礼極まりない記述もあると聞くが、それはまったくのでたらめ。

私はすぐにピット内の移動用として使っていたホンダのモンキーに跨がり、駆けつけて炎のなかから福澤君を助け出そうと試みたが、ベルトが外せず果たせなかった。火勢があまりに強かったためだが、いまだに私の腕にはやけどの跡がある。もちろん、ほかの人たちもすぐに消火器を大量に積んだトラックを横づけして、ありったけの努力で消火をしたのである。どこの世界に事故に遭った仲間を何もせずに見ている人間がいるだろうか。もしトヨタがそんな指示を出すような会社ならとっくに私は辞めている。その後、福澤君の葬儀で私の予備のレーシングスーツの右胸にある〝細谷ネーム〟を外し、彼に着せて納棺した。

2代目となる5ℓのニュー7が登場

そうした辛い出来事を乗り越え、'69年3月末に2代目となる5ℓのニュー7（社内コード474S）の1号車が登場。シャシーも問題の多かったモノコックからコンベンショナルな鋼管スペースフレームに、ギアボックスはZFからヒューランド5速に変更。前年の日本GPでシボレー製5・5ℓエンジンを搭載する日産R381に敗れたこともあり、グループ4規定いっぱいの4986ccまで拡大したV8DOHC4バルブ（79E型）が開発された。公称出力は530psで、ベンチテストでは最終的に584psを記録した。

当初、ボディはクローズドでロングテールタイプとして開発されたのだが、視界が悪いし、ロングテールは取り回しが悪かったので、オープンのショートテールボディへと変更になったのだ。

そして、ほとんど知られていないのだがニュー7には4WDデルも準備されていた。シートに座ると私の腰からわずか10cmくらいのところにドライブシャフトが回っているというレイアウトだ。それも剥き出しである。もし、どちらかのジョイントが外れ、シャフトが暴れたら私はバラバラになってしまう。さすがに怖くなって「カバーだけはつけてくれ」と頼むと申し訳程度のアルミ製カバーがついていた。

最大の目標だった'69年日本GPではあったが……

そもそもアルミなんて紙みたいなものだからなんの役にも立たない。おまけにあるコーナーでは曲がりやすいが、あるコーナーではとても扱いにくいという癖が出てしまい、安定して走れなかったのだ。そのために4WDのマシンは1、2回のテストだけで陽の日を見ることがなかった。

そして迎えた4月の富士500kmでは川合稔君が初優勝。5月にはクローズドボディからオープンへ改装され、7月22日の全日本富士1000kmでは鮒子田／大坪組がデビューウィンを飾るのだ。ところが、最大の目標であった10月10日の'69年日本GPには外国人の助っ人やトヨタ自販系ドライバーも加えた5台体制でエントリーしたものの、V12、6ℓエンジンを積んだ新しい日産R382に負けてしまい、川合君の3位が最上位。当然、次なるマシンが求められていた。

そこで究極のターボ7の開発が'70年1月から始まり、5月に1号車が完成した。その製作費用は1台2億円といわれるだけあり、シャシーは先代と同じくスペースフレームだが、フレームの材質をクロムモリブデン鋼から特殊アルミ合金に変更されていた。ほかにも100kgの軽量化を目標としてサスペンションアームやドライブシャフトなど各所にチタンやマグネシウム合金を使用するという贅沢なものだ。

ターボ7の公称馬力は800psだったが……

そして何より、公称は800ps、私の感覚では実走行で1000psだろうという大出力のターボエンジンだ。これを実現させたのはアイシン精機が総力を挙げて作り上げてくれたギアボックスとクラッチがあったから。ポイントはミッションのカウンターシャフトを中空にしてオイルを強制循環させやすい点にあった。

　また、ギャレット・エアリサーチ製ディーゼル用ターボチャージャーを2個装着したが、当時はターボラグなどの問題で耐久レースでの実力は未知数。飛行機やモーターボートのように一定の速度で走り続けるようなエンジンには使用できたが、クルマ、ましてやサーキットで走る、止まる、曲がるに対応できるターボ技術はまだ完成されていなかったのだ。

　これをコントロールする技術を開発したのがデンソーだった。公式には800psといわれている。それは河野監督がマスコミから「ターボは何psですか」と、とおり一遍の質問が面倒くさくなり、小さな声で〝ウソ〟と言い、続いて大きな声で〝800ps〟と答えたのが、その所以である。

　さらにフルカーボンのボディというのもほかにない時代で、フロントのでかいカウルを炉で焼くという凄い技術が使われていた。間違いなく、このマシンは世界一の技術の結晶によって仕上げられていた。その実力は5速でもホイールスピンするほどトルクがあり、ステアリングできっかけさえ作ればマシンの向きを自由自在に変えられたのだ。それまで数え切れないくらいのクルマに乗ってきたが、あれは最高のマシンだったと断言できる。

　こうして6月の始めにニュー7ターボ（578A）のシェイクダウンを行い、さっそく袋井のコースレコードを4秒短縮した。乾燥重量620kgで最高速度350km／hと公表されたが、ヤマハのコースで実測すると、私も久木留君も光電管の記録で最高速は363・6km／hだった。

福澤氏が抜けた後に久木留氏に白羽の矢が……

　毎年、トヨタはその年のクルマでドライバーの記録会を行うのが恒例となっていた。私はキャプテンとしてどの年でも、どのクルマでも最高ラップを維持していたものだ。だが、この記録だけは久木留君とふたりで持つことになったため、今でもちょっぴり悔しいのだが、ダイハツのP-5などで久木留君はその実力を見せつけていたのだった。

　そこで福澤君の抜けた後のドライバーとして白羽の矢を立てたのだ。5ℓの7の初乗りで彼は簡単に乗りこなし、その後にクルマをチェックするとスタビライザーの取りつけに不具合があった。私なら即ピットに入るが、彼は多少の不具合はものともせず超高速で走らす能力を持っていた。

　それほど素晴らしいバランス感覚には、まさに脱帽である。ターボ7を乗ったこともない、よく知りもしない人が〝殺人マシン〟などと言うが、このマシンのステアリングを握ったのは私と久留木君と河合君だけなのだ。そしてこれほど素晴らしいマシンはなかったと改めて断言しておく。

　さて、こうした期待が高まっていたのだが、6月8日に日産が日本GP不出場を発表し、日本GP自体も中止が決定。これによって国内でターボ7は行き場を失ったのだが、その後はアメリカのCan-Amシリーズ参戦を目指して開発を続行することになる。

私の赤いマシンを河合稔に譲り、そして悲劇が……

　そして7月26日の富士1000kmレースの前座では細谷号（ターボ、オレンジ）、川合号（ターボ、赤）、そして軽量ボディにNAを乗せた久木留号（NA、青）の3台がデモランを行った。それから1カ月後の8月26日にまたしても悲しい事故が起きてしまった。その日の午前中、トヨタの社内委員会でアメリカでのCan-Am参戦が正式に認可されたのだ。我々は鈴鹿サーキットでテスト中だったが、その結果を知らされていなかった。

　この時、川合君のマシンは少し前まで私が使っていた赤のターボ。当時の川合君といえば前年のシーズンに好成績を残し、日本初のレースクイーンとしても人気絶頂だった小川ローザさんと結婚し、まさにスターだった。そんな彼があるメーカーのCMに出る際に、マシンのカラーは「青よりは赤がいい」と広告主から注文があった。

　チーム・トヨタでレース時の赤いマシンといえば〝細谷号〟というのが通例であった。巨人軍の選手に1や3を使わせるということと同じほど大変なことなのだが、私は河野監督から「川合君も頑張ってくれているので赤を譲ってやってくれないか」と言われ、赤いターボを川合君に譲った。

　一方、私は自分のマシンに、好きだったマクラーレンの〝オレンジ〟に近いカラーを塗ったのである。当然、その後のレースはオレンジが細谷カラーになるはずだったので富士1000kmの前座でお披露目をしたワケだ。しかし、Can-Amシリーズ参戦が正式に決まったその日の午後に赤いマシンに乗った川合君が鈴鹿で鬼籍に入り、私はがっくりとして頭のなかが真っ白になった。

　その後の川合君の葬儀でも私の右胸のネームを外した予備のレーシングスーツを着せ、見送った。この事故をきっかけにして細谷・田村・福澤の3名で始まったチーム・トヨタは細谷・久木留・川合の3名で休眠状態になってしまったが、それでもチーム・トヨタは今も健在なのである。

↑TMSC主催全日本富士1000km耐久自動車レース。('68年7月21日開催)。 細谷氏は大坪善男と組んで、予選6位で決勝にで決勝に

↑日本グランプリの練習中にアクシデントが起きる。前方がアルミボディのGP本番車の細谷号で、手前が火災事故を起こす直前の1号車

↑アルミボディを身にまとったGP本番車と細谷氏。この時、燃料を吹きながら走る福澤車をピットまで誘導していたのだが……

↑整列したTEAM TOYOTAの5名（右から細谷、田村、福澤、津々見、鮒子田)。美しい晴天の空の下、1966年10月1日午前10時に細谷氏（写真右端）がファーストドライバーとしてスタートされた

↑スピードトライアルの3日目。懸念されていた台風も抜けて天候が回復し、記録挑戦への意欲がさらに燃え上がっていく

↑第1回鈴鹿500kmレースで、ロータスレーシングエランに挑んで勝利をおさめた

↑マフラー内蔵はセブン3ℓの1号車。積んでいるエンジンはトヨタ2000GTドライバーの細谷氏

↑「ドライバー、技術員、メカニック、ヤマハ、デンソー、エッソ、NGKほか関係者の努力によって世界記録を達成できた」と細谷氏

↑こちらはオレンジのトヨタ7ターボの前での細谷氏を撮影

←速度挑戦車のレプリカの前で、当時の速度挑戦の様子を振り返っている細谷四方洋氏。感慨深そうだった

※トヨタ2000GTの写真提供は松田栄三氏

第3章

松井孝晏

TAKAYASU MATSUI

ケンメリスカイラインのデザイナー

まついたかやす●1942年愛知県岡崎市生まれ。

物心がついた時はまさに終戦間際の混乱期。物資が不足する時勢、クルマのある生活など夢のまた夢という状況で幼少期を過ごす。内気な松井少年の関心は絵を描くことであり、後にデザイナー、松井孝晏氏が生まれる素地がこの時代に築かれた。

学業では「あんまり成績はよくなかった」ということだが、4浪後に、多くの人材をデザイン界に送り出していることで知られる千葉大学工学部工業意匠学科へと進学。しかし、この段階においても松井氏はクルマに対して特別な関心を持っていたワケではなかった。

卒業後の'68年4月には日産自動車に入社。当初は旧プリンスのいわゆる「荻窪スタジオ」からキャリアをスタートさせた。チェリーを皮切りに、代表作であるケンメリ、ジャパンのスカイライン、パルサー、さらに社会現象となったBe-1など多くのデザインを担当。同時に世界の主な自動車賞を受賞した2代目マーチも手がけた。

デザインセンター主管プロデューサーで日産でのキャリアを終え、その後は東京造形大学造形学部デザイン学科の教授を経て、現在はSTUDIO MATSUI、アートスペースMATSUI主宰。いまだ現役として活躍。カーデザインジャーナリスト、日本自動車殿堂デザインオブザイヤー選考委員などを務めた。

デザイナーとしての原点は特選に選ばれた小学2年の時

　私が生まれて3年後に終戦を迎えている。当然のように世の中はまさに混乱のど真んなかで私は幼年期を過ごしたことになる。自家用車のある生活など考えられるはずもなかった時代だが、それでも小学校に入ったばかりの頃には、当たり前のように友人たちはクルマの絵を描いたりしながら、学校の休み時間を過ごしていた。

　だが、私は少しへそ曲がりだったのだろうか、あるいはまだ戦時中の名残りがあったためだろうか、クルマではなく、真横から見た戦艦の絵を好んで描いていた。自分でもよく描けているとは思っていたが、それは楽しいから書いているだけであり、それ以上でも以下でもない純粋な感覚からであった。

　そんな時、担任の女性教師から「上手なんだから、しっかりと絵を描いてみなさいよ」と薦められた。今でも覚えているのだが〝富田先生〟という方だ。小学校2年の頃だが、そのアドバイスに従って描いた絵は、なんと校内の写生大会で各学年ひとりしかもらえない〝特選〟に選ばれたのである。人生初の、まさに栄誉である。おまけに当時の子供にとって宝物にも等しい〝サクラクレパスの24色〟を副賞としてもらったりと、幼心にも誇らしい気持ちでいっぱいだった。

　そして、この時を境に周囲の私を見る目が変化して、一目置かれる存在にもなった。内気で恥ずかしがり屋な私にとっては、なんとも晴れがましい、そして心から嬉しい経験であったのだ。もちろん、私自身がデザインというか、もう少し漠然としたものではあるが、美術というものに対して特別な感覚を抱いたのも、この時の経験があったからだ。今、思えばここにインダストリアル・デザイナー、松井孝晏の原点があったのかもしれない。

　自家用車など自由に所有できるはずもなかったが、我が家には仕事で使うマツダや、当時はメーカーとして存在していたジャイアントなどのオート三輪があった。水飴を作るためのデンプンなどを運搬するトラックだ。助手席に乗せてもらい、仕事先までついて行く。それだけでも嬉しかったが、だからといって特別にクルマが好きと言う感覚はまだない。

当時、子どもたちが憧れていたアメリカ車

　当時の子供たちにとって、クルマに乗せてもらったり、あるいは排ガスの臭いを嗅ぎたくてクルマの後を追ったりすることは、クルマに対して特別な感覚がなくとも誰もがやっていた〝当たり前〟のことだ。そんな子供たちが憧れていたクルマがあった。

　当時、世界の自動車を牽引していたアメリカ車である。ドイツ車をはじめとした欧州車ではなく、デザイン面でも性能面でも当時のアメリカ車には誰もが憧れを抱いていたと思う。我々子供にとっても同じことで、日本の道幅を目いっぱい使いながら、フルサイズのボディをユサユサと揺らしながら走る姿は、羨望の的であった。

　さて、父の仕事の都合で私は小学校の途中で愛知県を離れ、岩手県一関市に引っ越すことになる。正直、岡崎以上の田舎であり、アメリカ車など簡単に見ることなどできない。そんな少年時代を過ごしている私にすれば、特別にクルマが好きになるきっかけもなく、それよりも重要なことは高校を卒業してからの進路のことであった。

　高校は進学校に進んでいたが私の成績は、尻から数えたほうが早かった。何をするでもなくサボってばかりいた。だが、進学では〝デザインをやりたい〟という気持ちが強かったので美術系の大学も視野に入れて考えていたのだ。

　しかし、美大といえば実技の成績が最重要であり、少しばかり絵がうまかったという程度の私には、合格の自信がなかったのだ。そこで実技よりも一般科目の成績が重視される千葉大学に的を絞った。それでも高校時代にサボっていた私は現役合格を果たすことは当然、適わなかった。

　ここで浪人生活を送ることになったワケだが、その間のモチベーションを支えていたのは「家電のデザイナーになりたい」という想いであった。そう、クルマのデザインではなかったのだが、とにかく工業デザインの道に進みたいという夢は持ち続けるのである。そして、ようやく千葉大学工学部工業意匠学科に入学を果たした。

　実技の配点が少ないなどといっても、この学部は多くの優れた人材を輩出している学部であり、今までのような生活態度では夢の実現は無理と考えを改めたのだ。高校時代とはまるで別人のごとくに勉強した。いや、むしろ〝優〟を取ることが生きがいのようにまじめに勉強したのだ。

自分なりのデザインの考え方が確立された

　すると今度はデザインについての自分なりの考え方が確立されていくのである。大学のデザインの指向はバウハウスであり、機能や便利さのためのアイデアや考え方は出てくる。だが、それが実際の〝形〟に必ずしも結びつかないことに疑問を

持つようになったのだ。

　つまり、大学の考え方を否定するような立場を取り、生意気な言動をするようになっていた。これには本当に悩んだ。一時は「家電のデザイナーになるのをやめようか」とさえ考えるほどに悩んだのだ。そんな私を救ってくれたのが実はカーデザインであった。

　家電よりも多くのデザイン要素を持ち、サイズも大きい。そして目まぐるしく変わっていく家電に比べ、クルマのデザインは次のフルモデルチェンジまでの4年間じっくり考える時間がある。〝カーデザインは単なるスタイリングに過ぎない〟などともいわれていたが、私はそこに進むべき道を見い出せるのではないかと感じたのだ。

　だが、この当時、カーデザインを懇切丁寧に教えてくれるようなことはなかった。もちろんまったくの未知の世界ともいえる分野である。私には昔から〝反骨〟というか、あまり体制に迎合しないようなところがあったことで、「だったらクルマの道で目立ってやろうじゃないか」という気持ちが強かったのだろう。

　それでも簡単に入れる自動車メーカーがすぐに決まるはずもなかった。おまけに私はクルマが特別に好き、つまりカーマニアといえる人間でもなかったが、どうせ自動車メーカーに入るならと目指したのがトヨタだ。大学3年の頃に〝企業実習〟があり、意中のメーカーで実習を受ける。そこでメーカーは学生たちを選別するワケだ。私に対するトヨタからの対応は〝来てくれてもいいよ〟という評価だった。要するに〝確実に合格〟ではなく、2番手という意味なのだ。

’68年に日産に入社し、第四設計部造形課に配属

すぐに教授に相談すると「マツダなら間に合うかもしれないが、どうする?」という回答。もちろんマツダでもいいだろう。そんなやりとりをしている時に「日産に空きができたので面接に行ってみないか?」という話が飛び込んできた。運命である。急きょ作品を取り揃えて面接に臨むと、すんなりと内定がもらえ、’68年に私は日産入社を果たしたのだ。

　さて、入社後は配属先であるが、当時の日産は鶴見にもデザイン部署を持っていたから、私もそちらへの配属か、とも思っていた。しかし、私の社会人生活は荻窪にあった「第四設計部造形課」から始まることになった。旧プリンス系の本拠である「荻窪スタジオ」が初の仕事場となったワケだ。

チェリーバンが記念すべき初仕事

いよいよ私にとってのキャリアがスタートするのだが、もちろん最初の1年は大半が教育期間である。毎日のように先輩にしごかれて、となるのだろうと思った。だが実はこの’65年の合併前後は、「荻窪スタジオ」では新入社員の採用もなく、先輩も少なかったのだ。

　自然のなりゆきで、教育期間でありながらすぐに実践人員としてデザイン実務にも就くことになったのだ。私はチェリーバンを担当したのだが、これこそ記念すべき初仕事というワケだ。入社した年に正式な開発命令が出たクルマであるチェリーを、入ったばかりの新人でありながら実務を同時にやるということになった。

　ある意味これは〝幸運〟に恵まれたのである。チェリーといえば旧プリンスが、日産に吸収合併される以前から開発を進めていた次世代の前輪駆動車であり、クーペは直接の上司である片柳重昭さんが担当だった。

　ある程度、自由にやれたが片柳さんにはいろいろと叱られたものである。それでも〝アメリカのかっこいいクルマ〟をイメージしてデザインしたつもりである。この当時のアメリカ車はとにかく輝いていたワケで荻窪スタジオだけでなく、国産メーカーもヨーロッパメーカーも、みんなアメリカンデザインに心酔している頃の話である。

　それにしても日産に入ったとはいえ、配属は旧プリンスゆかりの荻窪。ふつうに考えると〝本流ではない〟ワケだが、私にとっては旧プリンスの人たちが持っていた〝飛行機屋〟のプライドを感じながら、時間を過ごすことができた。

私のデザインの師である森典彦さん

そして、その後のデザイナー人生に対しても、当時の経験が生きることに。さらに私を荻窪に引っ張ってくれたのが〝デザインの師〟である森典彦さん。造形課長の森さんは「数学のできる人がほしい」ということで私に白羽の矢が立ったと聞いている。東大応用物理学科出身の森さんは、ロジカルにデザインを組み立てていく理論派。その点において私と共通項が多く、クルマのデザインのなんたるかを教わった師なのである。

　もちろん、数学で森さんの足下にも及ばなかったが、いろいろな意味で私は幸運であった。とにかく私は大学時代に習ったバウハウスのデザイン方法論とは違った発想で、クルマのデザインに取り組んでいくことになる。こうして過ごした教育と実務の期間はとても充実した時間であったことを覚えている。

C110型スカイライン、ケンメリのデザインを担当

そんな私のもとに次なる指令が届いたのは、入社後わずか2年してから。チェリーが世に出た'70年にスタートしたプロジェクトへの参画である。新型スカイラインとなる、C110型のデザインである。先代モデルの通称ハコスカは「愛のスカイライン」として多くの人たちの心を掴んだ名車だったのだが、クルマの後継モデルを作れというのである。

なんと私はこの時点でもまだ〝アイデアスケッチ〟の描き方すらよくわかっていなかった、ひよっこだったのである。もちろん誰もアイデアスケッチの描き方など教えてくれなかった。そんな状況でヒット作の次期モデルをやれというのであるから、これはかなりのプレッシャーだった。

しかし、こんな時だからこそか、根っからの負けじ魂が頭をもたげてきたのである。とにかくデザインの経験は少なくとも〝いいか、悪いか〟はわかった。壁にスケッチを貼り、並べて見ると〝心を惹きつける絵〟はすぐにわかるのだ。ほかのデザイナーには負けない、心を惹きつけるデザインを完成させるために全力でアイデアスケッチに取り組んだ。

するとスケッチの段階で私のアイデアが、後の「ケンメリ」のデザイン候補としてコンペに勝ち残ったのである。もちろん嬉しかった。しかしそのぶん、プレッシャーもより大きかった。もし最終的に採用されれば大ヒット作の4度目のフルモデルチェンジを担当し、日産の屋台骨を支えるモデルのひとつになるのである。

当時、日産は1600から2000ccクラスのパーソナルカーとして〝3つの重要なモデル〟を位置づけようと考えていた。ブルーバード系、ローレル系、そしてスカイライン系である。この3本柱が1年ほどの間に、揃ってモデルチェンジを迎えていたのだ。他社のライバル以上に、同じ日産ブランドのなかでも厳しいせめぎ合いがあったワケである。採用されたいが、同時に失敗するわけにはいかなかった。

そこで考えなければいけなかったのは旧型、愛のスカイラインのデザインをどう受け継ぐのか、いやいっさい受け継がないのか？ 多くのファンは、いや社会全体が新しいスカイラインのデザインに注目しているのであるから、プレッシャーは相当なもの。そんな時、私のなかには〝憧れのデザイン〟があった。

アメリカ車のダッジチャレンジャーやフォードマスタングである。後に「ケンメリはアメリカンテイストだ」と言われたのは私自身のこうした好みによるといっていいかも知れない。そのうえで真似ではない〝唯一無二〟を探らなければいけない。それこそデザインの重要な部分なのである。

サーフィンラインをいかにデザインするか?

そこで注目したのがスカイラインのデザインの必須要素である〝サーフィンライン〟。この個性をいかにデザインするか？ ここが重要なポイントになってくるのだが、加えて私はスケッチの段階からシャープなラインを狙って書き込んでいった。その造形には旧型のC10型とはひと味違った〝よりシャープで明確な表情〟を持たせたかったのである。

だが、まだ私の案が最終的に採用されたワケではなかった。ようやく一次予選を通過して次なる予選が始まったのである。その先に待っていたのは「5分の1スケール」によるクレイモデルの制作である。2次元から、いよいよ3次元のデザインへと進んでいくワケだ。この段階で私自身も、クレイを削るのである。それが「荻窪スタジオの伝統的流儀」であると教わった。私にとっても初めてのことだったのだ。

だが、デザイナーが自らの思いをより正確に表現するためには、これが実に理に適った方法論だったのである。もちろん、最終の仕上げはプロであるモデラーにお願いするのだが、基本的な部分はデザイナーがしっかりと作り上げなければいけないのである。この時点で私が表現したかった新しいサーフィンラインは〝スプーンでえぐったような面構成〟を持っていた。C10型スカイラインのそれが〝薄い皮の裏側から竹篦で押し出した様な造形〟であるのに対して、私は削っていく手法で表現した。

さらに、それだけでは〝立体感〟が不足していたのでラインの稜線をちょっぴりつまみ上げるようにしてデザインしたのである。これで先代モデルとは違った、独特の、しかしスカイラインにしかないサーフィンラインを作り上げることができたのだった。

C110にはファミリーな味つけを加味

実はこの4代目スカイラインには、C10時代には少し不足していた要素である〝ファミリーな味つけ〟も加味しなければいけなかった。おまけにスカイラインというブランドは免許を取得したばかりの若者から、ファミリー、さらにはクルマをよく知った経験あるユーザーまで、きわめて広い年齢層に対応でき

るデザインが要求されていたのであった。

そのうえで、より重量感のあるスポーティカーとしての表現という、なんとも欲張りな要求に対応し、満足できる答えを出さなければいけない運命を担わされていたのだ。もちろんサーフィンラインの完成だけで満足しているワケにはいかなかったのだ。当然、私のアイデアが正式に採用されるまでの苦闘はまだ続く。

「5分の1スケール」によるクレイモデルの製作で私自身がクレイを削るといっても、もちろんほとんどが初めての経験のようなものである。デザイナー自身がクレイを削るという〝荻窪の伝統〟も私にとっては苦労の連続であると同時に修行だった。

私がこうしてクレイを削り、2次元から3次元の立体を生み出すことに苦戦し、まさに格闘している時、デザイナーとしての恩師、森典彦課長から言われたことがある。「松井君、勝手にデザインを変えてはいけない」というのである。

つまり、クレイモデルで3次元の形を作り上げている時に、必ず多くの悩みや壁に当たるものだ。その苦痛から逃れるためにデザインテーマを安易な方向に変えたくなるかもしれないが、絶対にそれはやるな、というのである。言葉の上では「わかっていますよ、森さん」と言いたいところではあったが、現実はそれほど簡単なものではなかった。

森さんの指摘どおり、コンペに勝ち残った紙の上のデザインテーマを実際の形に変換することへの難しさは想像以上であり、私も苦しんだ。具体的にどこ、というのではない。ディテールにこだわれば、デザイン全体のバランスが崩れる。全体のバランスを見ると今度は細部への配慮が行き届かなくなる。そうなると安易な妥協点を見つけたくなるのが人の常である。つまり逃げ、ということなのであるが森さんは厳にそれを禁じたのである。

そして「スケッチの段階で選ばれたということは、そのデザインに必ずいいところがあるからだ。それを忘れて形に変化する時、テーマを変えたのでは、選ばれた意味さえも失う。認めてもらったデザインテーマを大切に守り続けながら形を作っていかなければいけない」ということである。

さらに「人によって解釈の違うデザインテーマを〝よりわかりやすく表現する〟のが我々デザイナーの役割である。スケッチは選ばれた段階からデザイナー個人のものではないのだから、誰もが理解できるように表現しなさい」ということも言われた。安易であるな、だがわかりやすくしろ。この二律背反のような条件をクリアするために森さんの指導を厳しく守りながら、私はケンメリのデザインを進め、最終段階のコンペに向かっていくのである。

ケンメリの成功によってデザイナーとしての自信を得る

森さんといえば愛のスカイライン、つまりハコスカのデザインをまとめた理論派デザイナーであり、〝科学で芸術を作り上げる人〟という方だった。その森さんに〝デザイナーはこうあるべき〟と鍛えられたワケだ。そして、そうした厳しい指導の下に仕上げていったこともあり、最終的には私の案が採用となったのだ。

実は1／1スケールのクレイモデルの段階まで、私も含めてふたつの案があった。当時はまだ入社から2年目の新米であり、上層部のデザイン決定プロセスや決定理由を私は詳しく知る立場になかった。もちろん、私のデザインに決まったことは嬉しかったのだが、その経緯を知ることはできなかったのである。もちろん、私自身は少しばかり自信家のところがあったのだが、今となっては〝運がよかった〟と言っておくしかないだろう。

初めての大きなプロジェクトで採用されるようになると、今度は自分をためらわなくなるのだ。ラッキーだったとはいえ、会社に認められるとある意味自信家ともなる。人によってはそんな態度を生意気だと取る人もいたかも知れないが、私はこのケンメリの成功によってデザイナーとしての自信を得ることになる。

皆さんにはあまり想像できないことかもしれないが、自動車の開発には〝ダメを出す（出される）〟ことがかなり多いのだ。「こんなことをやってはいけない」とか「これはできない」とか、とにかくNO！といったネガティブな要素を受け入れてしまうようなところがあったのである。

悪魔の声に支配され、マイナス思考になる

特にデザイナーの多くは、その〝悪魔の声〟に心が支配され、マイナス思考になる人が本当に多い。しかし、私は幸いにしてこの悪魔によるささやきを、ケンメリのデザイン採用によって、断ち切ることができた。さらに幸いしたのは、このデザインは進化を続け、広がりを見せたのだ。

ボディバリエーションは「4ドアのケンメリ」ということで〝ヨンメリ〟と言われた4ドアセダンを基本に、2ドアクーペの「ハードトップ」、そして5ドアステーションワゴンの商用車「バン」といったバリエーションを揃えることになる。さらにこれ以降、スカイラインのデザインアイデンティティのひとつとなる丸形テールランプが採用されたのもこのケンメリからである。

デザイナーとしてはここまで

で充分に満足できるのだが、さらにクルマがヒットすることでより大きな喜びと自信を手に入れることになる。旧型であるC10型時代から受け継がれた「愛のスカイライン」というキャンペーンは継承され、そのうえで〝ケンとメリーのスカイライン〟という新たなイメージまでもが加わった。

ケンメリスカイラインは大ヒットすることに！

先代モデルとなるハコスカの持っていた硬派なイメージとは違った新しいデザインが〝洗練されたソフトなイメージ〟を生み出したのだろうか、結果的に4代目のケンメリスカイラインは大ヒットすることになったのだ。さらにデビュー翌年に実施された「第10回国産乗用車人気投票上級車部門1位（月刊自家用車）」を始めとして、数多くの賞まで獲得することになった。

もちろんデザインだけの要因ではなく、トータルでの評価であるが、デザイナーの私にとっても大きな喜びであることに変わりはない。モータースポーツのイメージを確立したハコスカに対して、スポーティで都会的でソフトな印象をケンメリは生み出したのだと思う。これ以降、毎年のように人気投票では上位を占めることになったのだった。

前にも言ったが当時、スカイラインはきわめて幅広い年齢層に支持されており、日産の基幹車種として、より大きく成長しなければいけない立場にあった。免許取り立ての若者から子育てが終わった人たちまで、どのような年齢にも適用できるクルマ。

もちろん、言葉にして言うのは簡単だがそれを実際にデザインとして成立させ、そのうえでパフォーマンスの面でも満足を与えなければいけないことなど、まさに至難のワザとも言えることなのだ。しかし、4代目スカイラインはその難題を克服できたといえる。そのデザインを担当できたことは私にとって大きな自信となったことは確実である。

そんな自信が打ち砕かれたのが「チェリーF-Ⅱ」のプロジェクトに参加した時だ。ケンメリの自信を持って臨んだプロジェクトだった。ある程度の目算もあったのだが、世の中それほど甘いものではなかった。ここで私のデザイン案はコンペであっけなく敗退してしまった。おまけにデザイン案を練り上げていく段階では〝十二指腸潰瘍になったほど〟の苦しい経験をしている。

もちろん、私のデザイン案が採用されたというワケではないので証言するほどの内容はない、というか、このプロジェクトのことは実はあまり思い出したくないというのが本音である。ここでも恩師、森さんの言葉を噛みしめる毎日、というワケなのだ。

スカイラインジャパンのエクステリアデザインを担当

そして同時にケンメリは、いやスカイラインは次世代を目指して開発がスタートしていたのである。C210型スカイライン、5世代目モデルとなる新たなスカイライン、つまり「ジャパン」のエクステリアデザインを今度は担当することになったのだ。

すでに詳しい方は「日本の風土が生んだ名車」という広告のキャッチコピーをご存じかもしれない。それ故の「SKYLINE JAPAN」なのであるが、外観は結果的に先代のケンメリのキープコンセプトとされた。ケンメリがあれだけのヒット作であるから冒険もなかなかできなかったのかもしれない。ボディバリエーションにおいても同様で基本には4ドアセダン、5ドアのステーションワゴン、商用車のバン、そして2ドアハードトップを設定しているのだ。

もちろん、私はここで挫折してしまったチェリーから復活、と思って臨んでいた。当然のことだが、いくらキープコンセプトによる開発であっても、先代モデルを成功させたデザイナーである私にとって、何ひとつ有利なことなどない。誰もが同じスタートラインに立ち、産みの苦しみと戦いながらデザインすることはいつも同じなのである。そんな状況でジャパンのデザイン案はいくつか提出し、そのうちのひとつが採用となったのだ。

実は燃焼しきっていないデザインが採用

が、実は問題があった。採用されたスカイラインジャパンのエクステリアデザインは正直に言えば自分としては「燃焼しきっていない」ものだったのだ。デザイナーとしてすべて自分の作品なのだから、周囲にしてみれば少しばかり無責任と言われるかと思う。もちろん、提出したデザイン案はどれもが苦しみのなかから生まれたもので、愛情はあった。

しかし、デザイナーにとって自らの感性におけるプライオリティは当然存在するワケで、採用されたものは自分のなかでの〝最高〟ではなかったワケだ。だからといって私自身の作品であることには変わりはなかったのだし、愛情を持って仕上げ、世に送り出すことができたのだった。

'77年8月、5代目スカイライン、通称ジャパンが誕生した。

するとこれもまた大きな反響を得ることができたのである。国産乗用車人気投票では第1位をはじめとして多くの自動車専門誌では高い評価を得ることになったのだ。その評価については私の個人的な感情や価値観とは別な部分ではあるといえ、ユーザーの方々には評価していただけるデザインとなったことは素直に嬉しかった。

この世代からスポーツグレードのGT-Rというスカイラインの象徴モデルは姿を消すことになったが、それでもスポーティで高級な、当時の言葉で言えば〝ハイオーナーカー路線〟がより鮮明となったスカイラインジャパンは、ビジネスとして成功を収めることになったのである。

だが、そうなったとしても正直に言えば私の心のなかのもやもやしたものは晴れていなかったのである。デザイナーとしても、ある程度経験を積んできて、やる気にも満ちていた。つまり、〝本当にやりたいデザインを仕上げてみたい〟という気持ちがドンドン膨らんでいったのである。

そんな時に担当することになったのが'78年の5月の登場することになる初代パルサーである。チェリーF-Ⅱの後継車として位置づけられるクルマであり、私にとっても〝リベンジの意味〟も込めてのプロジェクトである。日産にとってはサニーの下に位置し、世界的な流れができあがってきていたCセグメントの世界戦略車であり、非常に重要な役割を持っていたクルマであった。

そのキャッチコピーも「パルサー・ヨーロッパ」と銘打っていた。つまり、ヨーロッパでも通用するデザインとパフォーマンスを備えたクルマとし、ライバルは国産車にあらず、とでも言いたげな勢いでマーケティングを展開したのである。

完全燃焼し、ケンメリと同様自信作の初代パルサー

私自身もかなり自由にパルサーのデザインを手がけ、ケンメリと同様の自信作でもあったと思う。デザイナーとして当時は国産よりも、先を行っていたなどと言われていた小型車のデザインではあるが、当然のように欧州を代表する小型FF車、VWゴルフやミニ、さらにはルノーサンクやアルファロメオのスッドなどを敵に回しても充分に戦えるようなデザインを仕上げようと、相当にやる気に満ちていたのである。

その結果が市場でも大いに評価された。私のなかには、スカイラインジャパンで少しばかり不完全燃焼であったものをここで完全に燃やし尽くしてやろう、などという気持ちがあったのかも知れない。が、市場での高い評価を得たこともあり、2代目パルサーも手がけることになるのだ。

日産テクニカルセンターが開設される

さて、この頃に日産は神奈川県の厚木にNTC(日産テクニカルセンター)を完成させている。この'81年まで鶴見(神奈川県横浜市)と杉並区の荻窪というふたつの拠点に分散していた開発体制の強化を図るため、このテクニカルセンターは開設されたのだった。

もちろん今までばらばらに歩んできていた荻窪と鶴見のデザインスタジオも統合されることになる。私は「造形部第1スタジオ」の所属となった。これまであまり交流のなかった荻窪と鶴見がひとつになる。誰しも、各々の出身スタジオによって派閥ができる……などと考えてしまうだろう。

当然、当初はそんな雰囲気もあったのだが、デザイナーたちはどこにいても皆、自らの感性を最大の武器として戦う個人であり、社員というよりも職人でもあるのだ。場所が変わっても、やることや仕事に対する姿勢や、それに起因するプレッシャーなどは変わるはずもなかった。NTCでやらなければいけないことが決められれば、前に進むだけである。

そして、ここで私が担当することになったのが〝先行開発〟や〝新規車種〟だったのだ。これはまったく新たなクルマを、まっさらな状態から作り上げることであり、「これこそ望むところ」といった開発を任されたのである。そこで、後に社会現象まで引き起こすことになるクルマを手がけることになったのだ。

インフィニティQ45の原型となるコンセプトカー、CUE-X

そこでまず手がけたのがCUE-Xである。まっさらな状態からまったく新たなクルマを作り上げることに大きな喜びを感じていた私にとっては、まさに〝我が意を得たり〟である。

CUE-Xは後にインフィニティQ45の原型となるコンセプトカーである。そのコンセプトは「次世代高級高性能サルーン」である。とにかくボディには当時の最先端技術がこれでもかとばかり、投入されていたものである。そうした最先端技術を包み込むためのボディスタイルを担当しなければいけないのだが、例えコンセプトカーであっても〝失敗〟は許されないというものだ。

ここから将来、日産のフラッグシップともなるサルーンが生まれる可能性があるワケだから、技術はもちろんのことデザインも未来的であると同時に、

充分な実現性を持ったものでなければならない。言葉にすると簡単ではあるがそれを実際の形として表現することは、いつもながら胃の痛くなる仕事である。

CUE-Xのデザインはケンメリからの経験を生かして〝職人的に形を作り込んだ〟と言うデザインにした。当時の私はインダストリアルデザインというか、モノの形にはしっかりとしたロジックがあって、それを追求すると〝職人の世界〟に到達すると考えていた。それを形にしたのであるが、決して21世紀を見据えたアドバンスドカーである必要はなかっただけに難しさがあった。

CUE-Xのボディサイズは全長4860×全幅1850×全高1305㎜であり、現在のクルマで考えればそれほど大きなサルーンではなかった。が、当時はまだまだ5ナンバー枠におさめていたモデルが前提となった開発が多かったため、かなり大きなボディといえる。そのなかで自由に、私なりの基準で作り上げていくのはまさに望むところであり、直線的なエッジの〝日本的な美しさ〟と、柔らかでボリューム感のある曲面との調和を作り出すことができたと思う。

ケンメリからの経験を生かして作りこんだ

細かく見ていけばノーズからテールにかけて走るエッジ、Aピラーからルーフライン、そしてリアクォーターピラーへと続く印象的な流れ、そして各エッジを中心にして曲面が出合い、美しい調和を見せている。職人の匠を感じさせるような日本的な美しさを目指したデザインを作り上げることができたと思う。

そしてエンジンにはVG30ベースのV6DOHCツインジェットターボ、電子制御トルクスプリット4WD／4WSに電子制御エアサスなどなど、当時としては最先端技術的をこれでもかと詰め込んだこともあり、'85年の東京モーターショーに展示されて大きな話題となった。

こうした技術について、その後にほとんどが実用化されたテクノロジーであり、以降の日産のクルマ作りを技術面で支えたことは間違いない。いっぽうで日本初の高級車のコンセプトとしては正しかったが、マーケットで成功することを軽視した感があった。当時は、日本の企業がアメリカのシンボル的なロックフェラーセンターを買い上げるなど、どこかアメリカを抜いたような、そんな風潮に酔っていたことも事実である。

そしてこの4年後、実際にデビューしたインフィニティQ45は、ひと回り大きな全長5090×全幅1825×全高1430㎜というボディではあったが、CUE-Xで提案したデザインは、Q45のデザイン、つまり原型となっている。

デザインプロデューサーとしてBe-1の開発を指揮する

さて私はこのCUE-Xと同時にもう1台、重要な新規モデルも担当していた。それが「Be-1」である。こちらは〝感性を重視した実験的プロジェクト〟であった。フラッグシップとなるべきテクノロジーの塊ともいえる大型サルーンに対して、こちらは「ライフスタイルを豊にするコンパクト」というコンセプトである。

当時、「まったく違う、対照的なコンセプトを同時にやることは、かなり大変だったのでは？」とよく聞かれていた。だが私はコンセプトが違っていたからこそ、自分のなかでは割り切りがうまくできていた。しっかりとした思考スイッチの切り替えが可能だったワケだ。

デザイン・プロデューサーとしてBe-1のコンセプトからスタイリングまで指揮することになった。そこで私が最も大切にしたのが「気分」というキーワードである。見た瞬間から理屈や面倒くさいロジックではなく、直感的に感じる〝気分のよさ〟を感性の赴くままにデザインした。

すでに空気抵抗や機能性などがクルマをデザインするうえでも第一次的な要件として求められていた。だが、そんな概念とはまったくかけ離れたところで新しいクルマを考えてみる。当時感じていたのは〝量産体制のクルマ作りはほぼ行き着くところまできている〟ということだった。

そこで少量生産であっても〝自分なりのライフスタイルを演出したい〟と考える人に向けての提案を、リッターカーをベースとすることを前提に行ったのがBe-1だった。プロジェクト発足当初、服飾デザイン関連の人たちにも参加してもらっている。すでにファッション分野では〝多様な物を少量生産する〟という考え方は当たり前のことになっていたので、Be-1のコンセプトとの共通項もあったのだ。

さらに3つのチーム分けを行った。ひとつが従来の社内にあるクルマのデザイナーで構成されたAチーム、ふたつ目が服飾デザイナーと組んだBチーム、そして海外デザイナー、イタリアのパオロ・マルティンと組んだCチームである。マルティン氏はあのピニンファリーナ出身でランチアベータ・モンテカルロ、フェラーリモデューロ、ロールスロイスカマルグなどを手がけていた。私は全体を俯瞰する立場にいながら、同時にBチームに参加していた。

我々はミーティングを渋谷で行い、そのあたりの店を見ることから始めた。それまでのミーティングではあり得ないことだが、当時の感性と生活を生で感じ取るために行ったのだ。ファッション関係の方々にも入っていただいたワケだが、実は最初、彼らの言っている意味がよく理解できなかったのだ。交わされる言葉にはほとんど〝漢字〟がなかった。そんなブレーンストーミングを繰り返していくうちに〝何が最先端なのか〟が少しずつ見えてくるようになったのだ。

　そこで今度は〝キーワード探し〟に取りかかった。「後ろを振り返りながら前進するデザイン」なんていう堅いものもあった。なかには「ハンサムよりブスくしい」とか「キザにすました美人よりブスがいい」とか、ちょっと今聞いたらいろんな問題がありそうなものまで提案していたのだ。

キーワードはノスタルジック・モダン

　そんななかで決定したのが〝ノスタルジック・モダン〟というキーワード。この言葉を見つけ出して提案を完成させていく。そして最終的に採用されたのはBチームのデザインだったワケだ。ちなみに、Bチームの作品案にはB-1とB-2の2パターンがあり、その1番目の案が採用された。そこで最終的に採用になった時点でBe-1というネーミングになっている。その選考理由には〝実用性より感性〟という理由があったワケだ。

　ベースになった'82年にデビューした初代マーチは大量に生産され、日産を支える屋台骨のひとつとなった。コンパクトカーとして優れたデザインで、広く支持されているマーチは、逆に言えば大きな冒険ができない。より多くの人たちが満足するための最大公約数を実現するためには、必然的に制約も多くなるからだ。

　方や少量生産が前提のBe-1は「自由を手にしてデザイン」できたのだからある面で非常に幸福であったと思う。その自由を実現するためにキーワードとしたのが「ノスタルジック・モダン」であった。'50年代、'60年代に思いを馳せ、単なるノスタルジックに終わらないために現代風の解釈を取り入れる。そこで完成したのが、丸と直線を組み合わせた、このデザインである。

　が、国内シェアで苦戦をしていた日産社内では当初「そんなもの作っている場合じゃないだろう」とか「売れるワケがない」という反対意見もあったのも、当然のことである。またMINIにも似ているということも言われたし、デビュー後もその意見があった。それが社内であった〝先進性のないデザインだ〟という評価の一因だったかもしれない。

　しかし、よく見てもらえばわかるのだが、ヘッドライトが丸いということ以外はBe-1独自のデザインなのである。さらにボディは材質面でも従来とは少し違った「フレックスパネル」という樹脂を多用していた。そのおかげで、まず軽量化に成功している。

　さらに錆びにも強く、鉄板と一緒に焼き付けもできるという特性を持っていたフレックスパネルはBe-1独自の豊かな曲面を表現し、そのデザインを実現するために必要不可欠な素材だった。材質を形、つまりデザインに合わせたという意味では、かなり挑戦的なクルマ作りだったと思う。

　こうした、いくつかの先進的でありながら同時にノスタルジックなイメージを感じさせるコンセプトは社内的にも徐々に認められるようになって、ついに実現可能モデルとして完成することができた。そのお披露目場所となったのがCUE-Xと同じ'85年の第26回東京モーターショーであった。最初から自信などがあったワケではない。しかし、間違ってはいないという確信はあった。

東京モーターショー会場で大きな反響を呼ぶ

　すると東京モーターショーの会場では予想もしなかった大きな反響を得ることになったのだ。パフォーマンス面ではマーチがベースだから特筆する部分は少なかった。いやむしろ「技術の日産」にとって〝意味のないクルマじゃないか〟などとも言われた。なかには「1ℓに3速AT（5速MTもあった）というありきたりの内容でいいのか。少し挑戦的な内容でもよかったのではないか」という内外の意見もあった。

　しかし、そんなデザインありきのクルマが社内的にも徐々に認められ、そして公開されたモーターショーで大反響を呼んだのである。専門家の評価をまず気にするというモーターショーのスタイルが一変したのがこの時のことであったのだ。来場した一般の人たちから「とにかくいくらで売るんだ」、「今、ここで予約していく」など、まさに狂乱ともいえる状態になったのである。

　こうなれば市販化へのレールはある程度、敷かれたことになる。Be-1の市販モデルへの期待は高まり、ついに2年後の'87年の1月に発売されたのである。月販400台、最大1万台をめどとした限定モデルとしてリリースされたのだ。

　すると注文が殺到し、2年先まで予約はいっぱい。発売されたばかりだというのに、中古車市場では販売価格の3倍の値がつくほどの人気となったのだ。確か名古屋では抽選の倍率が49倍だったと記憶している。当初から少量生産が前提のクルマだっただけに、なかなか殺到する注文に生産ラインが追いつかず、対応することができない。そんなもどかしさを感じながらも、この成功はクルマ作りにひとつの変革を与えるのだという、更なる自信にもなっていた。

一般誌からの取材依頼が突如殺到！

　ところで、このBe-1を手がけたことによって、私にとって最も驚かされた変化のひとつは、それまでクルマに対しては一定の距離を起きながら、それほど関心を示してこなかった一般誌などからの取材が殺到したことだった。今で言うところのライフスタイル誌が、走りなどのパフォーマンスではなく〝デザイン〟についての話を聞いてくるのである。

　なかには有名な写真週刊誌、そしてテレビからの取材なども来たのである。〝クルマのDCブランド化〟などという、それまでのクルマでは考えられないような表現も出てきたのもこの頃である。

　さらに都内の青山通りに「Be-1ショップ」を開店し、Be-1オリジナルグッズとして衣服、バック、時計、財布、文房具などが販売されたのである。このショップには走り屋さんたちが集うのではなく、DCブランドとしてのポジションが成立していたのだ。

　ここで、既存のコンポーネントを使った限定製造車に与えられていた「パイクカー（pike car）」というカテゴリー名は、Be-1のことを意味するかのように扱われ、世間にも広く知れ渡っていくことになるのだ。

　当然のようにBe-1の大ヒットは次なるパイクカーを生み出すことになる。Be-1でも力を貸していただいたコンセプターの坂井直樹さんの「〝旅行やサファリの冒険気分を味わえる服〟というバナナリパブリックという服飾ブランドのコンセプト」をクルマで表現してみたのがパイクカー第2弾となる「パオ」だった。

　日産のパイクカーの第3弾として登場した「フィガロ」はコンセプトが「日常のなかの非日常」だった。それを表現するためにレトロ調の小型オープンカーをデザインとして仕上げてみたのだ。パイクカーシリーズでは唯一のターボモデルであることもあり、走りとオープンエアモータリングも楽しめるモデルとしてこれも抽選会が開催されるほどの人気となったのである。

　実はこの少し前、パオを開発している時点でQ45の開発を並行して進めていた。さらにフィガロの時にはQ45をベースにしたプレジデントと2代目マーチも並行してプロデュースしていたのである。この2代目マーチも、私にとって忘れられない存在である。ヨーロッパ・カー・オブ・ザ・イヤーを獲得した初の日本車であると同時に、私にとって夢を実現できた存在。クルマのデザイン人生の集大成と言ってもいい存在だ。

「デザインが趣味」と言えた頃であった

　それにしてもクルマの開発には、巨大な開発費（最低でも300億円、2代目マーチの開発には英国にエンジン工場新設など1500億円くらい要したと伝えられている）や、多くの人が関わり合って完成する。このような状況では、担当デザイナーの情報量もかぎられてくるため、その苦労は相当に大きいのだ。

　当時の久米豊社長から「おまえ、よくそんなにできるな」と驚かれたことがあった。その時には返事に一瞬だけ窮したものの、「デザインが趣味」と躊躇なく言えた頃であり、充実していた。もちろん、高級車からベーシックなクルマまでうまく切り替えをやりながら仕事ができたことで、周囲が想像するほどのストレスは感じなくてもすんだのである。

　そしてもうひとつ、こうした成功の陰で忘れてはいけないのが上司、清水潤デザインセンター部長の指示によりプロデューサーとして仕事ができたことだ。ユニークで戦略好きな清水さんの指示があったことで開発が決まっていたCUE-Xは、ほかのプロデューサーとの競作で残り、インフィニティQ45、プレジデントとして生産販売となった。

　さらに当初は開発計画のなかったBe-1を、清水さんの発案で「ウオータスタジオの坂井（坂井さんからの売り込みらしい）と仕事をしろ」と言われて始め、成功へと導き生産、販売が実現した。これこそ、まさにコロンブスの卵だったのだと言えるだろう。

日産時代の最後の仕事はR33スカイライン

　そんななかで日産での私の最後の仕事となったのはR33スカイラインである。開発責任者（主管）はR34も手がけることになる渡邉衡三さん。その下で9代目スカイラインのデザインのプロデューサーを端とすることになったのだ。私は'94年に日産を退職するが、その締めくくりをスカイラインで行えるのだから本当に運がよかったのだと思う。

　ケンメリという名作を手がけ、そしてR33を花道とできたのであるからデザイナーとしてはこれ以上の贅沢はない。その後、私は「これからは優秀な学生、後進を育てよう」と東京造形大学の教授に転じたのだ。

　〝躊躇せずにいろいろなことに挑戦する。運がよければそれが後になって実を結ぶ〟という経験談をお伝えして私の証言を終える。

↑多くの迷いや葛藤を乗り越えて松井氏がケンメリスカイラインの５分の１のモックアップを製作した時のショット。ほぼ完成形となっている

↑ケンメリスカイラインのモックアップ製作中のスナップ。デザイナーがクレイも削り出すというのはプリンス時代から培われてきた伝統だったそうだ

↑ケンメリの次のスカイラインジャパンでも松井氏のデザインは採用されたのだが、本人は〝最善のデザイン〞だったという

↑'70年、入社してから２年後に荻窪スタジオの課員と共に群馬県水上温泉に出かけた時のカット。右から７人目、中央にいるのが松井氏。左より４人目がデザインの恩師である森典彦氏

↑Be-1の開発時点で比較検討の材料としていくつかのデザイン案モデルが作られていた。上のデザインがボックスオール、下のデザインがポルシェのイメージでデザイン案が考えられていたという

↑CUE-Xのデザイン案を実寸大のクレイモデルを製作し、外での自然光のもとでデザインを検討している際のスナップショットがこちら

↑日産の当時の最先端技術とスタイリングのスタディモデルとして発表されたCUE-X。後にインフィニティQ45としてデビューするモデルの基になっていた

↑4年後に量産車として登場したインフィニティQ45にも通じるフロントマスクのCUE-X。伸びやかなデザインながら５ナンバー車だった

↑1985年に発表されたコンセプトモデルのCUE-X。250psのV6DOHCターボ、VG30DETTを搭載し、ハイテクを満載するモデルだった

第4章

初代ソアラ開発主査

岡田稔弘

TOSHIHIRO OKADA

おかだとしひろ●1935年群馬県桐生市生まれ。

名門、桐生高校から京都工芸繊維大学へと進み、卒業後、'59年にトヨタ自動車工業入社。カローラ、コロナ、クラウンなど、まさに日本のモータリゼーション興隆期の真っ只なかで多くのヒット作のデザインに携わる。

'64年には「アメリカ　アートセンターカレッジ」に1年ほど社員として留学経験を積み、帰国。トヨタ2000GTの「ボンドカー誕生」に寄与するなどを経て、国内での乗用車開発でデザインを担当した。

そして主査として初めて担当した初代ソアラを'81年、世に送り出す。当時としては革新的なカーエレクトロニクスと高性能なエンジンやサスペンションなどをソアラ専用で開発するという、まさに贅を尽くしたスペシャリティカーは、それまで欧州車が独占していた超高性能GTというカテゴリーに大きな一歩を記した名車としていまだに語り継がれることになる。

その後も2代目、3代目とソアラ開発の開発に携わり、現在のレクサスにつながるプレミアムブランド確立の先駆けとなった。あの白洲次郎氏から一通の手紙を受け取ることになるのだが、果たしてその手紙に書かれていた内容とは何か。またその夫人であり、随筆家の白洲正子さんからも手紙を受け取ることになる。

大学で工業デザインを学び'64年にトヨタ入社

組織物の街として賑わっていた群馬県の桐生で私は生まれ、育った。父は私が8歳の時に戦死していたので、幼い頃から身近にクルマがあるような環境ではなかった。ただ、当時の子供にとってクルマは憧れの存在であり、誰もが経験したであろうが排ガスの臭いが好きで、クルマの後を追いかけた覚えはあった。

さらに桐生高校に進んでも、それほどクルマに真剣になることもなく過ごしていた。そして、いよいよ大学に進学するとなった時、新しい分野である「工業デザインがやりたい」という漠然とした想いがあった。当時は、国立の大学で学べるところが、千葉大学と芸大、そして京都工芸繊維大学くらいにしかコースはなかったので、私は京都を選んだ。

修学旅行に行った時、街や行き交う女性が美しく大変強く印象に残ったのかもしれないが、工芸学部の「意匠工芸学科」に進学した。今でいうところのインダストリアルデザインである。この頃になるとクルマにも興味があり、ここを専攻していればチャンスが巡ってくるかもしれない、と思って工業デザイン全般を学んだ。

京都での学生時代を終えて卒業するのだが、その1年前、ひとつの運命が動き出す。トヨタのデザイン部門は当時「技術部工芸設計課」と称していた。そこのボスである八重樫課長という人が、卒業の1年前に、突然大学を尋ねてきた。そして「誰かクルマの好きな学生はいないか?」と言ったのである。そこで、私が教授から呼び出された。卒業製作にクルマを選んでいたのは20人ほどいるクラスのなかで私だけだった。

テーマは「小型キャブオーバートラック」。この面接がきっかけで、1964年にトヨタに入社することとなった。京都から名古屋が近かったからという、ものぐさな理由もそこについていたのである。もし群馬にいたら横浜にある日産に興味を示していたかもしれないが、とにかく毎日クルマに触れられる生活は私にとって嬉しいものである。確か、当時の初任給は1万4500円だったと記憶している。

その頃はデザイン部門といっても10数名しかいなかった。クラウン、そしてトラックくらいしかなかったのだから、デザインを必要とするクルマも少なく、その体制でも充分だった。しかし、その後の企業規模の拡大強化を考えると、今考えてみてもデザイン分野の重要性はトヨタのトップもすでに強く認識しており、期待も大きかったのだと思う。

私が入って最初の仕事はクラウンのマイナーチェンジだった。サイドモールの変更だけとはいえ、私にとっては嬉しい第1号の仕事である。が、実のところを言えば、私にはこの頃、レースドライバーになるという夢もあった。新米デザイナーで「満足に線も引けないのに、何を言っているんだ!」と上司には叱られた。

当時はまだ、トヨタのファクトリードライバーなんて存在していなかった時代である。後に「チームトヨタ」のキャプテン、細谷四方洋さん、福澤幸雄さん、川合稔さんなど多くの名ドライバーが登場するまだ前のことである。まだ本当のレーシングドライバーはいなかった時代に、私のような設計の新米社員がドライバーを目指したのだから叱られてもしかたがなかった。

この時、担当の河野主査に「お前と同じようにドライバーになりたいという、自薦で応募してきたヤツがいるよ」と言われ、その人から送られてきたエアメールを河野主査から見せられた。最初、〝なんで航空便?〟と思いながら差出人を見ると〝浮谷東次郎〟とあった。「もしトヨタがレースをやるなら、ぜひ俺も採用してくれ」という内容だった。

彼はすでにアメリカで武者修行をし、キャリアを積んでいた。そして、彼のその後の活躍を思えば、私はなんと向こう見ずな希望を出していたものだと、今にして思い出してみても恥ずかしいことばかりである。が、それでも当時の私も真剣だったのだ。残念ながら浮谷さんとも直接会うことはなかったのだが、結局のところ私はドライバーの道を諦め、デザイン業務に本気で取り組むことになったのだ。

それからというもの、コロナRT20、初代パブリカのインテリア、初代カローラ、3代目コロナRT40とキャリアを積んでいく。

アートセンターカレッジに1年間留学

すると私にひとつの大きなチャンスが訪れた。29歳の時にアメリカの「アートセンターカレッジ・オブ・ロサンゼルス」に留学することになった。学費とは別に生活費として月500ドルが支給されるという内容だ。つまり、日本で初任給1万円少々だったのに対して18万円(1ドル=360円の時代)も支給されたのだから、びっくり仰天したのと同時に日本との差を痛感した。

GMやフォードの初任給が500ドルだったというのがこの生活費支給の理由のようだが、とにかく給料をもらいながらデザインの勉強というワケだ。当時のアメリカはデザイン教育の面でも世界の最先端であり、ヨーロッパよりも進んでいたと私は思う。

留学していたのは私も含めトヨタから3人、関東自動車から

1人、トヨタ車体から1人の計5人の野次喜多道中だった。なかには後に帰国後トヨタ2000GTの開発デザイナーを務める野崎喩さんもいた。ところが私を除いた人たちは3カ月の短期で日本に戻っていく。私だけひとり残されてしまい、そのまま1年いることになるのだが、その理由は今でもよくわからない。

ただ、私にしてみればスキルアップと「アメリカ」を直に体験する絶好のチャンスであった。毎日、宿題が出され、深夜まで課題をこなす日々を送っていた。アメリカの学生は本当に勤勉だったし、よく勉強するのには驚かされた。

そして帰国の途に着いたのだった。先に戻っていた野崎さんは河野二郎主査のもと、トヨタ2000GTの開発に携わっていた。2000GTの最初の頃のデザインスケッチを見るとアートセンター流のデザイン手法が見られていたし、そこから生まれたラインは美しいデザインだった。

このスポーツカーはトヨタの本流から外れたヤマハとの共同プロジェクトであったため、採算性では最後までうまくいかなかったが、トヨタの技術イメージを画期的に変えた点でその功績は大変大きいと今にしてみれば思う。

主査だった河野さんに面倒をみていただいていたこともあり、私はアメリカから帰国するとすぐに2000GTに関わることになった。当時、日比谷の東京支社のなかにデザイン分室というのがあって、3〜4名のデザイナーが常駐していた。地方にいるだけでなく、最先端の都会的デザインをするために東京のネオンの下で勉強をしなさい！　ということなのだろうが、そこで私はリーダーに任命された。

そのデザイン分室に河野主査がある日、ひょっこりやってきたのだ。そして「たまたま今、映画『007は2度死ぬ』のプロデューサーが日本に来ているから、そこに2000GTをボンドカーにするための売り込みに行くから、キミも一緒についてきなさい」というのである。

先方が云うには、ボンドカーとして使うクルマはすでにGMの新スペシャルカー、シボレーカマロに決まっている。だが、日本を舞台にした映画でアメリカ車というのでは日本人として、どうしても納得できなかった。だから説得したのだが、最初はまったく話に乗ってくれなかった。そこで2000GTの写真を見せると「なかなかカッコいいスポーツカーだ。日本のクルマには見えないね」と興味を示してくれた。

そして次に「ではオープンモデルを見せてくれ」となった。もちろんオープンモデルなどはない。この頃、世界の一流スポーツカーのほとんどが、クーペボディのほかにオープンモデルも持っていた。この要求も当然だが「ない」と答えると「オープンがないと撮影できないんだよ」と言うのだ。

さらに聞くと3〜4週間後にはこのオープンモデルが必要だという。そこで河野さんは考えた。本社の技術部に相談していたらクローズドからオープンを作るには補強や、場合によってはピラーまで変更することになるから最低でも1年くらいはかかるかも知れない。もちろん、そうなれば撮影にとても間に合うものではない。

河野さんの頭にすぐに浮かんだ人がいた。モータースポーツと特装車をやっている当時のトヨペットサービスセンター（現在のトヨタテクノクラフト）の塚越さんだ。改造の匠と言われる人なら、現物合わせでやってくれるかもしれない。なんでもひょいひょいと作ってしまう名人だ。

突貫工事で作り上げたボンドカー

私は東京デザイン分室でオープンのレンダリングと1／5線図を書いて、すぐに持ち込み、まさに突貫工事で作り上げてもらった。最低限の補強ですませるだけだが、立派に完成した。2台製作したと言われているのだが、私の記憶ではボディは3台ぶん作ったと思うが、現存する実車は2台。

残念ながら、私は撮影の時に立ち会うことはできなかった。それでも日本人がこんなクルマを作れるんだということで、世界も驚いたはずだ。それだけでも立派に役割を果たしたと思う。だがしかし、この高価すぎるクルマは作れば作るほど赤字を生んでいた。真面目に丁寧にヤマハが量産には不向きなアーク溶接を随所に施したボディを製作しているのが、主要因だ。

そこで存続のために大コストダウン作戦が始まった。〝リトラクタブルを固定〟したり、〝ローズウッドをプリントにしたり〟、〝シフトノブの材質を真木から樹脂に変えたり〟などなど大コストダウン作戦だ。しかし、問題はそんな細かなことでは解決しなかった。

メインボディがあまりにコストがかかっていたのだから、それで間に合うはずもなく、ついに2000GTは製造中止になってしまった。今にして思うと、あのクルマの美しく流麗なフロントフェンダーやなんともセクシーなリアクォーターは、非効率的で非量産的ボディのおかげで可能になった……と言ってもよい。

河野さんもデザインをした野崎さんも天国から、数少なくなっても、大切にキープしてくれてオーナーにきっと感謝していると思うし、私もあれでよかったんだ、と思っている。後に「ソアラ」を開発する時に、コストの問題が、重くのしかかってくるなどと言うことは、まだ予想もしていない。

当時のトヨタはすでにトップメーカーといっても、まだ赤字を生み続けるクルマを作り続けるだけの体力はなかったと思う。当然のように拡大戦略が始まることによって、車種が急激に増えてきた。デザイン担当も車種ごとに分かれるようになっていたし、車種ごとに人員も増えてきた。

まったく新しいクルマ、ソアラの主査を任される

そんな時、私はひとつの辞令を受ける。「新しいクルマの企画で主査をやれ」というのである。製品企画室に属することになるのだが、主査はクルマの数だけいる。私はデザイン部門出身の主査として3人目ということになるのだがスペシャルティカーというか、当時、すでに存在していたセリカの上で、クラウンくらいまでの間の車格を持ったクルマをやれというのである。

「まだ誰もやったことのないスペシャルティカーが、これからの日本には必要だろう」というのだ。当時、私はマークⅡのグループのなかにいたのだが「少し、そこから離れて1台考えろ」というワケだ。そしていよいよプロジェクトが、スタッフ3人でスタートした。

まず、私が大前提とすることがあった。入社した頃からずっとしゃくに障っていたことといえば「販売のトヨタ、技術の日産」と、言われ続けてきたことである。確かに当時のブルーバードはすでに4輪独立懸架だったし、一方のライバルであるコロナはリジットという差であるから、しかたないとはいえ、本当に悔しかった。だが、主査となったからには、技術によってその定説を覆してやる、という意気込みだった。

さらに当時は自動車雑誌も随分と増えてきていたのだが、トヨタをはじめとして日本車の技術的な評価は決して高くはなかった。全体のハンドリングだとか、スタビリティだとか、まだまだヨーロッパのクルマに比べて大きく遅れているというのである。確かに販売台数は増えていたが、基本部分ではまだ遅れている。だが、そんな論調が大勢を占めていたことも悔しかったのだ。

そこに命じられた新しいクルマ作り。すでにあるクルマのモデルチェンジではなく、まったく新しいクルマの製作。ある意味これは「気楽」だ。仮に失敗しても〝幹ではなく、枝葉〟のクルマである。屋台骨が揺らぐほどのこともあるまい、と気楽に、そして同時に思い切った手が打てるとも思ったのである。

さらに時代が味方しているような気もしていた。当時は昭和53年の排ガス規制など、もの凄く厳しいものでクルマががんじがらめになっていた。トヨタも触媒などで四苦八苦しながら対応していた。トヨタには基本エンジンだけでも13種ほどあったのだから大変である。

しかし、これさえ乗り切れば「そのうち、クルマを楽しむという、夢のある時代がやってくる」と、漠然とだが思っていた。そんな時に「好きなクルマを好きなように考えろ」という指令は、まさに幸運なワケだ。

本来、主査というのは自分の望みで担当車種が決まるものではなく「あなたはカローラを、君はクラウンを」という形で指示され、それに従うしかない。それがまだ誰も見たことはないが〝楽しめるクルマを作れ〟と言う命令は願ってもないチャンスであり、腕の見せどころということになるワケだ。

モノになるかどうかわからないが〝ポスト排ガス規制のクルマ〟を作ることは、幸福という以外の何物でもない。当然、私たち3人は張り切った。

まずは〝既存の変形ではないもの〟を作らなければいけない。本来ならばクラウンの基本部分を使って、外見の変更程度で〝スマートなクーペ〟を作る、でもよかった。これならお金もかからず、作りやすいものだということは誰が考えてもすぐにわかる。でも、それではメルセデスベンツやBMWに対抗できるようなクルマにはならない。

イメージは「クリーンな素顔美人」

さらに技術的にも優れたもの、最先端のものを作りたかった。もちろん、クーペという形は最初からずっと頭にあった。すでにマークⅡもクラウンもあるのだから〝4ドア〟という選択肢は最初からない。2ドアのクーペであり、その外形スタイルは、「クリーンな素顔美人」であり、「クールビューティ」がイメージだった。

最終決定したデザインは6：4の比率を持った独特のAピラー、Bピラー、Cピラーのサイドビューと、空力特性に優れたボディに仕上げることができた。実はサイドビューのこの比率のデザインのクルマはほかに例がほとんどなく、スーパーの駐車場など車群のなかにあってもひと目でソアラだとわかるデザインになった。

私のイメージのなかにあった競合車はジャガーのXJ6とかメルセデスベンツのSLだった。トヨタが世界市場で一人前の自動車メーカーとなるには、そういうクルマが絶対に必要だと確信して私たちは進んだ。

しかし、いくら夢を見たところで現実はそうスムーズにはいかないものだ。まずは技術部門内で開発の許可を取らなければいけない。それにはビジネスとして成立するかが第一の関門である。どれだけの開発費を投入し、どれだけの設備投資をし、最終的な製造原価がいくらになり、販売価格をいくらにして、何台売って、どれだけ利益を上げるか？ というストーリーが承認されないと、生産には移れないのだ。

トヨタでは「原価企画」という名称で、この活動は技術開発、生産技術、営業、経理、製造工場など、多くの部署が参加して行われる。いくら車両性能に優れ、魅力的なスタイルで

も、トヨタ2000GTはもう作らせてもらえないことはわかっていた。主査の仕事のかなりの部分はこの「原価企画」の遂行である。

もちろん、まだ「ソアラ」という名はなく「359B」と言う開発番号があるだけ。そんな段階で、どれだけ作って、なんぼ儲けるか？ という計算はどのクルマの担当主査（現在はCEという）でも最も頭を悩ます難問である。「ソアラ」はもともとユーザー母体が少ないグループをターゲットにしている。

このようなクルマの場合、いつも問題になるのは「設備や型の償却費」である。部品や設備をクラウンやマークⅡと共用すれば、大幅に低減できるが、「ソアラ」の場合は、それはどうしてもできなかった。イメージし、目標とする性能や特性を実現するためには、「ソアラ専用」のユニットや技術が必ず必要だったからである。「原価企画」の遂行中、このプロジェクトは中止になる危機が何度もあった。

開発部門トップの強力なバックアップはその都度あったが、同時に製造や営業部門の人々も、排出ガス対策だけのクルマ作りや販売に疲れていて、もっと「夢のあるクルマ」を待ち望んでいたのではないか……と今振り返ってみると僕は思う。

困難な「原価企画」がようやく承認され、企画台数2500台／月で全体の計算が成り立つことになって、新工場の田原で、'81年2月にラインオフすることとなった。「原価企画」のほかにも新型車「ソアラ」には立ち上がるまでに、いろいろな問題が次から次へと出てきた。

紆余曲折を経て決まった車名とシンボルマーク

そして発表直前の大阪モーターショーでソアラのコンセプトカー、EX-8を展示することとなった。デビュー直前の'80年秋は東京モーターショーの開催年ではなかった。当時、東京と大阪は、交互にモーターショーを開催することになっていたからだ。

規模は少し小さくなるが、大阪国際モーターショーにEX-8を出展と決まった。次の年の2月に発表が決まっていたワケだから、ここでのお披露目が最後のチャンスだったわけだ。EX（エクスペリメンタル）、つまり実験的な試作車という意味のネーミングだったが、ほぼそのままで市販されてもよい完成度になっていた。開発主査として、クルマには絶対の自信はあったが、注目されて話題になるか、そして売れるかどうかに関しては、まったく予想もつかなかったし、不安を抱いていたというのが正直なところ。

しかし、蓋を開けてみるとターンテーブルの周りには幾重にも人垣ができ、大変な話題となった。今までのトヨタ車にはない、まったく違ったイメージを持ったスポーツカーの登場を人々は大きな興奮を持って迎えてくれた。それは予想を大きく超える出来事だった。

メキラ、フェニックス、ソアラという車名3案

そしてついに「トヨタソアラ」としてデビュー。実はこの車名、決定されるまでにもいろいろ揉めた。トヨタでは「ネーミング委員会」という組織があり、新しい車名はここで決定される。構成メンバーは製品企画、デザインなどの開発部門と、営業部隊と宣伝部、時には広報部門も参加する。

確か候補は70個ほど出ていたと思うが、一次、二次の選択をくぐり抜け、最終選考の段階で残っていたのは「メキラ」、「フェニックス」、そして「ソアラ」という3案。「メキラ」という聞き慣れない名称は、仏教界の薬師如来ならび薬師経を信仰する者を守護するとされる十二神将（じゅうにしんしょう）の神のなかにある「迷企羅（めきら）」に由来する。

提案したデザインのリーダーによれば、「クルマは非常にシンプルで、クリーンに仕上がっている。シンプルだからこそ、名前やマークは逆に凝った細かな造作にしたかった」という理由であった。ただ私は、趣旨は理解できたが「メキラ」が、当時流行していた映画のゴジラやモスラなどといった怪獣の名前をイメージさせることもあったから、あまり好ましいとは思わなかった。

次に「フェニックス」。誰の提案だったかハッキリ憶えていないのだが、言葉の意味は不死鳥であり、例え〝永遠、不滅〟をイメージする車名であっても、そのなかに〝死〟という文字が入る。これがどうしてもためらう所以であり、文字数そのものも多すぎた。

残ったのは「ソアラ」。SOARERは最高級グライダーのことで、英語発音だと、ソーラーとなる。グライダーには下のクラスからプライマリー、セカンダリー、そして最上級の高性能版がソーラーとなる。これがとてもクルマのイメージにぴったりで、空力的にクリーンなフォルムであり、静かでエコな点でも、これしかない！と思うほど、惚れ込んでいた。しかし、正規発音のソーラーでは少し言いづらい。そこで私の独断で「ソアラ」と読み、カタカナで表示することにしたのだが、予想もしないトラブルに巻き込まれた。

特許庁に申請に行ったら、これが「先願（せんがん）」があるからダメ、登録できない」と言われた。つまり〝すでに類似の名前が出ている〟というのである。ここまで絞り込む間に知的財産部は商標登録できるかどうかをチェックしていたはずなのに……。

「今さらなぜだ」と聞くと発音

が「類似」だという。スズキ自動車から「ソーラー（ＳＯＬＡＲ：太陽の意）」という名前がすでに出ていた。読み方も違う、スペルも違うから、私はいいと思ったが、どうしてもダメだという。しかし、ソアラのラインオフ&発表まで1年を切っており、もはや時間の余裕はなかった。今さらフェニックスやメキラにはできないし、したくなかった。

そこで、スズキさんにお願いして〝ソーラー〟を売ってもらうことにした。ところがここでも断られてしまった。それでも諦めず再度、スズキ自動車の責任者に資料などを見せ、「名前も〝ソアラ〟にするから、なんとか納得してもらえないか」と説得した。そしてついに当時の相場の3倍ほど支払って車名を譲ってもらった。なんでもスズキさんでは、大きなサンルーフを装備した軽四ワンボックス車に、ソーラールーフの名をつけたいと考えていたようなのだ。とにかく無事に車名は決まり、ほっとした。

車名の次に問題となったのはシンボルマークである。ソアラというのは最上級グライダーの意味だから、「空を飛ぶ」が図案のテーマにならないかと、デザイン屋さんにお願いした。最初は、「空飛ぶ馬」をモチーフにして、グラフィック化を試みた。が、すでにガソリンスタンドのモービルが「ペガサスマーク」を使っていたのはわかっていたので、どこから見ても、絶対にモービルには似ないことを最優先にした。

ところが、こちらが、いくらモービルデザインとはまったく違った意匠だと思っても〝馬に羽根が生えているマーク〟だけで没になった。まったく、「一難去ってまた一難」というヤツで、困り果てて、いろいろ調べていたらライオンに羽根を生やしたマークを、なんと当時のトヨタ自販が商標登録して持っていた。

たまたまなにかのイベントに使ったのかも知れないが、本当に助かった。車名の決定の時にも言ったが、デザインのリーダーが、「クルマの形は非常にクリーンでシンプルだから、マークは複雑で凝ったデザインにしたい」という思いをここで実現できた。

ただ、後でわかったのだが、もしソアラがヨーロッパなどに輸出されていたら、このマークにもクレームがついたかも知れない。実はイタリアのベネチアの広場に〝羽根の生えたライオン像〟がいることを教えていただいた。

岡田氏の妥協のないこだわりがヒットに結びつく

こうして名前もマークも決まり、大阪モーターショーでは大きな反響を得て、ついにデビューした初代ソアラ。'81年の2月、デビューすると最も高価な２８００ＧＴエクストラがどんどん売れた。当時で３００万円に届こうというモデルがなんと7割くらいを占めた。

それまで排ガス規制でがんじがらめになっていた車しかなかった時代に2・8ℓの直6ＤＯＨＣを積んだクーペが登場したのだから、確かに驚きだっただろうし、市場では渇望していたクルマだったんだ、と感じた。私の思いが通じたと確信できた瞬間であり、ようやく胸をなで下ろすことができた。

トヨタ店とトヨペット店の両方で発売したのだが、当初からとにかく凄かった。今でもあんなに賑わったディーラーを見たことはなかった……というほどの盛況ぶり。それもお客様自身が自分からディーラーにやってくるのは当時珍しかった。

そして「このクルマは値引きできないんですよ」というと、客が「わかりました」と納得して買ってくれる。１００万円弱のカローラを1台売るためには、何度も家を訪問し、値引きは当然、オプションやサービスもつけて、本当に苦労しながら商談がようやく成立するのに、ソアラは販売するコストがほとんどかからないと言われるほど売れた。

少し経過してから私は全国の主要ディーラーを巡ったが、各ディーラーの社長からは本当に感謝された。この予想をはるかに超えるヒットはやはりソアラが持っていた数多くの〝妥協のない、こだわり〟と、登場するタイミングがよかったのだろうと思う。

ブロンズガラスを採用しカラーコーディネート

そのこだわりのひとつに〝ブロンズガラス〟の採用がある。最上級車の２８００ＧＴエクストラに与えた専用色であるブラウンのツートーン。それまでのツートーンといえば明確に違う色同士の組み合わせが多かったが、同系色のツートーン、それをトーントーンというのだが、そうした組み合わせは国産車にはなかった。それを敢えて、同系色を使い明度と彩度を少しだけ変化させるという組み合わせにした。

もちろん内外装すべて、アルミホイールの色までブラウン系でカラーコーディネートした。ところがガラスだけがブルーペンだ。ブルーと茶色というのは反対色になり、ブルーペンを通した内装が、実に変な色に見える。そこで〝ブロンズにすればいいはずだ〟となり、国産の2社、旭硝子と日本板硝子にブロンズカラーガラスの生産&販売をお願いした。

しかし、「ソアラ２８００ＧＴエクストラ」だけのためには、旭硝子も日本板硝子も作ってくれなかった。現在の板ガラス製造工程を考えれば、当然のことかもしれない。結局、フランスの「サンコバン社」というガラス屋から板ガラスで輸入してきて、日本で成形して取りつけた。これによって初めてトータルなカラーコーディネートが完成し、クルマの印象がしっくり落ち着いた。

それから、私はコマーシャルやカタログ作りにも多くのリクエストを出した。ソアラのターゲットユーザーは、「戦後の混乱の日本を、ワーカホリックなんて言われながら、懸命に働き、一流国にまで築き上げた熟年男性」だ。何台もクルマを乗り継いできた経験豊かなドライバーであり、クルマ好きと同時に厳しい目の持ち主でもある。

「ユーザーのほうが開発する我々より、レベルが高い」が私の信条だった。テレビコマーシャルやカタログ作りでも妥協はしなかった。その結果、アウトバーンで実際にソアラを走らせたり、ヨーロッパで撮影した写真をふんだんに使ったりしたので、まるで写真集のようなクォリティのものができた。

これも当時としては例のなかったことであった。スーパーカタログのほうは、トヨタ2000GTのカタログを参考にした。それは「2000GTと同じ意気込みで、トヨタの技術力の高さを証明するために作ったクルマ」という意味を込めてのことだった。この豪華なほうのカタログは誰にでも配ったのではなく、ソアラを購入する可能性の高い人たちに配られたので、発行部数は非常に少ない。

その年ソアラは大きな話題に包まれ、第2回日本カー・オブ・ザ・イヤーを受賞。思いもしなかった「ハイソカーブーム」というネーミングへの足がかりをつけ、成功を収めることになる。そんな時、ちょうどデビューした年の秋頃だったと思うが、当時の豊田章一郎社長（名誉会長、現章男社長の父）に呼ばれた。

「君の作ったクルマにいろいろと文句を言っているおじいさんがいるから、会って話を聞いてみなさい」という。その相手の名は〝白洲次郎〟。今でこそ、吉田茂の片腕としてGHQと対等に渡り合って戦後処理を行った男として知られるが、当時、その名を知る人はほとんどいなかった。白洲さん自身も、自らのことを多く語るような人ではなかったため、著書もなく、もちろん私も知らなかった。さらに会長を務めていたという大沢商会についても知らなかった。

そんな白洲さんが無類のクルマ好きであり、なんとソアラも所有したうえで、いくつかの文句があると言う。

私はアポイントを取り、緊張しながら大沢商会を尋ねた。どんな文句を言われるのか？　と思って初めてお会いした白洲次郎さんはこの時、79歳。お年は召しておられたが、180㎝を超す長身、端正な顔立ち、英国流の洗練された身こなしが実に印象的な紳士だった。

何を言われるか緊張していると、ちょうどお昼過ぎだったから「ご飯でも食べに行こう」と誘われた。六本木の小さなフランス料理屋でご馳走になりながら話をしたのだが、それでも一向にクルマの話にならない。苦情があるならはっきり言ってくれと思ったが、結局「今度東京に来る時はまた連絡をしなさい」という言葉をもらい、その日は失礼した。

白洲次郎氏からの手紙には5項目の文句

すると数日して、白洲さんから小包が送られてきた。開けてみると、なかからベンホーガンのゴルフボール1ダースと一通の手紙が添えられていた。そこには5項目のソアラに対する〝文句〟が書いてあったのだ。その手紙は横文字がどんどんと出てきて、とても80歳にならんとするお年寄りとは思えない内容であった。その5項目は

1　ハンドルのダイアメーター（ハンドルの径）が不足している。ステアリングの細さは、よほどよくはなりましたが、もう少し細くしてもいい。

当時、白洲さんはメルセデスのSクラスにも乗っていて、それとの比較だったのかも知れない。Sクラスのハンドルは径が大きく、握りは細いのが特徴。スポーツカーのハンドルといえば径が小さく、握りは太いのが通例で、ソアラはこの方向を意図的に取っている。これについては後に改良を加えたハンドルに替えさせていただいた。市販車への改良のきっかけにもなっている。

2　ターニングラジアスが大きすぎる。せめてベンツの450並みになりませんか？

一般的にはターニングサークル、つまり最小回転半径のことだが、ボディのわりには確かに大きかったが困るほどでもないと思っていた。

3　パワーステアリングはもう少し軽くてもいいのではないですか？

ソアラは性格上、意図的にアシスト量を抑えて、重くしている。ステアリングの径を小さくし、手応えのある操作感をねらっていたので、メルセデスと比べれば重くても個人的には問題はないと思っていた。

4　ソアラを4人乗りというのは詐欺です。ふたりか3人乗りにしてリフトバックにすべきです。小生のクルマをリフトバックに改造できませんか？

これについては、確かに広くはないが、改造は無理と申し上げるしかなかった。

5　バッテリー、英国ではアクセラレーターというのですが、少しキャパシティは足りなくありませんか？

これは痛いところを突かれたと思った。白洲さんはクルマの大きさとバッテリーの大きさを比較し、ひと目で容量が足りないのでは？　と言ってきたのだ。確かに寒冷地仕様にすればゆとりがあり、問題はない。しかし、北海道などの寒冷地でなければ、通常装備のバッテリーでも問題ないという実験結果もあった。さらにフロントの軽量化のためにも小さなモノでいきたいと思っていた。ところが、実際に数件、バッテリーの容量不足によるクレームも入っていたのであるから、この指摘は的

を射ていた。

こうして私と白洲次郎さんとの付き合いが始まるのだが、実はこのほかにもソアラにとって貴重な意見を述べてくれる人たちが多く登場してくるのであった。

初代ソアラ発売後、多くの方から意見が寄せられた

確かソアラが発売されて3カ月ほど過ぎた頃だった。私のデスクに直接電話がかかってきた。「ソアラを買って、日常使用しているのだが、どうしても腑に落ちないおかしなところがある。ディーラーに聞いてもわからないので、開発責任者の貴方に直に電話をした」というのである。

よく話を聞いてみると、電話の主は当時のセイコーエプソン社長、中村恒也(なかむらつねや)さんだった。中村さんは'64年の東京五輪のいろいろな競技で使用された正式計時の開発リーダーであり、後に世界最初のクォーツ腕時計の商品化に成功し、その精度の高さで、初めて「オメガ」を凌駕した人だったのである。

もちろん面識はなかったが、話を聞くと、計器盤にグラフィカルに表示される燃費計の精度がおかしいと言う。中村さんのご自宅は諏訪湖畔にあり、週末ごとに蓼科の別荘にクルマで行く。その時にソアラを使うのだが、行きの上り坂での平均燃費表示は合っているが帰りのダラダラと下ってくる時の燃費表示が感覚と違い、おかしいという指摘だった。

詳しい運転状況の話を聞くと、どうやら下りではミッションをニュートラルにして走行するような場合、燃費表示が自分の感覚とは違っているというワケだ。私はすぐに再現走行テストを行ってみた。すると、燃費表示のソフトに問題点が見つかり、中村さんの指摘どおりの結果になった。私はすぐに改良したソフトの試作品を作り、中村さんのソアラに組みつけてもらうと同時に、設計変更を実施したのだった。

以来、中村さんとは現在にいたるまで、30年以上の長いお付き合いをいただいている。そして中村さんには2代目も3代目もソアラを買っていただいた。そしてある時「中村さんばかりに3台も高いクルマを買っていただいて申し訳ない。私も何かセイコーの時計を買ってお返ししますよ」とお話した。

中村さんの長い腕時計の開発人生のなかで、最も想い出に残る製品を購入したい、と思った。すると「想い出の時計はグランドセイコー」という。もちろん購入した。社員割引扱いにしていただいたのだが、50万円ほどの高級時計である。

が、よく考えてみれば、中村さんが3世代にわたってソアラを購入した総額は1000万円をはるかに超えていたのだ。だが私の出費は50万円ほど。このアンバランスについてはいまだに申し訳ないと思っているのだが、この日本を代表する時計はやはり凄い完成度であり、今でも愛用している。

この素晴らしい時計のように、私はソアラも世界を舞台に評価してほしかったのだが、結果的に2代目までは国内専用モデルとなった。しかし、私は初代モデル開発時から、アメリカの安全基準、FMVSS(米国連邦自動車安全基準)や、ヨーロッパのEC基準には、すべてミートするように設計し、輸出モデルとしてハンドルを左にするだけで充分に通用する内容、条件を整え、スタンバイしていたのである。

ところが当時、海外の販売店はすべて「トヨタディーラー」となっており、日本のようにトヨタ店とかカローラ店とかの違いはなかった。そうした海外ディーラーでは、すでにスープラ、日本国内ではセリカXXを販売していたため、2ドアクーペという同じカテゴリーのスポーツ車は売り分けられない、と言われた。

ソアラの海外輸出はトヨタ店のほかにレクサス店という海外での新ブランドができ、トヨタブランドとの棲み分けができるようになった3代目モデルまでかなわなかったのは、やはり悔しかった。

徳大寺有恒さんとの思い出

その一方、ソアラは国内では大変よく売れていた。やはり、注目のクルマだっただけにモータージャーナリストの評価も賛否両面からいろいろあったが、なかでも力強い味方となっていただいたのが'15年末にお亡くなりになった徳大寺有恒さんである。いいことも悪いこともズバリと指摘され、白洲さんや中村さんとはまた違った観点からの的確な指摘をしていただいたことは、私にとっても非常に参考になった。

なかでもスタイルやデザインに対する評価は私も納得できた。よく「スタイルは個人的な好みの問題だから……」などと、言葉を濁す表現をしていた評論家が多いなか、徳大寺さんはズバリ「ダメなものはダメ」と言った。外装色や内外装の評価をも大変率直に「スタイルはクルマの重要な性能だ」と明言されていた。そんな基準でソアラは〝いいスタイルだ〟と評価していただき、全体のスタイルには賛同を得ていただいたのだ。

ただ、徳大寺さんからインテリアについてはひと言あった。「シートのデザインがしっくりこない。特に2・8GTエクストラのシートの〝ギャザー〟が似合わない」という。我ながら痛いところを突かれた。このインテリアのシートのデザインを担当したデザイナーは若い有能な女性だった。彼女は本当にこ

のソアラのシートに情熱と根気を注いで取り組んでくれた。最終決定の場で、迷いもあった部分だが、それをズバリ言われたワケで、これには反論できなかった。

　今でもよく覚えている「徳さん」との楽しい想い出は、なんといっても30年くらい前、偶然「フランクフルトモーターショー」の会場で出会い、展示車のデザインについて、1台1台、ふたりで勝手に悪口を言いながら見て回ったことである。商売抜きでのクルマの悪口が、こんなに楽しいものか……僕は初めて知った。

　こうして何度となくお話をしたり、時には直接取材で来てもらったことなど、いくつも想い出がある。その徳さんも、すでに旅立ってしまわれた。ご冥福をお祈りすると同時に、お話ができなくなったことは寂しいかぎりである。

　さて、こうして多くの方々に支えられながらソアラは2世代目のモデルへと、生まれ変わることになる。お会いしてからその後も白洲さんとのお付き合いは続いていて、東京へ出向いた時は、いつも帝国ホテルの裏にある小さな寿司屋さん「きよ田」に連れて行っていただきご馳走になった。

かけがえのないクルマにしなさいという白洲氏の言葉

もちろん、2代目のソアラの開発も当時の話題になった。そのなかで、私の胸の奥に残っている言葉がひとつある。白洲さんからのアドバイスは細かなことではなく、新しく設計し、そして作るのだったら、「ノー・サブスティチュート〝No Substitute（かけがえのない）〟のクルマだよ」。つまり、唯一無二の存在であり、ソアラを「代替品のないクルマにしないさい」と言われたのである。

　私は2代目ソアラの外形スタイルを初代とまったく違うイメージのクルマにする気はなかった。当時、トヨタ車も他社も、主力乗用車は4年ごとにフルモデルチェンジされていた。少量生産のスペシャルティカーのソアラは5年でモデルチェンジにすることになった。

　初代はそれなりに評価を受け、ステイタスを得ていたから、スタイルをガラリと変更したのではもったいないと思っていたので、初代のスタイルイメージを継承する「キープコンセプト方式」を採ることとした。大幅なスタイルの変更によって、これまで積み上げてきたソアラの実績を失ってしまうのは、すごく効率が悪いと思ったからだ。

　フルモデルチェンジを行っても〝ひと目見てソアラ〟と判別できるデザインにし、細部にわたり、そのクォリティは練りに練った。そのうえで機能的面ではさらに進んだ電子制御技術、高性能エンジン、走行性能や室内には新素材を積極的に採用したのだ。

　そうして完成した2代目は「No Substitute」がより強化されたと私は思っている。初代同様にカタログも豪華にしたかったのだが、ちょっぴり節約モード。しかし、カタログ撮影のロケーションには、こだわった。私の大好きな映画『第三の男』の舞台にもなったウィーンにある観覧車前で撮影してくれというリクエストを出し、実現してもらった。

　ここに主査としての私の思いを表現したワケだ。お金は初代ほどかけられなかったのだが、それでも今からみれば立派なカタログに仕上げることができたと思う。

　実は白洲さんからも「2代目が出たら買うよ」と約束をもらっていた。しかし、デビューの3カ月ほど前に白洲さんが亡くなられた。'85年11月28日のことである。私は果たされることがなくなった約束を、心から残念に思った。

白洲正子夫人が2代目ソアラを購入

ところが正子夫人が、その約束を代わって果たしてくれた。2代目ソアラ発売直後、その実車を工場で見た正子さんは、すぐに「買った！」と言い、購入を即決。その「買った」のひと言は正子さんが気に入った骨董を買う時の口癖だったという。それも正子さんは運転免許を所有していないのに買ってくれたのだ。

「トヨタは将来、日本を背負って立つ企業に発展するかもしれない。その象徴的なクルマを買いましょう」ということだったようだ。正子さんとは、その後もお手紙のやりとりなどを何度かさせていただいた。正子さんはとてもお洒落な方であったし、日本の伝統文化や仏像、骨董などに造詣が深かったことを覚えている。

　これは後にわかったことだったのだが、私は正子さんには〝ソアラの岡田さん〟として通っていた。「私はクルマのことに疎いので、どんなことをしている人かは知らなかったのです。しかし、白洲次郎からはしょっちゅう、岡田さんの名前を聞いていた」という。そんな正子さんの心意気には感動し、感謝している。

　そして当時の豊田章一郎社長と長男で現社長の章男さん、そして正子夫人の3名が2代目ソアラに乗り、兵庫県三田市にある白洲次郎さんの墓参りに行ってきた。章一郎社長は「おかげさまでノー・サブスティチュートのクルマを作ることができました」とその完成を墓前に報告した。

　戒名不要、葬式不要の白洲さんにはこれしか報告する方法がなかったようだ。2代目ソアラを見て白洲さんは「また、こんな電気仕かけばかりのクルマを作ってしまったのか！」と嘆いているのかもしれないと思ったものだ。

実はこの2代目ソアラの開発をしている途中で、私は現在も愛用しているポルシェ911（930型）を購入した。白洲さんからの影響はなく、私自身、昔からポルシェの形が好きだった。

フロントも悪くないが、最も好きな箇所は、斜め後方から見たリアクォーターパネル。初代ソアラがデビューした時は「2800GT」、2代目の時は「2・0GTツインターボ」をマイカーにしていたが、ポルシェもそのまま乗り続け、現在にいたっている。トヨタの場合、マイカーはトヨタ車以外でも比較的自由に乗ることができたため、けっこう、いろいろなクルマに乗っている人たちがいた。

こんな話もある。2代目ソアラの試験車ができた時に、章一郎社長が試乗したいというので、その機会を作った。私が助手席に乗り、テストしている時に「なんでも君はポルシェに乗っているらしいな」と聞かれたのだ。

なにか言われるのかな、と思っていたら、なんと章一郎社長は「実はね、僕は一度ジャガーに乗りたいと思っているんだよ」と明かしてくれた。当時トヨタは英国で現地生産の立ち上げ準備中だった。もし、そのトヨタの社長がジャガーの愛好家で、プライベートではXJ6に乗っている……ということになったら、英国ではすごく話題になり、トヨタはより好感をもって迎えられたはずだと思った。しかし、実現しなかったのが残念である。

自動車会社の社長が「クルマ好き」なのは大変大事なことであり、むしろ当然のことかもしれない。その点では、トヨタの現・章男社長の「クルマ好き」は半端じゃない。モータースポーツへの情熱なども加味したら、間違いなく世界一のクルマ好き社長だと言っても過言ではないだろう。もし「世界自動車会社社長による自動車レース」というのが開催されたら、サーキットであれ、ラリーであれ、ぶっちぎりで章男社長が勝利することになる。

話が少し脱線したが、僕はこのことは、トヨタの将来や進んで行く道に大変大きな影響を及ぼすと確信している。すでにその兆候は出ているが、これからが楽しみだ。

2代目ソアラはいろいろな人たちの努力とサポートにより、無事に市場へと送り出され、初代をも凌ぐヒット作となった。バブル景気にも乗り、発売から約5年間で30万台以上を売り上げ、ハイソカーブームの象徴的存在になった。そんななかで3世代目の開発を進めた。

この頃、トヨタの技術開発の製品企画部門では新たに〝CE〟というポジションができ、車種ごとにいる主査を統括する役割が与えられた。私はCEとして3代目ソアラと3代目スープラの両方を担当することを命じられた。

なぜかというと、この両車はエンジン、トランスミッション、サスペンションなど共有するコンポーネントが多くあり、ボディの基本構造である「プラットフォーム」も「サスペンションメンバー」なども共通だったので、CEである私が担当するほうが都合もよく、効率もいいからである。

しかしながら、アッパーボディ、言い替えれば、ボディスタイルはまったく異なるクルマとなるので、ひとりのCEを補佐する主査を、ソアラとスープラにそれぞれつけてもらった。私の役割はさらに広範囲に及ぶことになったワケだ。ソアラは高橋主査、スープラは都築主査にそれぞれ担当してもらう体制になった。

レクサスブランドでも販売することになった3代目ソアラ

3代目ソアラのデザインは最終決定まで大変難航した。その原因はレクサスブランドとして、アメリカ輸出車になることであった。今までは国内営業部門だけの意向を聞いていればよかったのが、海外部門の異なった要求も同時に満たす必要があった。意見が分かれて、揉めた結果、最終的に決まったデザインは、カルフォルニアにあるトヨタの海外デザインスタジオのひとつ「キャルティ」が提案したデザインだった。

2代目まではかなり違った印象に見える3代目だが、サイドから見たフロントウィンドウとリアウィンドウの比率は6：4とし、これまでの基本デザイン構成はしっかりと踏襲されている。

Bピラーをブラックアウトしたから、少しわかりづらいが、このソアラ独特のアイデンティティはちゃんと生きている。そのうえで全体のフォルムはレクサスブランドになることがわかっていたので海外マーケットの意向もかなり取り入れた。

パッケージの全幅1700㎜にもとらわれることなく、フェンダーやリアクォーターには豊かな膨らみをつけることができた。こうして3代目ソアラがラインオフするワケだが、その直前で私はトヨタを退職した。3代目の発表は、私の後を継いでCEとなった高橋さんが表舞台に立って行われた。

新世代のソアラ、そしてスープラ、各々のスポーツカーをふたりの若い後進に任せ、私は勇退できた。3代目ソアラはバブル経済の終焉のなかでデビューしたのだが、評価は高く健闘してくれた。さらに輸出市場でもレクサスSCとしてレクサスブランドの確立に大きな役割を果たすことができ、'92年のアメリカでは「インポート・カー・オブ・ザ・イヤー」を受賞。日本のプレミアムクーペが世界でも通用することを証明したワケだ。

その後、日本でもレクサスブランドが開業し、私が名づけたソアラの名は市場から消えた。一抹の寂しさはあるが、それも時代の流れである。これで私の証言を終える。

↑徳大寺有恒氏には初代モデルから随分と貴重な意見をいただいた、と岡田氏。2代目の開発時、ベストカーの取材を受けている写真

↑入社後、29歳の時に米国留学。日本とアメリカのモータリゼーションの進歩の差に愕然。オープンホイールの3輪ホイール製作途中を見学中。充実した学校生活を送った

↑初代ソアラはキャビンと同時にボディ全体に〝踏ん張りスタイル〟という安定感のあるデザインを採用し、新鮮な印象を与えた

↑初代ソアラのエクステリアデザインは、フロントウィンドウとリアウィンドウの比率は6：4であると決定してデザインした

↑米国には5名の留学生が送り込まれた。これは向こうの知人宅を訪れた際の写真で、右がトヨタ2000GTのデザインを帰国後に担当することになる野崎喩氏。岡田氏は左端

↑岡田氏がこだわったカタログ撮影のロケ地。映画『第三の男』の舞台となったウイーンで2代目を撮影

↑トヨタ2000GTと同じ意気込みで作った、ということから初代ソアラのカタログの表紙は当時の2000GTのものを参考にしていた

↑カタログの写真は60％ほどがまるで写真集のようなヨーロッパロケの写真で構成されていた。こうしたこだわりもデザイナーゆえか

↑生前の徳大寺有恒氏から「これはクルマには似合わない」との指摘を受けたという初代ソアラのシートのギャザー

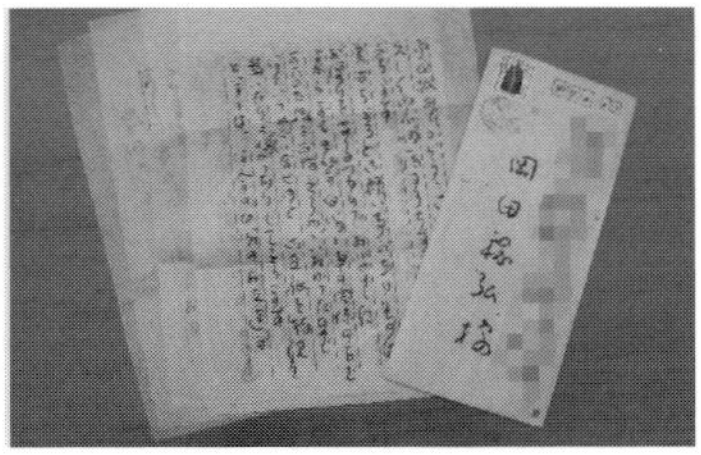

↑2代目ソアラ購入を即断した白洲次郎氏夫人の正子さんからの自筆の手紙。優しい自体が人柄をそのまま表わしているという

第5章

福井敏雄

TOSHIO FUKUI

トヨタモータースポーツ、WRCの礎を作った男

ふくいとしお●1937年東京都世田谷区生まれ。

小学校3年で終戦を迎え、疎開のような形で読売新聞に努める父親の仕事の関係もあって京都に移り住み、高校の途中まで京都で過ごす。父、福井近夫氏は正力松太郎の懐刀とも呼ばれ、読売新聞から後に日本テレビ放送網の社長に就任する。

'67年に慶応大学を卒業後、2年間あまり日産自動車に勤務した後、トヨタ自工に入社。'60年代から欧州トヨタの輸出部員としてブリュッセルに駐在。'68年、トヨタ初参戦となったモンテカルロからラリー活動をサポート。トヨタ社内での根回しに始まり、オベ・アンダーソンとのワークス契約にも尽力し、トヨタのWRC黎明期を支えた。

'74年にオイルショックでWRC活動終了の危機に陥った際も当時の豊田英二社長を必死に説得し、活動続行を実現させた。'88年にはトヨタ・モータースポーツ部のラリー担当部長に就任し、その後もTMG（トヨタ・モータースポーツ有限会社）副社長を歴任し、'95年までのトヨタのWRC圧勝劇を実現させた。

トヨタ退社後はJ SPORTSのWRC中継でコメンテーターをしていたほか、日本国内でのラリーで審査委員を務め、国際ラリー界のご意見番としても存在感を発揮していた。

ダットサン、ライレーを購入した大学時代

東京で生まれ、下北沢で育った私が終戦を迎えたのは小学3年の頃だった。当時、自家用車など持つことは夢のまた夢であり、もちろん我が家にも自家用車などはなかった。ただ読売新聞社に勤める父には会社から迎えのクルマが来ていた。そのクルマというのがアメリカのビュイックだが、乗せてもらうたびに凄さを感じ、日本車のあまりの貧弱さに愕然としたことを覚えている。

夏の暑い日、迎えのオールズモビルに乗せてもらい、エンジンをかけてエアコンを入れると冷たい風が出てくるなど、この頃の日本車には到底叶わぬことだった。アメリカ車の凄さを最初に実感したのもこの頃だった。

その後、戦争が終わると同時に父の仕事の都合によって京都で暮らすことになる。戦後の混乱期をしばらく東京を離れ、まるで疎開のような状況になったワケだ。そんな少年時代だが、時計いじりに始まり、鉱石ラジオ作りやオーディオアンプ制作、最終的には鉄道模型、カメラなどいろいろな趣味を楽しんだ。写真などは自宅に暗室まで作って現像をこなすほどのめり込んだ。

当時、男の子が興味を抱くことはなんでもやってみないと気がすまなかったから、そうした〝遊び〟が自由にできたことは幸せだった。そんな少年期を京都で過ごし、高校の中頃になって東京へ戻ってきた。そこで、次に待っていたのは大学受験であった。

私は慶応大学の工学部に進学して、専攻は応用化学で化学をやることにした。戦後から10年、昭和30年ともなると国産乗用車のトヨペットクラウンなどもデビューしている頃であり、ようやく自家用車という考え方が普及してきていた。

しかし、そう言いながらも、まだまだ自家用車を持つことは憧れであり、簡単に実現できるものではなかった。それはそうだろう、大卒初任給が1万円ほどの時代にクラウンの価格は101万4860円。年収の10倍以上であるからたやすく自家用車など持てるはずはなかった。そんななかで私は18歳の時に免許証を取った。この頃は16歳で免許が取れたが、それでも大学に入ったばかりで免許を取得したということは、相当に早いほうだったと思う。

そして、ライセンスを手にすれば、今度はクルマがほしくなるのが道理というもの。当然のように気持ちは優秀なアメリカ車やヨーロッパ車に向いていき、思いは募るばかり。しかし、輸入車、つまり外車は国産車に比べれば圧倒的に高価だ。

そうなると残っている選択肢は国産車となる。日本橋あたりにポンコツ屋街があって、クルマの部品からなんでも売っていた。まずはそこに出向いて、とにかくクルマを探す。そこでやっと見つけたのが1938年（昭和13年）式のボロボロのダットサンだった。確か1万5000円だったと思うが、ひどい代物だった。それでも生まれて初めての愛車ということで本当に嬉しくて、レストアして楽しむことにした。

このクルマがオープンで、当時としては実にかっこよくて、得意になって走っていた。戦後復興も軌道に乗り、日本経済がようやく上り調子になる頃であり、甲州街道などは砂利を満載したトラックがガンガン走り回っていた。当時、慶応の工学部は武蔵小金井にあったから、クルマで通学するのも楽しみのひとつであり、通学にも使っていた。もちろん、トラックに追っかけられながらの通学となったのだが、それでも楽しいドライブだった。

そんなある日、友達と東京で町中を走っている時にパンクした。場所は溜池、アメリカ大使館の前にあるロータリーのところだ。この頃、虎ノ門から溜池、そして赤坂見付にかけては外車ディーラーやクルマの部品屋が建ち並んでいて、クルマ好きにとっては憧れというか特別な場所だった。そんなところで大事なダットサンがパンクして動かなくなった。

しかたなくその周りでタイヤを探しているところで、大使館近くの店に入った。するとそこの親父さんが「君たち、クルマが好きなら、なかに入って好きにクルマを見なさいよ」と言ってくれた。実はこのおじさんが私のクルマ遍歴の恩人のひとりということができるのだ。実はここで私はある1台のクルマに出会うことになる。

'52年式だったと思うが、ライレー1・5というクルマで、木骨のボディにアルミのパネルと言う構造を持っていた。これが本当にかっこよくて、ひと目惚れしたのだが、しかし、問題は35万円という価格だ。大卒初任給の30倍以上。それをすねかじりの大学生が買おうというのだ。

それでも私は父に頼み込んだ。「これが人生、最初で最後のわがままだから」と頭を下げた。父には、高価な買い物をねだったことが2回あるがそのひとつがこのライレーだ。ちなみにもうひとつの高価な買い物のおねだりはニコンSP。初任給は1万円なのに10万円もするカメラといえばおもちゃの範囲を超えた、相当なわがままということができる。もちろん、いま現在もそのニコンは持っている。

さて、こうして買ってもらうことになったライレーだが、なんと慶応の学長の愛車もライレーだったのだ。私の1・5とスタイルは同じだが、学長のクルマは排気量が大きく高級なライレー2・5と呼ばれていたクルマだ。同じクルマでなくてよかった、などと私なりにある種の安堵感を感じながら楽しんで乗っていた。

もちろん、やっと買ってもらったクルマだからうんと大事にした。友達と連れだってドライブに出かけたり、記念撮影を都内のあちこちで行ったりと多趣

味な私の相棒として本当に学生時代を支え、活躍してくれたのだ。ライレーとの出合いを作ってくれた、あの虎ノ門のクルマ屋のおじさんを恩人と呼んだのもそのためだが、よく考えれば一番の恩人はわがままな私にクルマを買ってくれた父であろう。

　ライレーは私が就職しても売ることはなかった。'60年、昭和35年慶応の工学部を卒業した私は、日産に入社することになるのだが、最初は自動車メーカーに勤めるつもりはなかった。この頃、大卒のエンジニアは引く手あまたで、学生ひとりに対して30社あまりからの引き合いが来ていた。

　今の人たちにすれば〝信じられない状況〟かも知れないが一流と呼ばれる企業が次々と誘ってくる完全な売り手市場。東レを始めとして家電メーカーも繊維メーカーも、そして自動車メーカーもあった。あと銀行や総合商社も将来的には技術系の人間が必要だろうということで、採用に乗り出してきていた。

　大学卒業を間近に控えた工学部の学生には、工場実習というのがあって、それに参加することになった。実はその頃、私が専攻していたのは大気汚染で、いろいろな実験を行っていて、その分析結果がすぐにほしかった。だが、それにはスペクトロ分析など分光分析機を使うという当時としては最新最先端の分析方法があったワケだが、大学なんて貧乏だから、そんな最新設備など揃えられるはずもなかった。

　そこでいろいろ聞いてみると、その分析機が現在の神奈川県子安にあった日産の研究所に揃っているというのだ。その機械を使いたくって、日産の実習に出かけて行き、交渉してみたら「使ってもいい」となった。おまけにとなりの川崎の工場地帯といえば、すでに環境汚染が起きていて、子安は実験のためにも好都合な場所でもあった。

　もちろん迷わずその研究所に行ったが、日産に就職するつもりなどはまったくなかった。大学での分析結果を得ることが主目的で研究所に通っていたのだが、思いのほか、実験に時間がかかってしまった。そこで「もう少しやってみたいことがあるので後2〜3週間いさせてくれ」と頼んだら、すぐに「いいですよ」となった。なんと、ここで日産は「こいつは日産に興味があるんだ」と勝手に思ったワケだ。

　そんなある日、実験中に呼び出しを受けた。ちょうど夏休みで暑くて、Tシャツと首にはタオルを巻いたままの姿で「ちょっと面接があるから」と言われたのだ。よく状況がわからないまま、面接の場所に行くとクーラーの効いた大きな部屋にはなんと、当時の社長、川俣克二さんを始め、ずらりと役員が並んでいて、いきなり面接が始まった。

　そしていろいろと話を聞かれ、最後には和気藹々として雰囲気で面接を終えて帰宅した。すると、その翌日に日産から採用通知が届いた。あとで考えれば、分析機を餌に私のほうがだまされたような感覚を持ったものだが、父も賛成してくれたので日産に入社することにした。もちろんクルマも好きだったし、地方に行くワケじゃない。それに日産という大企業ということもあって昭和35年、入社を決めたのだ。

1960年、日産自動車に入社し設計部に配属

配属されたのは設計部。日産では前年に310ブルーバードが発売されたばかり。ところがブルーバードはまだ仕上がりが悪く、いろいろなクレームが寄せられていた。そのひとつがクラッチのジャダー。入ったばかりだったが、振動の解消に取り組むことになったのである。ジャダーの原因となる要素を一つひとつ消していくという仕事は実にやりがいのあるものでかなり真剣に仕事をこなしていた。

　そして、あるアイデアを思いついて「ひとつ実験をしたい」ということで上司に提案。「とにかくクラッチの遊びがすべて同期すると凄いジャダーになる。それを一つひとつ殺していく実験をするから実評価をしてくれ」と生意気にも進言した。

　すると「こんなこと、新入社員がやりやがって、なんだこれは！」と怒ったのが、あの難波靖治さんだった。私が日産に入社する2年前にオーストラリア一周ラリーでクラス優勝し、日本車初の国際イベントで活躍した大立役者。後のニッサン・モータースポーツ・インターナショナル（NISMO）初代社長、その人に叱られたんだからむしろ、今となっては誉れであろう。

　その後、何十年か経ってから、難波さんがJAFの技術委員長になってからだったと思うが「難波さんに叱られたんですが、覚えてますか」と聞いたことがあった。すると「そんなことあったかね」とはぐらかされてしまった。

　そのほかにもいろいろなことをやっていた。塗料についても〝いかにして無駄なく塗装するか〟が大命題の仕事も実にやり甲斐があった。この頃の塗装の効率は7割の塗料が無駄になっていた。これをいかに改良するかという問題はクルマを始め、多くの工業製品に製造には解決すべき問題だった。

　そこで考えたのが静電塗装（つまり電着）。ただし、この方法ではシンナーを使った溶剤を使用しながら、30万ボルトの電力も使うワケで、まさに火薬庫に火の付いたたいまつを持ち込むような物。とても危険な作業となる。

　そこで開発されたのが水性ペイント。これのおかげで効率は飛躍的に向上する。さらに愛車のライレーを使って当時としては珍しい〝クリア塗料〟の実験をしたこともあった。残念ながらクリアがひび割れするという結果に終わり、失敗となった。私が日産でやっていた仕事の領分とはこういうものであり、充実していたのだ。

神経性胃炎を起こし欧米旅行へ。その後トヨタへ

　そんな時、私自身に問題が発生した。激務のなかで神経性の胃腸炎を起こしてしまったのだ。入社後、2年ほど経った時に体調を大きく崩してしまった。すぐにカウンセリングを受けると「しばらく好きなことをやってらっしゃい」と、当時としてはかなり先進的で意外な診察結果を得た。

　そこで休暇を取り、アメリカへ渡った。まだ一般渡航者に外貨の割り当てもないような時代に〝外国に行く〟ことはかなり珍しいことだったが認めてもらった。アメリカでゆっくりと好きなジャズ三昧。さらに私が尋ねたのはアメリカ日産の片山豊さんのところだった。「日産の社員ですが……」と尋ねると片山さんは「クルマを貸すから2～3日アメリカを見てこい。アメリカ人がどうやってクルマを使うか、じっくりと勉強してこい」という。そして、ポンッとブルーバードを貸してくれるというのがなんとも片山さんらしく、豪快というか太っ腹だと感じた。アメリカの地方を巡り、それに好きなジャズを楽しむというアメリカでの生活で、私の精神的な安定もかなり取り戻すことができた。

　その後、私はヨーロッパに渡り、そして帰国する。この海外遊学に出発する前、実はある覚悟をしていたのである。それは帰国したらこの体調のまま日産にはいられない。そうなれば休職なども考えなければならない、ということだった。そして残念ながら私はその覚悟どおり日産を休職することになった。日産に入社後、まだ2年ほどで私は職を失うことになったワケだが、父に誘われて訪ねた場所で、ある人と運命的な出会いをすることになり、トヨタへの道が開けることになる。

　休職中だった私は、何をするでもなく実家で過ごしていた。そんなある日、父に誘われて訪ねたのが、トヨタ自動車販売の初代社長で「販売の神様」とまでいわれた神谷正太郎さんのご自宅だった。神谷さんは父の友人であると同時に、ご近所づきあいもしていたので気軽な気持ちで父に同行した。なんでも「庭に茶室を作ったから見に来ないか」と、父が誘われていたのだが、そのお供をする形である。そんな状況のなかで神谷さんから「ところで今、何をしているんだね」と聞かれたのだ。「今は日産の社員なのですが早晩、退社することになるでしょうね」と答えると「クルマは好きかね？」ときた。もちろん「大好きです」と答えた。

　その日はそんな会話だけで失礼したと記憶しているのだが、なんと2～3日するとトヨタ自販の人事から電話がきたのだ。「少しお話しがあるので名古屋に来てください」ということだったので訪ねていった。神谷さんが指示した面接だったのだが、数日後には採用通知が届いたのだ。

日産を退社し、トヨタ自販へ新たな一歩を踏む

　当時、トヨタはクルマを開発製造するトヨタ自動車工業（トヨタ自工）と販売部門から分離独立して神谷さんが率いていたトヨタ自動車販売（トヨタ自販）となっていた。工学部を卒業した私にとってクルマを作るトヨタ自工ではなく、販売の精鋭部隊である自販への入社は少し道が違うようにも思えたのだが、販売の世界にも興味があったので飛び込んでみた。

　実は神谷さんの考え方の中心に〝ディーラーのサービス部門の強化〟というものがあったようなのだ。そこで技術屋の私は機械的なことを担当するサービス部門で仕事をすることになった。〝クルマ作りの技術を販売という外側の立場から見てくれ〟ということのようだ。

　まだセールス・エンジニアという言葉が出てきたばかりの頃だが、私はその走りということになるかも知れない。余談だが、トヨタ自販に勤めてからも、父にわがままを言って買ってもらったライレーで通勤していた。周囲からはよほど変わり者に見えたかもしれない。

　しばらくすると「この先、何をやりたいのか？」と聞かれたので「せっかく販売の世界に入ったのだから外国でクルマを売りたい」と希望を出した。すると、今度はサービス部門から輸出部へと移ることになり、ここから私の海外赴任生活がスタートすることになる。

　まずは中南米部へ。ここで、いちばん売れたのはランクルだったが、商慣習の違いというかいろいろな問題に直面した。最も印象に残っているトラブルといえばクルマを買ったのに〝金を払ってもらえない〟なんてことがしょっちゅうあり、かなりの損失が出ていたのは確かだった。そのいっぽうでこの頃の日本は輸出振興策のひとつで、通産相に「輸出保険制度」のようなものがあって、そうした損失を補填してくれたのだが、これのおかげでどれだけ助けられたかしれない。

ベルギーのブリュッセルに赴任し、ラリー活動を行う

　日本の感覚が通じない国でのビジネスはさすがに苦労の連続だったが、得るものも多く、刺激的な日々を過ごしていた。その次に欧米部で、カナダを担当することになって赴任した。こ

こで数年過ごし、運命ともいえる'67年を迎えることになる。

その8月に欧州に赴任することになり、拠点のベルギーのブリュッセルに行く。ヨーロッパ全土に「販売店」をセットアップするのが仕事で、駐在していた5年間で、約17カ国を巡っていたが、苦労も多くあったが楽しかったというか、実に充実していた。

この頃から、私は技術系でいるより、マネージメントなどをやりながら外で人と会い、いろいろな国を巡っているほうが性に合っているように感じていた。現場に近いほうがいいということだが、そんな時に本社からある話が飛び込んできた。

南アフリカ人のヤン・ヘッテマというラリードライバーが'68年のモンテカルロラリーに出るのでサポートしろ、ということなのだった。イギリス領だった国のほとんどでモータースポーツが盛んであり、南アからのチームは珍しくもなんでもなかった。クルマはコロナRT55だという。

当然それはトヨタ車が歴史あるモンテカルロに初めて出場するという、重要な意味を持つ仕事となる。いっぽうで当時ベルギーに駐在していた私にとって南アチームをサポートすることは、それほど大変ではないのだが、「何で私が……？」というのが正直なところだった。それでもサラリーマンだし、社命だから乗り気がしないまま従った。もちろん、この命令がその後の私の人生を決定づけることになるなど夢にも思わなかったのだが。

とにかく私は車両の手配や運搬を行うことになった。当時、まだフランスにはオートルートも満足に整備されていなかった。そんな状況でウェーバー・ダブルチョーク・キャブレターのマシンを運転してブリュッセルからモナコまで自走した。ノンストップで走り、要した時間はなんと18時間。無事にモナコに到着したのだが私は鼻血が止まらなくなるほど疲労していた。が、これがラリーとの関わりの始まりということになる。私個人としても、ヨーロッパでのラリーの影響力の大きさを素肌で感じたのもこれがきっかけなのだ。

この頃、トヨタもそれほど多くはなかったが、海外でラリー活動するドライバーをサポートするようになってきていたが、ここからその役目を私がやることになったのだ。

'70年にはやはりモンテカルロにマークⅡＧＳＳで出場するエルフォード／ディビッド・ストーン組のサポートを行った。この時はタイヤ、スパイク、部品などの手配だけでなく、サービスケジュールまで私が作るという、今で言うならラリーコーディネーターの仕事までやった。正直、「なんで営業駐在員の俺がこんなことまでやるんだ」と疑問を感じることもあった。だがそれでも、少しずつラリーの世界にはまって行ったのも事実。

それにしても当時の日本車のレベルはまだまだで、参加することに意義を見つけることがやっと。ドライバーにはワルデガルド、ミッコラ、マキネン、カールソン、ブロンクヴィストといった北欧勢、ロジャー・クラークやパディ・ホップカークといった英国勢、そしてこのモンテにはジャン・ピエール・ニコラなどのフランス人も参戦するなど、まさにそうそうたる顔ぶれがしのぎを削っていたのだ。

そこで活躍するマシンといえばミニ・クーパーにポルシェ、アルピーヌにフルヴィアという一級品が揃い、トヨタのラリーマシンなど誰も意識していなかったのだ。当然のように、この時のモンテでも結果は出せず、クルマのレベルの差をまざまざと見せつけられたのだ。しかし、私の魂にも火がついた。このままで終わってたまるか！

私がブリュッセルに赴任した頃、諸先輩たちの努力もあってヨーロッパでの販売が、そこそこ伸びてきていた。しかし、大金を投じて宣伝活動を行うほどにはなっていなかった。そこで「どんなマーケティング戦略が有効か」を模索していた。広告は金がかかるが、新聞や雑誌のことにトヨタのクルマが出てくるならばお金は必要ない、ということになる。そこで人気のあるスポーツとの関わりを考えることになった。

サッカー、ツール・ド・フランスを含めた自転車、それにラリーというスポーツを考えていたのだ。当時の日本人の感覚からみればサッカーや、ましてや競輪のイメージのある自転車競技などは関心の外にあったのだ。そこで最も理解しやすいラリー活動に〝トヨタブランドの知名度アップ〟を賭けることになった。

すでに'60年代に入るとトヨタ自工には第7技術部、通称「ナナギ」がワークスチーム活動をしていたり、自販にもトヨペットサービスセンターの特殊開発部である、通称「綱島」がツーリングカーのチューニングなどを行っていたので、モータースポーツという戦略も理解されやすかったワケだ。そして、こうしたトヨタのレーシングデパートメントの活動をヨーロッパでも、と考えるのは自然の流れだったといえる。

オベ・アンダーソンと出会い、TTEを発足させるまでの道程

オベ・アンダーソンとの出会いもその頃だった。フォードのコ・ドライバーを務めていたディヴィッド・ストーンの紹介によるものだった。「アンダーソンがチームをやりたがっているから、本社に一度了解を取ってから会ってみようかと」となった。するともともと駐在員という微妙な立場ではあったが、なんとか話がまとまったのだ。

それにしてもオベというスウェーデン人は非常に真面目で、プライドも高かった。この頃、隣に住んでいたアメリカ人と話していて「どの国の人間とつき合うのがいちばん難しい？」という話題になったことがあっ

た。そして「スイス人とスウェーデン人が難しい」とふたりの意見が一致したことがあった。実は、最初の頃のオベとのつき合いには、独特の難しさというか、一種の排他性を感じることさえあったのは事実だ。

しかし、ラリーを含めたモータースポーツに対する情熱は並々ならぬものを感じ、「ともに手を組んでやっていこう」となったワケだ。しかし、'72年に私は5年の任期を終え、日本に帰国することになる。もちろんそれでふたりで作り上げたそれまでの実績が終わることなどなかった。オベを来日させるなどして、せっかくできあがった流れを止めない努力をした。

するとクルマの開発はナナギで担当することになって活動が始まった。これよりオベはトヨタから資金や技術支援を受け、母国スウェーデンでTTEの前身でもある「チームトヨタ・アンダーソン」を立ち上げ、トヨタ車によるラリー活動が始まったのだった。

つい先日、資料を整理していて'96年当時のTTE組織図を発見した。そこには管理部門だけでも50人ほどが顔を揃え、その下にはスタッフ総勢で400名体制があった。当時の最大勢力であるランチアにも匹敵する大所帯へと成長した姿がそこにあった。

もちろん、生まれたばかりの小さなチームを率いていたオベにも、そして日本に帰国してサポートしていた私にも、その後にチームがそこまで成長し、拡大して、WRC参戦チームでも最大級の規模へと発展することなど、予想だにしない船出だった。オベとメカニック4〜5名でのスタート。小さな小さなチームでのスタートだったのだ。

こうして、なんとか始まったチームは'75年にはスウェーデンを離れ、ベルギーのブリュッセル郊外にあった煉瓦工場の跡地に真新しいガレージを完成させることになる。ちなみにこの土地はトヨタのブリュッセル事務所が手配してくれたもので、協力体制はかなり整ってきていたのだ。さて、その会社だが「アンダーソン・モータースポーツ社」と名付け、法人登録を行った。これで、いよいよTTEが本格的に動き出したことになる。ドライバーにはアンダーソン、ワレデガルド、ミッコラを採用。また後にTTEのチーフとして活躍するドイツ人のペッパーらも加わっての船出だ。

こう書くと一見、何もかもが順調に進んできたかのようにも思われるだろう、しかし、ここに至るまで大きな危機があったことを話しておかなければいけない。

少し時代は戻るが、'60年代後半、トヨタは海外でのモータースポーツ活動を積極的に行おうと多くの計画を実行に移していた。そのおかげで私は、海外ラリーで活動する多くのドライバーたちを'70年代にかけてサポートする役目を任されたはすでに話した。

トヨタとすれば、モータースポーツ、特にヨーロッパではラリーで活躍することが市販車の販売に直結するという、マーケティング上の理由からサポートにも力が入っていた。そのひとりがオベ・アンダーソンだったのだが、彼は'73年からスタートするWRCで優勝を狙えるドライバーとして白羽の矢を立てた男だ。

前年の'72年12月に行われたRACラリーでもオベはトヨタ初のワークス体制のもと、トヨタの契約ドライバーとして走り、翌年の正式契約とチーム発足にこぎ着けた。しかし、実はこの時、すでに暗い影が忍び寄っていた。'74年のことだが、あとわずかで本格的なスタートが切れると思っていたWRCプロジェクトが、なんとトヨタの役員会で中止が決定。

トヨタのWRCプロジェクトの灯が消えかかる

順調に進んでいたかに見えたプロジェクトを葬ったのは当時の経済状況だった。第4次中東戦争によるオイルショック、そして高度経済成長の陰り。いつの時代もそうだが、こうなると最初に割を食うのはモータースポーツだった。本音を言えば「何を今さら」と心から叫びたかった。

しかし、日本中に蔓延する節約ムードを払拭するだけの説得材料を持たない私は「しかたないだろうなぁ」と自らを納得させようとした。それでも心中穏やかではない。「このまま流れを止めていいのか」と毎日、悩んでいたのだ。そしてついに私は大きなギャンブルに出た。

オベ・アンダーソンを日本に招待し、WRCプロジェクトの中止を伝えようとした直前のことである「どうせダメになるなら」と、当時のトヨタ自工専務、豊田章一郎さんとトヨタ自工の取締役、森田正俊さんに直訴したのだ。オベ・アンダーソンに最後通告をするため、廊下を歩かれているおふたりに「本当にいいのですか？　一度やめると再開は極めて難しいですよ。元に戻すには、少なくとも5年はかかります。なにか火を灯し続けておく手はないでしょうか」と。

もちろん私は、一社員、その場で一喝されて終わりだったかもしれない。世が世なれば打ち首物だし、当時としても上司の頭越し直訴など、非常識極まりないことだった。ところが豊田専務は真剣に聞いてくれたのだ。そして「しばらく時間をください。それまでアンダーソンには待ってもらってください」と私に言うと森田取締役と別室に入った。しばらくしておふたりが出てこられた。そして通訳をする私を介してアンダーソンに伝えるのだが、その途中で我が耳を疑う提案がなされたのである。

「役員会の決定は覆せない。しかし、すでに開発ずみの素材や部品などはトヨタ自工技術部門の管轄にあるのだが、それをトヨタ自販に向けて処分するという形は取れる。それを使ってトヨタ自販としてラリー活動を続けませんか」というおふたりからの提案なのだ。私はその話をアンダーソンに通訳しながら、胸が熱くなったことを今でも覚えている。

もちろん、その提案に異論などもあるはずもなく、当時の上司、輸出本部長の荒木信司専務に顛末を伝えた時にも「よくやった。自販の予算でやろう」と、この大逆転を喜んでくれたのだ。いっぽうで「勝手なことをした」とお叱りを受けたこともあったが、若さがなせる技とでも言おうか、前に進むことしか考えていなかった。

もし、この時の豊田専務の決定がなければ、トヨタのＷＲＣプロジェクトはそこで終わっていたし、後に一時代を築くこともなかったかもしれない。そう考えると後に社長、そして会長となり〝希有の経営者〟とも呼ばれた豊田章一郎さんは、すでにモータースポーツの効果を理解されていたのだろう。さらに言えば一介の社員の言うことに〝聞く耳を持っていただいたこと〟には感謝している。ご存じの方もいらっしゃるだろうが、この時の決断は豊田市のトヨタ鞍ケ池記念館が舞台となったことから「鞍ケ池会談」としてトヨタモータースポーツ史に載っている。

こうして’74年のＷＲＣプロジェクト消滅の危機を脱し、トヨタ自工製のマシンや機材が完成したばかりのファクトリーに運び込まれ、ようやく’75年のＴＴＥ発足にこぎ着けたのだ。トヨタ自販による資金援助を受けながらＴＴＥは、その年の１０００湖ラリーでＷＲＣ初優勝を成し遂げることができた。

TTEにWRC初優勝をもたらしたハンヌ・ミッコラ

この時のドライバーはハンヌ・ミッコラ、マシンはＴＥ27カローラレビンだ。フィンランド人のハンヌ・ミッコラといえば当時から、一流のラリードライバーであり、素晴らしい実績を持っていた。だが、いくら一流のドライバーを揃えたところでマシンに彼らのテクニックを生かすだけのポテンシャルがなければ勝利はあり得ない。せっかくプロジェクトが継続できていたのに勝利がなければまたいつ、中止を言い渡されるかわかったものではない。

そう、我々、ＴＴＥは一度死んでいるようなものだった。ＴＴＥはスタートした直後、ＷＲＣではないが5月のノルドランド・ラリーでアンダーソンがレビンで優勝。そのポテンシャルにも自信が持てたが、まだＷＲＣの勝利はない。のどから手が出るほど結果が欲しかった時にミッコラは勝利をプレゼントしてくれたワケだ。おまけにこの勝利はヨーロッパラウンドでの日本車初優勝というメモリアルウインともなった。私がミッコラに対して特別な思いを抱いているのも、この初勝利があったからなのだ。

その後、ミッコラはフォード・エスコート、アウディ・クワトロなどで活躍し、最終的にＷＲＣ優勝18回を数え、’83年のドライバーズチャンピオンも獲得することになるが、もちろん〝偉大なるドライバー〟もいつかは引退を迎えることになる。その決断をさせたのは私とアンダーソンだったと思う。その話をしよう。

’90年代に入るとＴＴＥにはカルロス・サインツを始め、ビヨルン・ワルデガルドやアーミン・シュバルツなど絶頂期を迎えたドライバーたちが揃っていた。いくら実績のあるミッコラであっても全盛期は過ぎていて、サードドライバーにすらムリだ。そこで1台のマシンを渡し、「バックファイアーのテストをやって、勝利のために我々にその結果を伝えてくれないか」とお願いした。

彼のプライドを傷つけることなく、走ってもらうことをアンダーソンと話し合って「どう切り出すか？」で悩みながら、そんな言葉で伝えたと思う。するとミッコラは「僕の花道を作ってくれて、本当にありがとう」と感謝してくれたのだ。そして’93年、我々ＴＴＥにとって記念すべき初勝利を飾った１０００湖ラリーを、同じトヨタのマシンで走ったミッコラは第一線から退くことになったのだ。ただ、その後にもミッコラと会ったのだが、彼はまだ「引退宣言をした覚えはない」と笑いながら話していた。

トヨタモータースポーツ部門、TMGの設立へ

さて、話をＴＴＥに戻そう。ミッコラの勝利から、実績を積み重ね、どんどんチーム規模は拡大していく。ついにはブリュッセル郊外のガレージでは対応できなくなった。そこで引っ越しをすることになったのだが頼ったのはドイツ・トヨタだった。その敷地の一角を借り、チームの拠点としようということになり、’79年にケルンへとＴＴＥは移った。これが後にトヨタがＦ1や世界ラリー選手権に参戦するチーム母体となったＴＭＧ（Ｔｏｙｏｔａ Ｍｏｔｏｒｓｐｏｒｔ ＧｍｂＨ／トヨタ・モータースポーツ有限会社）の前身となるのだ。ところが、そこもすぐに手狭になった。とにかく人も機材もあっという間に増えてしまい、敷地内で建物の移転などを行ったのだ。

実はこの頃、私はドイツではなく、またしてもベルギーのブリュッセルで一駐在員となっていた。もちろん、ＴＴＥには関わっていたが、トヨタ自工とＴＴＥとの連結役のような存在となっていた。’80年代に入ると車両の規定も大きく変化していた。グループ2からグループ4、そしてグループＡからグループＢへと変化し、車両作りも一朝一夕の付け焼き刃的な対応

ではすまなくなっていった。

当然のようにアンダーソンは規模が拡大したらそれに見合うだけの精神的な負担を背負うことになっていた。いつも資金などのことで気が休まることがなかったようだが、それをサポートするのも私の仕事のひとつにもなっていた。そしてサラリーマンの悲しさとでも言おうか、日本に帰国命令が来て海外営業へと転籍すると、今度の担当は中近東ということだ。

すでに私のなかには現地での販売戦略のなかにモータースポーツ、つまりラリーが考えのなかにあった。中近東ラリーシリーズにも参加したのもそのためであり、それなりに充実した時間を過ごしていた。ヨルダンのフセイン王子にトヨタのクルマで走ってもらったこともある。

あまり知られていないかも知れないが、この中近東シリーズでドバイ出身のモハメッド・ビン・スライアムがチャンピオン・タイトルをすべてトヨタのマシンで6回も取るほどのドライバーに育ったことはいい思い出だ。ただ、彼はグループNのマシンで世界選手権に何度となく挑戦しているが、こちらのほうではこれといった戦績を残してはいない。

この中近東シリーズで使用したマシンはTTE製だったのだが、何度となく代金の支払いが遅延してアンダーソンを怒らせてしまったこともあった。本来なら彼のサポートをしなければいけないのに、である。

その後、'80年も半ばを過ぎた頃に私は中近東の担当を卒業すると新型車の企画部門へと移った。スープラや初代セルシオ、エスティマ、MR2、セラといったクルマの開発に関わりながら時を過ごしていた。もちろんTTEとのつながりは切れてはいない。

'88年5月、ようやくセリカGT-FOUR（ST165型）がコルシカでデビューを飾った。この時点では'89年までの2年間はテストのつもりで戦っていた。しかし、いくら割り切ったつもりでもエンジン、ギアボックス、さらにボディに亀裂が入るなど問題が山積して完走すらできていない状況に、多少の焦りが出てきた。

「完走できなければ勝てやしないだろう」と上司から嫌みを言われたこともあった。そんな時、私はいつも「完走目的で勝てる時代じゃないです。壊れるほど走っても、壊れないクルマを作るために、もう少し時間をください」と言い訳というか、説明を繰り返していた。

そんな私に'89年2月、ついに中途半端な立場から脱する時が訪れた。モータースポーツの専門部門へ異動が決まったのだ。

これで本腰が入れられると感じたと同時に〝モータースポーツは趣味のままに〟という気持ちがどこかにあったことも否定はしない。ところが、いざ仕事が始まってみると、どこかに後悔の気持ちはあったが、現実はそんな迷いが入り込むほど暇ではなかった。勝つために一丸となって進むしかなかったのだ。

すると、その年の9月にカンクネンがオーストラリアでセリカを勝利に導いたことで勢いがつき、快進撃が始まった。翌年にはスペイン人ドライバー、カルロス・サインツが初のドライバーズタイトルを獲得したのだ。この頃からトヨタは当時最強ともいわれていたランチアと対比されるようになった。クルマの性能はもちろんのこと、チーム体制についても注目度は増大していったのだ。

参戦する台数は増え、エンジニアリング面でも人々はいつもフル稼働。世界中からスタッフが集まり、大きなファクトリーが完成していたのだから、当然のことなのだ。しかし、チームはあくまでもアンダーソンの個人所有であり、「アンダーソン・モータースポーツGmbH」のままだったのだ。より大規模なチームとするには投資をしなければいけないのだが、在外資産の問題があって、難しい状況に入っていたのだ。

そんななかで持ち上がったのが〝トヨタの子会社化する計画〟だった。もちろんその作戦の立案者は私だが、決断を下してくれたのは'92年にトヨタ自動車の社長に就任した豊田達郎氏だった。豊田達郎社長は私と同じ、輸出部門の経験を持っていた。当然のように海外でのラリー活動が販売促進で効果を発揮することをよく理解していたからなのだ。こうして翌年、トヨタ・モータースポーツGmbH、つまりTMGが誕生することになる。

トヨタWRCの黄金期を迎えたが内実は苦悩の連続

もちろん、体制の強化がトヨタ本社のバックアップのもと、順調に進むと同時にサインツやカンクネン、オリオールといったトップドライバーたちにより、黄金期とも呼べる時代を迎えることになる。

アンダーソンGmbH買収、そして規模拡張によってトヨタのWRCプロジェクトはまさに黄金期を迎えることになる。当時のマシンといえばセリカGT-FOUR（ST185型）だが、このクルマも戦闘力を増し、成熟の域に達していた。

もちろん、ここまでになるには多くの問題を克服してきたのだ。サインツが大活躍し、初めてのドライバーチャンピオンを獲得した先代セリカ（ST165）の開発が軌道に乗ろうとしていた'89年9月、セリカはモデルチェンジによってST185に切り替わる。

当然のことだが、マシンの開発が軌道に乗りかけている途中で〝ベースモデルのモデルチェンジ〟によって開発プログラムに変更が加わるというのは対応が大変なことなのだ。最大の問題といえばセリカターボの「インタークーラー冷却問題」だった。実はST185はクーラー本体をエンジンの真上にマウントしてあった。つまり、冷やさなければいけない物を熱源の真上に置くという矛盾したレイアウトだった。

さらにボンネットのバルジから流入した空気がエンジンルームからの抜けが悪く、最適には約30～40psの損失があるという、まさに致命的な物だった。ラリーを戦ううえではインタークーラーを含めた冷却関係の変更しかないのだが、プロダクションカーとしてすでに製品企画と開発企画との間で決定ずみのスペックであり、生産計画も進んでいた。当然、変更は非現実的である。

だが、このスペックのまま戦えば悲惨な結果が待っていることは誰の目にも明らかだ。そこで、どの程度の変更が最小限必要かを考えてみた。水冷インタークーラーへの変更、水回り配管新設、ダクト関係の新設並びスペース確保など、いくつかの効率的な仕様変更を了解してもらおうというワケだが、その壁が高いことは充分に理解していた。

ただ、それでもラリーで負け続ければトヨタのラリープロジェクト自体が消滅する。その場合の損失の大きさをトップに理解してもらうため、必死だった。危機感を持っていた私とアンダーソンはともに鈴鹿サーキットの来賓室で直談判するという最終手段に訴えたこともあった。そんな必死の陳情を何度となく繰り返し、ようやく勝つための仕様変更が認められた。

ベースモデルのフルモデルチェンジから1年ほど遅れて、'91年に完成したのがセリカGT-FOUR RC（ヨーロッパではカルロス・サインツエディション）なのだ。一般的には〝満を持して〟のように言われるRCのデビューだが、その裏では多くの開発にまつわるせめぎ合いがあったのだ。

いいクルマはドライバーを育て、いいドライバーはチームを育てる

ちなみに、あのボンネットのエアバルジ横にある小さな丸い穴もそうした変更点のひとつで、タイミングベルト冷却のために開けてあるものだ。ラリーを続けるためとはいえ、各方面に多大なるご迷惑をおかけした。しかし、私のなかにはひとつの信念があった。〝いいクルマはドライバーを育てる。いいドライバーはチームを育てる〟というもので、まずはマシンがよくなければなにも始まらないのだ。

そんな私の思いとはまったく別の次元で、重役たちからは〝これをやれば本当に勝てるのか？〟と何度も聞かれたことにはさすがに疲弊した。

もちろん、レースの勝敗に確実などという言葉は存在しない。それでも私は〝勝てます〟と断言していたのだが、クビ覚悟のうえの賭けだったのだ。結果的には実戦で大活躍し、クビにならずにすんだし、トヨタのラリー活動は最盛期へと向かっていくことになるワケだ。

もちろん、勝敗へのこだわりもあっての行動であったが、'92年にサインツはそのST185を駆って2度目のドライバーズタイトルを手にした。だが、マニュファクチャラーズではあと一歩及ばず、ランチアに破れてしまった。

〝勝利は嬉しい、しかし今日の勝利は今日中に忘れよう。そして明日のために何をやるかを考えよう〟という信念を持っていた我々は、その後も改良に努めた。すると'93年と'94年では連続してダブルタイトルを獲得するという最高の結果を手にすることができたワケだ。

さて、このダブルタイトル獲得で活躍したのは前年までともに戦ってきたサインツでもシュワルツでもなかった。'93年にサインツはランチアへ、シュワルツは三菱へと移籍。一方、我々のもとにはオリオールとカンクネンがランチアから加入してきた。もちろん、この主力ふたりの加入が大きかったのは説明の必要はないだろう。

だが、3番手となるドライバーたちの活躍も見逃せない。2軍という呼び方はふさわしくないが、ラリーごとのスペシャリストのような存在でトヨタの勝利に寄与してくれた彼らの存在は大きいのだ。例えば、サファリのスペシャリストでナイロビ出身の〝イアン・ダンカン〟。彼とそして日本人の岩瀬晏弘がいたから'93年のサファリでは1～4位までを独占できた。さらにスウェーデンのマッツ・ヨンソンは地元で圧倒的な速さ見せて'93年に優勝している。実に紳士的ないい男という印象だ。また、TTE初の日本人ドライバー、藤本吉郎などの活躍も日本人として嬉しいものだった。

不動のエース、オリオールとカンクネンの脇をしっかりと固めてくれるこうしたドライバーたちがいてくれたからこそ、チームにとって最も嬉しいマニュファクチャラーズのタイトルが手に入ったのだ。

私が重要な存在として注目していたコ・ドライバー

また、私が〝重要な存在〟として注目していたのはドライバーだけでなく、コ・ドライバーたちだ。日本では〝ナビゲーター〟などと呼ばれるが国際的には第2ドライバーと理解するのが正しいと思う。とにかく彼らはドライバーに不測の事態が発生すればドライブもこなせるのだが、最大の役割はマネジメントなのだ。走行中に指示を出すことなどは確かに大切なことだが、数多くあるコドラの仕事の一部に過ぎない。

ドライバーの健康管理から部品の手配など、すべてをこなせなければ一流のコドラとは言えない。レギュレーションをすべて理解することなど当然で、事務処理などもこなさなければならない。早い話が〝走ること以外のストレス〟をドライバーに感じさせることなく〝走る能力を余すことなく引き出す〟こと

が仕事なのだ。

そんななかで印象深いコドラのひとりがＲＡＣのスペシャリスト、ニッキー・グリスト。ゴルフの腕前でもプロ並みというグリストも優秀なコドラだった。そしてなんといっても常にサインツの相棒を務めていたルイス・モヤ。彼はサインツと同じスペイン出身でコミュニケーションがうまくいったこともあったのだろうが、マネジメント能力の高さには定評があった。だからこそ、サインツの指名を受けていたのだろう。思い詰めるタイプのサインツとは正反対な性格で、ユーモアがあってひょうきんな一面も見せる、本当に明るい性格だった。

なんとサインツはＴＴＥに加入する前から彼と組んでいてランチア、次にスバルへと移籍する際にもモヤを連れていくのである。私自身もマネジメントが最も性に合っていると感じているので、コドラの存在にはいつも注目していたのだ。いいマシンにいいドライバー、そしていいコドラは勝利の方程式のひとつと言っていいだろう。皆さんも今後、ラリーを見る時にコドラの存在に注目してみると、ラリーの見方がさらに幅広くなって面白いと思う。

このように物事がいい方向に進み出すとすべてうまくいく。'93年にはカンクネンが、'94年にはオリオールが世界王者に上りつめ、同時にマニュファクチャラーズタイトルも獲得することができたワケだ。そして迎えた'95年、黄金期を迎えたトヨタのＷＲＣプロジェクトが新たなマシンで戦うことになった。

ＳＴ２０５と呼ばれる3世代目のセリカＧＴ－ＦＯＵＲだ。この頃になるとチームの体制は最大で４００名を越えるスタッフが世界中から集まってきていた。ヨーロッパを始めとしたマーケットでトヨタの名を、そしてクルマの優秀性をラリーというスポーツによって広める。そうした目的は充分に果たしているという自負もあった。

もちろん私の仕事には予算確保のためにトヨタ本社との折衝、というものもあった。年間予算で80億から１００億円。２００億円以上といわれるＦ１に比べれば小さな数字だが、最大のライバル、ランチアとも互角な体制で臨むには必要だった。

何度となく本社とやり合いながら予算を確保してくる。これでチームは万全に近い体制で臨むことができるのだが、やはり苦労も多かった。特に新社屋の建設や新しい工作機械の導入時には、その年の数字がグンと跳ね上がるため、予算確保では、それまで以上の折衝能力が必要とされる。そんな時にはいつも〝平準化できればどれほど楽か〟と思ったものだが、私には、そんな折衝ごとすら楽しかったのだ。

さてニューマシンで臨んだ'95年だが、開幕戦のモンテカルロでカンクネンは3位と結果を残せたものの、オリオールと三菱から復帰してくれたシュワルツがリタイヤした。この年、初勝利は第4戦のツールド・コルスでオリオールが手にしたものだった。徐々にニューマシンの戦闘力が上がってくることによって結果もついてきていた。カンクネン、オリオール、そしてシュワルツの体制もうまく機能し始め、今年も狙えるかもしれないという手応えのようなものを感じた時に事件が起きた。まさに好事魔多しである。

’95年のエアリストリクター違反事件の真相は？

第7戦カタルニアでのことだ。カンクネンとシュワルツはリタイヤでオリオールは4位完走だったのだが、なんとターボのリストラクターに違反が見つかったのだ。エンジン出力を制限するために吸気側に取りつけられる部品なのだが、リストリクター外からの吸気が可能という構造になっていたことが判明し、失格となったのだ。

あとはご存じのとおりでそれまで獲得した'95年の全ポイントを剥奪されたうえ、翌年のＷＲＣ参加資格も失った。

トヨタがワークス活動を再開したのはそれから3年後の'98年になることを考えると定年が近かった私にすれば〝なんたることをしてくれた〟という気持ちでいっぱいだった。正直に言えば〝レギュレーション違反〟の内容はまったく知らされていなかった。立場上、恥ずかしいことではあるのだが技術部門の独断だったといえる。エンジンのチーフがテクニカルディレクターに相談し、最終的にはアンダーソンが決断をしたのではないだろうか。

今となっては想像するしかないのだが、とにかく日本人である私は蚊帳の外だった。当時はほんとうに悔しく、実に腹立たしいことだったのだが、いま彼らスタッフの気持ちを推し量ってみると理解できないこともないのだ。実は私も感じていた〝セリカの限界〟に対する焦りが要因だったと思う。

当時の最大のライバルといえばランチアデルタＨＦインテグラーレだけではない。急激に勢いを増してきていたスバルインプレッサ、三菱ランサーターボを始めとした日本車勢だった。どのマシンもボディの大きさが戦うに適していた。対するセリカはいかにもボディが大きく、オーバーハングも長く、いくら新型への切り替えを行ったといえども、不利だったのだ。

セリカのボディの大きさは限界に達していた

さらに当時、ラリーで勝利するためには「フルタイム４ＷＤと２ℓターボエンジン」は必須条件となっていたから、トヨタのラインナップのなかではセリカが妥当と考えられていた。しかし、ボディの大きさだけを見ても、すでに限界に達していたのだ。

当然、私もそれに対して手を打たなかったワケではない。そこでトヨタに要求したのは〝カローラでの参戦〟だった。当時も世界での販売台数のトップ争いをゴルフと繰り広げていたカローラのマーケティング戦略上も有利だということを、何度となく説明しながら〝カローラで2ℓターボ4WD〟を作ってくれと頼んだ。

ところが当時の日本市場は4WDの高性能なスポーツモデルが順調に売れるという、世界的に見れば特異なマーケットであり、販売のことを考えればWRCカーはセリカGT-FOURに任せておいてもいいじゃないか、ということになった。おまけに一部では〝セリカは捨てられない〟という開発者側の思いもあったのかも知れないが、4WDのカローラの実現は遠のくばかりだった。

そして、それ以上に大きく立ちふさがったのはトヨタの車種構成上の問題だ。ここでもし、カローラに2ℓエンジンを与えると〝エンジンを基軸にしたトヨタ車全体の車種構成〟が崩れてしまうというのだ。つまり、カローラの排気量はその車格からいって1・8ℓが上限であり、2ℓエンジンは載せられないことになる。

私は〝2500台〟というホモロゲーションだけをクリアするために〝カローラS〟のようなクルマを作ってくれればいい、と何度となく提案した。最後には〝ダミーでいいから2ℓを作ってくれ〟と頼んだことすらあったのだが、それでも認めてもらえなかった。ひょっとすると販売部門からの協力も得られなかったのかもしれないが、提案はすべて却下された。

こうした状況下で〝セリカに対する焦り〟がチーム内に生まれたのは確かだろう。特に技術者に取ってみれば限界が予見できたのもわかる。しかし、レギュレーション違反は絶対にあってはならないことだ。

'96年にTTEを去り帰国。そして今、トヨタのWRC復帰を願う

私は大きな失望を感じながら退職する決意を固めた。私自身の定年が近いこともあったが、WRC復帰への道筋すらほとんど見えない状態で、私自身の情熱も継続し難かったのは事実だ。同時に私にはひとつの思いがあった。それはアンダーソンも職を辞すべきではないか、ということだった。

チーム名はTTEのままだが、実態はトヨタの完全なる子会社であり、やはり日本人の関与をさらに拡大しなければいけないと考えていたのだ。現実にはそうならなかったし、冷静に思い返せばアンダーソンがいなくなればTTE自体が崩壊していたかも知れない。

私は'96年にTTEを去り、帰国することになった。余談だが、その時にドイツ人のシュワルツから、彼の地元に伝わるという〝幸運の像〟をもらった。もちろん、今でも大切に飾ってあるのだが、そうしたいい仲間たちに囲まれての仕事を辞めるのは、一抹の寂しさもあった。

'98年にトヨタはワークス活動をカローラWRCで再開する。ドライバーはサインツとオリオールだ。開幕戦のモンテカルロではサインツが勝利を手にし、幸先のいいスタートを切っていた。すでに私は〝外の人間〟だったが、この復活劇は素直に嬉しかった。そして時代はグループAからWRカー時代に移る。

私は外からWRCラリーというモータースポーツを見るために、衛星テレビなどのコメンテーターなどを勧めてきた。

その間、トヨタはF1にも参戦したのだが、残念ながら大きな成果を得ることなく撤退してしまった。いっぽうのWRCを見ても現在、正式に参戦しているメーカーがシトロエンとフォードの2社という状況に寂しさを感じているのは私だけではないだろう（※掲載時の'13年現在の状況）。

当然、日本人としてもトヨタはもちろんだが国産メーカーの復活を心から望んでいる。トヨタのようにフルラインナップを揃え、非常にクォリティの高い大衆車を作るメーカーは、やはりプロダクトカーのレースをやるべきだと思っている。そうなるとWRCが最もふさわしい場となるが、そのためにはちゃんとした体制を整えて復帰してほしいのだ。

現在、日本国内で細々とヴィッツでワンメイクラリーをやっているがそんな体制では当然ない。言葉は悪いが〝小学校の運動会とオリンピックは違う〟のだ。噂の域を出ないが'14年にはヤリス（ヴィッツ）WRCで復帰計画があるというが、マシンがあればすぐに復帰が叶う物でもない。WRCを本当に理解している人が率い、世界を転戦しながら最高の舞台で戦うための、しっかりとした体制が整っていなければ、またしても結果が得られず撤退ということになるかもしれない。

理想は日本製マシンで日本人ドライバーが乗って勝つ！

それこそが私を始めとしたラリーファン、そして日本人が望んでいることではないだろうか。理想を言えば、日本製のマシンで日本人が走ってきれば時々勝ってほしい。心情的にはこれだ。それでこそ日本人もWRCラリーというトップカテゴリーを楽しむことができるし、プロダクトカーレースの大きな魅力に気がつくことにもなるはず。ヨーロッパのように、スポーツとして定着してくれることが、日本のクルマ社会のさらなる成熟にも繋がると思う。そんな期待を抱きながら証言を終えたい。

↑立川基地でレースをやっていた米兵と仲よくなり、のちに友人と共同所有することになったポルシェ356Aカブリオレ

↑福井敏雄氏は学生時代、1952年式のライレーRME（1.5ℓ）を父親に頼み込んで35万円で購入した。慶応大学に通っていた頃、学長も同じライレーの2.5だったとか

↑ライレーに乗り、慶応大学の友人たちとよくドライブに出かけていた。当時、ハイソなスポーツとして若者たちが憧れたスキーも楽しんでいた

↑日産に２年勤めたのち、父親の友人で近所づきあいもしていた販売の神様、トヨタ自販社長の神谷正太郎氏の紹介でトヨタ自販に入社。販売に携わるなら海外でクルマを売りたいと志願した

↑トヨタに移るまで約半年間、欧米を旅行（パリ凱旋門前で）。北米日産の片山社長や英国を訪ねた

↑ベルギーのブリュッセルに赴任した当時の福井敏雄氏。時にはアフリカに出向いたこともあった。写真はその時のもの

↑TTEの前身でもあるチームトヨタ・アンダーソン代表のオベ・アンダーソン（写真左）。のちにTTE（トヨタ・チーム・ヨーロッパ）を発足する

↑TTE在籍時にドライバーズタイトルを２回獲得したラリードライバー、カルロス・サインツ。エル・マタドールとも呼ばれ、日本車初の世界チャンプ

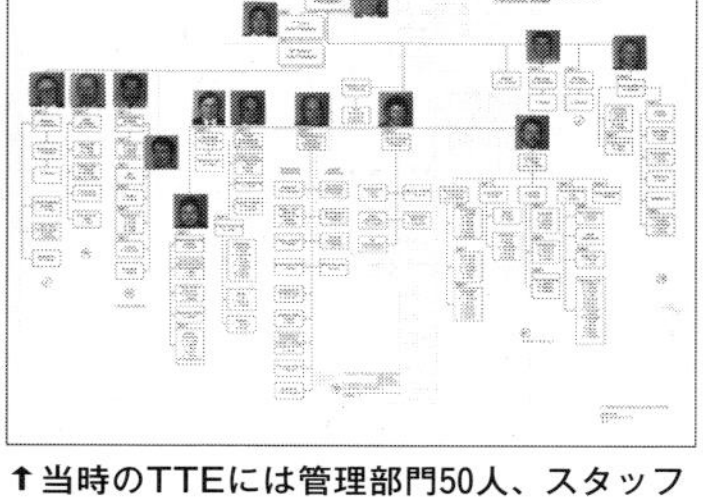

↑当時のTTEには管理部門50人、スタッフ総勢400人も。当時、最強にして最大勢力のランチアに匹敵する陣容だった

↑2008年６月11日に亡くなったTTE社長、オベ・アンダーソン氏とともに映った１枚。ともに鈴鹿の来賓室で直談判したこともあった

第6章

伊藤健
TAKESHI ITO

初代インプレッサWRX生みの親

いとうたけし●1947年群馬県前橋生まれ。

転勤族の父の影響で幼少期は仙台、千葉、大阪で過ごし、都内私立高校から、浪人後に上智大学理工学部機械工学科。卒業後はかねてからの〝自動車メーカーへの就職〟という夢を叶えるために'71年、富士重工業に入社。

技術本部の車体技術第2部機構設計課、動力艤装係に配属。主に排気系設計に従事し、翌年には小型排気系チーフとして環境技術である「SEEC-T」開発などにも携わる。以降、操作系、動力艤装系開発を経て'81年には日産へ出向。'83年に富士重工に復帰し、商品企画の小型系担当部長付となる。車開発の主要部分に携わってきた経験もあり、'89年にデビューする初代レガシィの開発を手がける。

そしてレガシィの成功により初代インプレッサ開発主査となり、成功へと導く。'93年には一時シャシー設計部に戻るが、'96年にはスバル開発本部主管として2代目インプレッサの開発に携わる。'01年にスバル技術本部認証技術部長を経てSTIへ異動。特別仕様車を次々と世に送り出す。

同時にグループN競技車を世界中に増やすプロジェクト開始し、STIブランドをBMWのMのようにしたいと発信。STIの中心モデルを担うSシリーズの開発指揮を執った。特にS203では、レーシーだった前モデルのS202からコンセプトを変え、プレミアム性を大幅に向上させて登場させた。

排気ガスの匂いが好きだったクルマ好きの少年時代

国家公務員だった父は、いわゆる転勤族であり、幼い頃の私は2～3年ごとに日本各地を転々と移動した。もちろん当時の一般家庭に自家用車などはないのがふつう。我が家にもクルマはなかったし、特別に父がクルマ好きであったワケでもなかった。

そんな環境で育った私がクルマに興味を持ったきっかけは小学5年生の頃だったと思う。道端で遊んでいると、とてもいい匂いがしてきたので振り向くと、当時、発売されていたトヨタの「だるまコロナ」が通り過ぎていった。その排気ガスの臭いのなんとかぐわしかったことか……。

この頃のガソリンは今のような化合物ではなかったし、鉛もあまり入っていなかったからか、純粋な〝芳香族〟ならではの甘い香りがしていた。ガソリンは本来、芳香族に分類され、心地のいい香りがするものであった。その経験があったことで私はクルマに、強く惹かれるようになっていった。

当時の子供たちにとってみれば、クルマの後を追って排ガスの臭いを嗅ぐことは、それほど特別な行動ではなかったのだが、だが私は少し度が過ぎていた。とにかくクルマが通るたびに追いかけては匂いをかいだ。さらにバスに乗れば指定席は運転手の真後ろ。そこに陣取り、運転手君の一挙手一投足を見ては真似るという、当時としても少しばかり変わった子供であったようだ。

自動車メーカーへ進むきっかけとなった出来事

その後、はっきりとクルマ業界に入りたいと決めたのは確か中学の終わりか高校の始め頃であった。私は、あるテレビのニュース番組に釘付けとなったのだ。画面には初めて見る「ルマン24時間レース」の模様が映し出され、赤いフェラーリ、あれはたぶん250GTOだっただろうが、その激走シーンに私の心は奪われ、身動きがとれないほどだった。

「なんてカッコいいんだ！　絶対こんなクルマを作ってみたい！」と心から思ったのだ。この時をきっかけに〝自動車メーカーへの道〟は決まったようなものだ。こうなると、もう私の興味は止まらない。オートスポーツ、カーグラ誌などを時間があれば書店に出かけて行き、大変申し訳なかったが小遣いが少なくて買えなかったため、立ち読みで読破していた。

後日談になるが、トリノのピニンファリーナの工房を訪れたことがあり、この話をすると喜んで展示してあった250GTOに座らせてくれたことがあった。そこまでクルマに入れ込んでいた私だが大学時代はむしろ合唱部やスキーなど、いかにも上智のキャンパスライフといった生活を楽しむ、ごくふつうの学生だった。

断っておくが機械工学科で基本的なことは学んでいたのであり、自動車メーカーへの思いが消えたワケではない。当然、卒業となった時に目指したのは自動車メーカーである。

スバルは当時から〝個性的な技術〟で知られていた。はっきり言ってトヨタや日産といった大メーカーではできないことにも挑戦できるかもしれないという、少しばかりへそ曲がりで負けず嫌いな私には合っている企業風土を感じたのだ。もちろんその思いは間違いでなかったことが、徐々にわかるのだが、なんとか無事に1971年、富士重工業に入社できた。

技術本部の車体技術第2部、機構設計課・動力艤装係に配属となった。偶然とはいえ、私は前橋市内で生まれ、全国を転々とし、こうしてまた群馬県の太田で社会人としてスタートすることに少なからず縁を感じたのである。

さて、配属先では主に排気系設計に従事することになる。実は入社した頃のスバルは決して業績のいい会社ではなかった。給料も少なかったのだが、なんとなく親しみやすさを感じていた。我々社員を大事にし、将来を背負ってもらいたいという気持ちを、そこここで感じ取ることができる企業だった。

おまけに仕事上の、よかれと思って主張するわがままを、気兼ねなく言える環境があり、わりと自由に活動できたことも私には合っていた。型にはめられることが少ない職場がそこにあったのだ。こんな雰囲気だからこそ「新しい技術、新しい考えのクルマが生まれるのだな、いい会社に入れた」と私は心から思っていた。

給料はともかく職場環境がよければ、頑張ろうとも自然に思えるものだ。また、入社当時は前年に出した新型の軽自動車、R-2が堅調であり売れていた。さらにこの年にニューモデル、後のレオーネを出す準備中であり、会社内には活気があった。そしてレオーネがデビューすると、CMには人気者だった尾崎紀世彦を起用するなど、積極的に展開。ところが期待したほどには売れず、会社は冬の時代を迎えることになるのだ。それでも私には希望を失わないだけの可能性を会社は感じさせてくれていた。

そして、私がスバルに入りたかったもうひとつの理由はスバル1000の存在だった。その新しい、ほかとは違う、独自性の強い個性に興味を抱き、憧れすら感じていたことも、スバルを目指した理由であった。そこで入社後2カ月ほど経った頃に、頭金の一部を貯めて父親に金を借り、すぐにスバル1000の中古車を購入したのだった。

だが、せっかく購入したクルマもなんと8月の夏休み中、海水浴に行く途中で追突され、廃車になってしまったのだ。もちろん残念ではあったが立ち止まっていることが嫌いな私は、思い切って当時の〝憧れの頂点〟にあったグリーンの『スバルFF―1 1300Gスポーツ』を全額月賦で購入した。正直、高い自己投資とは思った。だが、このスバル1300Gこそが、私のクルマに対する感覚を作り上げてくれた〝忘れられないクルマ〟になったのである。

「人車一体感、軽快感、加速感の気持ちのいいこと、走る喜びが自ずと沸いてくる感覚」を全身で感じ取ることのできた我が愛車。とにかく暇さえあれば、そこら中に走りに行った。当時の太田と言えば赤城山、碓氷峠、和美峠など、近くにいい峠がたくさんあった。

クルマを楽しむため、そしてクルマ作りの基本を学び取ることのできるフィールドがいくつも私の周辺にはあった。さらに長い休みには仲間と山スキーがてら野麦峠、乗鞍、千畳敷などへ遠出。このスバル1300Gを乗り回した数年の経験こそが、私のクルマに対する価値観ができた時代であったことは間違いないのである。

スバルに入社後、SEEC-Tの開発に携わる

さて入社の翌年に小型排気系チーフとなったのだが、この部署でのトピックスがある。それはSEEC-Tという技術の開発で当時、規制が一挙に厳しくなっていた排気ガス対策という仕事に携わったことだ。スバルの独自技術として触媒を使わずに燃焼制御で排気ガスを浄化しようとするものだ。

しかし、当初は排気ガス出口の温度が高くなり、排気管内でも多少燃焼が持続するため、通常運転では問題のないように耐熱性の高い材料を使って対応した。が、例えばプラグがなんらかの異常で死んでしまい、1気筒が失火するなどのエンジン異常があった場合、生ガスが排気管の内に流れ、排気管の内部温度が高温となってしまう。

当然、従来の材料、構造では排気パイプが高温となり、熱膨張で変形が著しくなる。そこで特別な構造にしないと、排気管が膨張するスペースがなくなり、グシャグシャに潰れてしまうことがあったのだ。その対策として二重構造の排気システムを生み出した。これは強度を外管で取り、異常が起きた場合でも高温の内管が変形できるクリアランスを確保することで自由に膨張できる構造となっていた。この画期的な設計で課題をクリアできたのだが、相当に苦労した。佳境の時は何度も徹夜するのが常となった。

SEEC-Tと呼ばれる排気ガス浄化装置

新しい対策案を夜10時頃までかかって作図し、メーカー（坂本工業）に出かけ、役員、営業、試作の人間を呼び出して説明する。そして朝までに試作品を納入してもらい、それからテストする。現在ではおよそ不可能な仕事の進め方だが、こうした努力によって特許取得ができたのである。

私は'75年に結婚する際、披露宴で「伊藤君には隠し子がいる、それはSEEC-Tだ」と仲人を務めた上司に言われたことがあった。家族はそんな祝辞にハラハラしていただろうが、当時の私はそれほどに仕事漬け状態だった。忙しすぎてろくにデートもできなかった私の状態を、ちょっとした笑い話として披露してくれたのだろう。

さて'75年に操作系、つまりペダル、ケーブル類、ブレーキパイプなどの設計部署へと移る。排気系にいた頃の残業が一気に減った。そんな操作系でのトピックスといえば残業が減り、業務もそれほど多忙ではなかったので、もともと興味の強かった人間工学を充分に研究できたこと。いろいろなクルマの測定も行い、それをベースにシートを中心とした各種指標を勉強することができた。

操作系としては、動きを含んだペダルレイアウト、シフトレイアウト、ガラスへの見上げ角、見下げ角、近さ、遠さなど、人間工学的にあるべき姿などの知見を数多く吸収することができたのである。私が本来目指していた〝全体車種開発〟、つまりチーフエンジニアといった立場でクルマをまとめるためには必要な、いい知識を得ることができた。

そして'79年には「動力艤装系」開発の小型車チーフに就く。動力艤装とはパワーユニットと車体をつなぐほぼすべてを指し、エンジンルーム内の技術事項の取りまとめを行う部署である。本来の業務としてパワーユニットのマウント部品、吸気系などを受け持つ。動力艤装系でのトピックスは実に大きな蓄積となるものであった。

レオーネ4WD &4WD+AT、そしてターボ車の開発

まず、4WD+ATの車両開発を主導できたことだ。スバル1000のモデル末期に東北電力の依頼で、スバルを4WDにして以来、'73年10月にレオーネバンに、'75年1月にはレオーネセダンに4WD車をリリースした。だが当時はラリーなどで活躍を始めてはいたものの、まだ乗用車の4WD自体が一般的ではなく、特殊なクルマとみなされていた。もちろん台数の

伸びも難しかった。
そこで台数の底上げを図るために〝オートマチック車の4WD化〟を図ることになった。トランスミッションが長く、そして大きくなって、振動伝達系や熱容量もかなり変わることから、ボディも一部変更するなど大きな変更も必要となる開発だ。当然、全体のレイアウトやクロスメンバーやマウントの対応など、主導的に対応しなければいけないワケであり、かなり大変な仕事だが、やり甲斐もある。そうした問題の確認を行う試作車作りを含め、開発に携わることができたことも、後に全体の開発主導を行うには重要な知識として得られた。

この4WD+ATを積んだ車は'77年にレオーネ4WDツーリングワゴンとしてリリースされた。これが後のレガシィツーリングワゴンの一大ブームを演出するきっかけであり、もちろんスバル史上、実に重要なクルマとなる。私も、このオールマイティで破綻なく、どこにでも走って行けるというレオーネならではの素晴らしさをすぐに理解できた。デビューと同時に購入し、子供が生まれてからもスキー、キャンプ、海水浴などどこへでも4WD+ATという最善の組み合わせで出かけていったものである。そして私は、この時の実用性の高さを経験して以来、ずっとワゴンユーザーであったのだ。

さて動力艤装系での、もうひとつのトピックスといえばターボエンジン車の開発だ。スバルはこれまで1・8ℓエンジンが最高で、スポーツエンジンといえるものがなかった。ラリー出場も増えており、ハイパワーを熱望されていたことから1・8ℓのエンジンにターボチャージャーを組み合わせることが急がれた。

しかし、ターボを乗せるスペースや排気系の取り回し、冷却などなど水平対向エンジンが故の難しさが数多くあったのだ。それでもエンジンルーム内のレイアウトに苦労したが、ターボの熱対策を除いてはわりとすんなり対応できたため、事なきを得た。

そして、このターボエンジンの開発でスバルのスポーツイメージが高くなったことは事実だろう。'82年にはレオーネ4WDターボのATツーリングワゴン、そしてレオーネ4WD RXが発売されたのである。もちろん、このターボエンジンの成功によって、後のレガシィツーリングワゴンのブーム到来、レガシィ4WD RS、そしてインプレッサWRXのスポーツ4WDへと受け継がれていくのである。

時はまさに高度成長期で、右肩上がりに給料も上がっていく。国民は時間にも生活にもゆとりが生まれ、スキー、キャンプ、そのほかアウトドアスポーツがどんどん人々の生活のなかに浸透していった。そこにオンロード4WDのパイオニアとして登場したレオーネはライフスタイルの変化をまさに先取りした存在として支持されていくことになる。

'81年、共同開発のため日産自動車へ出向

そんな時に私は当時、協力関係にあった日産自動車と車両の共同開発の話があり、出向することになった。日産の開発陣が荻窪から伊勢原のNTC（日産テクニカルセンター）に移動する時期であったが、幸いにも同行することができたのだ。ただ共同開発は残念ながら1年半ほどで頓挫するのだが、日産の開発の様子などを垣間見ることができ、いろいろと参考になる部分があった。他メーカーのやりようなどを実体験できるなどというのは、まずふつうではあり得ないことであり、私にとっても実に貴重な時間であった。

'83年に富士重工へと復帰した私は、小型系の担当部長付けとなった。この頃のスバル車といえば、大きく分けて〝軽と小型〟だけであり、現在のような車種開発専任チームはなかった。車種開発のとりまとめを行う担当部長という職種が中心となり、各部に開発指示や協議を行い、クルマを仕上げていくシステムであった。

当時の小型系担当部長は、後に取締役となる高橋三雄さん。車種開発の中心人物としてあるべきものを随分とたくさん勉強させていただいた。「選択と集中」、「2勝1敗の哲学」などを始めとした多くの技術者として考え方、あり様を学ぶことができたのである。例えば〝選択と集中〟とは多くの要素のなかから必要なものだけを選び、その後は集中して取りかかるという意味である。

また、〝2勝1敗〟とは必要以上に欲張らず、着実に前進しろという意味だったと思う。また「技術者こそ平易に語る」ということもおっしゃっていた。とかく難しく語ろうとする技術者ではだめ。誰にでも確実にわかりやすく物事を語れという教えも私のなかには生きている。上手な「怒られ方」なども教わり、本当に高橋さんにはお世話になった。そんなよきリーダーのもとでレオーネ3ドアクーペの開発のお手伝いをすることになった。そして同時進行の形で、ある重要なモデルの開発にも携わることになる。

私がスバルに復帰した'83年以降、スバルではオールニューレオーネ、つまり最終型レオーネの開発がすでに終わり、アルシオーネの開発が盛んに実施されているところであった。私はそんな様子を横に見ながら、日産との後片づけを主に行い、その後は主にレオーネ3ドアクーペRX-Ⅱ開発のお手伝いをすることになった。

'86年4月にリリースされ、特にラリーでは活躍し、スバルのスポーツイメージの熟成に役立つことになるクルマであり、その役割も充分に果たすことになるのだが、その3ドアクーペと並行する形で、私に新しいミッションが下った。いよいよレオーネの次期モデル、後のレガシィの先行検討がスタートするこ

とになる。

レオーネ後継車、次期レガシィの先行開発

もちろんまだ車名は決まっていない。新世代車種ということで先行検討を始めたワケだ。開発のきっかけはエンジン部隊から、私の部署の部長へ申し出があった。その内容というのは「次世代を望む高性能エンジンの開発を始めたが、性能確保には特に大事な吸気系を検討したい。それにあたりエンジンルーム内に、どの程度の自由度があるかを同時に検討してほしい」ということだった。

まだラフ検討の段階。わざわざ設計に頼むほどの状況ではなかった。そこでエンジンルーム内をよく知り、比較的時間の取れそうな私に狙いをつけたということらしい。初めてのツインバルブエンジンを高性能化するためには、吸気系のあり様が大事。チャンバーをつけたり、吸気の引き回しを工夫する必要がある。

さらにターボの吸気系も検討課題であった。少し具体的に話せば、レオーネではエンジンルーム内にあったスペアタイヤを、トランクルーム下へ移すことでエンジンルーム内の自由度を増やしたかったのだ。実はこれまで、FFを前提として開発していたレオーネ系では前輪の車軸加重を重視すると同時に、トランクルームの利便性を上げるため、スペアタイヤをエンジンルーム内に収納してあった。その結果、リアサス周りはセミトレーリングアーム方式を採用することができ、良好な性能を維持できていた。

すでにレオーネでも4WDの車種が増え、ターボ+4WDも展開し、乗用4WDへの移行が規定路線になっていた。しかし、FFベースの車体であったため、プロペラシャフトやリアデフの地上高スペースを得るため、リアの車高を高くして地上高を確保する必要があった。

またリアサスの車体側取りつけ位置も高くせざるを得ず、車高全体がやや腰高になっていた。それ故、スペアタイヤをエンジンルームから追い出すということはそれを置くべきリアフロア周り全体の検討も行い、それで成立できるかを見るということが求められたワケだ。サス形式やそのほかの種々を私は勉強しながら、それら課題を同時に解決する方法で検討する必要があった。

そう、トランスミッション自体のあり方、デフ位置とタイヤ位置のあり方、エンジン傾角、プロペラシャフト傾斜角などなど、乗用4WD前提の車体レイアウトを徹底して考えなければいけない。まず車体系での優先事項、スペアタイヤをリアに置くことに取りかかる。

リアサスと燃料タンク、リアデフ、スペアタイヤ、マフラーなど主要部品のレイアウトの成り立ち検討を行ってみた。そしてラフ検討段階では、フロアのトンネルを深くし、リアフロアを上げる。そして水平の低い姿勢のままでプロペラシャフトの角度が適正になるようにし、かつリアデフが入るようにした。

フロントをストラット、リアをデュアルリンクに

この状態でリア周りの大きな構成要素であるリアサス、燃料タンク、スペアタイヤ、マフラー、リアデフなどを、あれこれと変えながら検討し、成立性を見るのだ。この時、運動性能的にはジオメトリーの自由度が高く、横剛性の高いデュアルリンク式ストラットをベースとしたレイアウトがいいと考えていたのだった。

すると後に、正式開発がスタートするとこの案がすんなりと採用されるのである。すでに開発陣の思いはひとつだった。ここでスバルの乗用4WDを中心としたクルマ作りが始まったといえる。

そして、これらの事前検討の結果のほとんどがレガシィに採用されることになって開発は加速していった。もちろん新エンジンの開発自由度が増して、高性能が成立。ターボやインタークーラーのレイアウトにも自由度が生まれるなど、エンジンのハイパワー化が明確に見通せたのである。

さらに足回りもこれらの検討を踏まえて4輪ストラットで、リアサスはデュアルリンクとなったことでジオメトリーやストロークの自由度が増していった。これで横剛性が高く、曲がりやすい足回りにすることができたのである。

こうした技術的蓄積が、その後のインプレッサ、フォレスターまで続くリアサスレイアウトの基礎を作るものとなった。このサス形式はその後も発展を続け、基本的に2代目インプレッサまで踏襲され、WRXの〝豪快なWRC走行〟を支えるものとなった。

社運を賭けた巨大プロジェクトが正式にスタート

事前検討を終え、社運を賭けた巨大プロジェクトであるレガシィの開発が正式になる。プロジェクトリーダーとして中村孝雄さんが担当部長に任命された。その下に技術マターのまとめ役として黒川主査が入り、先行検討をしていた私は、その下の担当として任命された。

レオーネシリーズではエンジンや全体レイアウトなど、従来の資産をうまく活用。新しいものを作り上げていく発展形の開発をしていたが、この間にスバ

ル車の市場は飛躍的に拡大していたのだ。当然、北米や欧州も含めた排ガス、衝突対応に加え、性能や車両価値に関する各国からの要望も多様を極めていた。そうなれば第一級の国際戦略車とでもいうべきものを作る必要性があり、これまでのやり方を一新する必要があった。

我々のリーダー、中村孝雄さんは大きな視点を持った、実に肝の据わった方だと感じることが度々あった。まず驚いたのは私が先行検討していた内容を説明すると、直ちに車両サイズを拡大する決断をされた。先行検討では車幅以外大きさをあまり変えない考えだったが、全長を１４０㎜、ホイールベースを１０㎜伸ばしたのだ。そして発売してみると、アコード、カムリ、ギャランなどと同等になり、車格が確実に上がる結果を得ることになる。たぶん、中村さんの感性のなかには明確な車格感が備わっていたのだろうと思う。

また、こんなこともあった。開発部門からの提案はすべて積極的に取り上げるのである。開発部門に〝成功体験を積ませたい〟との思いを強く持っていたのだろう。結果としてこのレガシィから、それまでのスバル車とは、かなり違う車格づけができたと思う。それは中村担当部長の思いがあったからである。残念ながら故人となられたが、今でも尊敬している。

さて技術的には先行する形で検討していたとはいえ、ラフ検討だったので実際に生産検討をすると沢山の問題点が出てきた。当然のことではあるが、私たちは、ほぼ一からの出直しを考えなければいけなかった。黒川主査を中心に、私も入って各要素や要素同士で発生する問題を調整して成立性を検討していった。

各部にプロジェクトメンバーを置いて、各部で検討した結果を、メンバー間で確認し、さらに調整をするという作業の繰り返しが延々となされた。今では当たり前のＣＡＤなどない時代だったから、すべてが紙の上の検討となる。

各部で検討を重ねたトレース用紙などを持ち込んで、喧々諤々である。開発が進めばその頻度も高くなる。すると担当部長が横に会議机を持ってきて、いつでも会議できるようにしたのだ。少しの時間的無駄もなくそうというワケである。必要に応じて実験のメンバーや生産技術部門のメンバーも入って、何度も議論を重ねていくのであった。

今では３Ｄ・ＣＡＤも発展を続け、生産までの検討が画面上でできる。まさに隔世の感であるが、この当時は随分と効率の悪い開発をしていたものだと思う。しかし、これはこれで〝顔の見える開発〟とでも言おうか開発陣の想いなどを直に感じることもできたし、意思統一も実に早かったのだ。

ターボ車のインタークーラーレイアウトに苦労

こうした議論のなかでターボのレイアウトやサスレイアウト詳細なども決まっていった。ここでひとつ、インタークーラーのレイアウトには苦労した。一般的なクルマのレイアウトを見るとラジエターの前にぶ厚いインタークーラーが置かれている。そこにターボで圧縮されて熱くなった吸気を、ダクトではるばる運び、インタークーラーによって冷やし、またはるばる戻してから、エンジンに吸入させるものだ。

だが、これでは冷却上も圧縮上も効率が悪いだろうと考えていた。何せ、水平対向ではエンジン長が長く、ラジエターの先にスペース的ゆとりはなかった。無理やり置こうとするとオーバーハングが長くなり、デザイン部門が絶対反対する。第一、ダクトを綺麗に通せるスペースなどもない。

思い悩んでいたところに、どこからか「水冷式インタークーラーはどうだ」という声が聞こえてきた。ラジエター前にサブラジエターを置き、インタークーラーはエンジンの上の後方に置く。インタークーラーの冷却は、その間を液体の流れるパイプを通して行う。吸気ダクトはエンジン後ろのターボからすぐインタークーラーに入り、冷えた吸気はまた効率よくエンジンの吸気ダクトに入れる。サブラジエターの冷却さえ、うまくいけば効率はよさそうだ。

ただし、デメリットも予想された。ラジエターがエアコンも含めると三重になるのである。こうなると冷却は心配だった。しかし、そのぶん、開口面積を大きくし、たくさん冷やせばよいワケだから、採用することとした。気づきにくいがＮＡエンジン車とターボ車はバンパー下の開口部の大きさがだいぶ違うのはこうした理由があったからなのだ。

ターボ車では、フードに穴が開いて冷却用のダクトがあるように見えるが、実はあれはターボそのものが熱くなるので、その熱気を逃がすための穴なのである。インタークーラー冷却用のインプレッサのフード上のダクトとは役割が根本的に異なるのである。

さて、ここでワゴンの話をしておかなければいけない。レオーネでも４ＷＤとＭＴ、あるいはＡＴのワゴンを発売していた。だが、どちらかといえばまだ荷物がたくさん載せられてアウトドアスポーツを楽しむためのワゴンという位置づけであり、訴求の中心となるモデルではなかったように思う。

しかし、欧州、北米ではワゴンがユーティリティの高い使いやすいクルマとしてすでに認識されていた。当時、日本でも何かと余裕のある時代に入っていたことから、ワゴンはもっとふつうに乗用車と同様に使われることが出てくるのではないかと考えられた。

そこで我々が目指すところは、商用バン派生ではなく、最初から乗用車として仕上げ、一流ホテルの玄関に乗り込んでも恥ずかしくないものにしようとの考えであった。具体的にはバンをイメージさせる四角い形を止め、新しさを感じさせる流麗な車体を考えた。

　そこでまずボディ後方に向かって絞られていくデザインとした。実は後部ドア（リアハッチ）の開口部は商用バンの規格を満たす要件として、開口面積や寸法が定められている。これを無視すると一定の台数を稼げる商用バンが売れなくなるのだが、中村さんの判断でデザインを優先。そうした前例を無視して作り、リア後方の絞り込みを強くしたのである。

　試作モデルを見た営業も、これに同意した。商用バンとしては急遽、レオーネを継続して作ることでその役割を任せることにしたのだ。足回りやそのほかの装備品も、もちろん乗用車としての性能、品質を確保。ここに日本車初の、本格乗用ワゴンが登場することになるのである。さらにオプション仕様としたルーフレールがヒット。こうなると乗用ワゴンというスタイルは徐々に〝カッコいいクルマ〟と認識されていく。

　その後、ターボを追加したGTで販売はさらに加速され、ツインターボを載せた2代目レガシィでは、爆発的な売れゆき。ここにワゴンの一時代を築く、確固とした地位が確保されたのだ。もちろん、それは中村部長の判断がその礎を築いたと言っていいだろう。

　さて、話はレガシィの試作車が完成するところに戻る。ここで実験部隊からのフィードバックで改善が始まった。そして車両の性能開発全体を統括する、桂田勝さんの登場である。レガシィ開発当時は、研究実験部門で車両の性能や味つけをどうするか、そのためには何をしていくかというように、新しいことをどんどん取り入れていた時である。

初代レガシィの開発には3つの新しいことを導入

　つまり、車両に〝魂を入れるにはどうするか？〟を考えていたとでも言うべきだろう。大きくは〝3つの新しいこと〟をスバルに導入したと私は考えていて、そのひとつは外部の評価を積極的に活用しようということであった。

　当時、若手の走り系やシートに造詣の深い専門家などを早い時期に招聘して試乗してもらった。試乗後には足回りチューニングの辰己英治さんを始めとした関係者とじっくりと討論してもらい、こちら側の主張や評価のポイントを明確にしたり、とにかく時間を割いた。結果として市場評価が早くできるという意味で、こうした方法は当時としては画期的なことだったと思うのだ。

　もうひとつは、一般路でのごくふつうの走行条件での評価を重視したことだ。国内にかぎらず、発売する国の道路で走らせてそこの相性を確認してチューニングにつなげるということをしていった。当時、海外を含めた出張は、予算上を始め諸々の事情があり、たやすくできるものではなかった。それを敢えて実行したことで、多くの意見を集約することができたのだ。

　今でこそ海外での路上テストは当然のようになっているのだが、その重要性を明確にしたという意味でさきがけであったと思う。実際のテストでは、米国の跳ねるようなホイップ道路の対応することもあった。欧州のアウトバーンでは200km/h超えの高速走行と、一般路でも80～100km/hで走ることなど、どんどん理解できて評価のレベルも随分と上がっていったのだった。

世界中の道を走りこんで初代レガシィを作った

　後に発表会などで『世界中の道を走りこんで作った』と表現していたが、この実績があったからこその表現であり、本当のことだったのだ。もちろん国内では夜中に走りに行った。海外では素のまま走行してみたりできたのだが、国内ではスクープ雑誌が売れている時期。そんななかで試乗しているこちらも走るワケだから、けっこうスリルを感じながら多くの走行を重ねたものである。

　さらに、それ以降の、スバルの開発方法を決定づけるひとつの方法として、運動性能に関する開発のすべてを、ひとりの担当者に任せる決定をしたことも大きな事件である。レガシィでは操縦安定性を含めた運動性能の評価をシャシー評価の辰己英治さんに任せることにしたのだった。

　彼は自分の感性で操縦性、乗り心地、騒音という相反する項目を一つひとつ丁寧に確認していく。もちろんレガシィのユーザーを思い浮かべながらダンパー、ブッシュ類のチューニングを行い、同時にボディ、足回り、設計と言った各部署へ対応策を依頼して回ったのだ。こうしてレガシィは〝完成度〟を増していくのだ。

　初代レガシィを始め、当時は新車の開発終了時に評論家の内覧試乗会を実施していた。この頃から桂田勝さんが前面に立って対応することになった。とにかくスバルの技術陣は生真面目である。辛らつな評論家たちの意見にはなかなか対抗しきれなかった。それでも桂田さんは胸襟を開いてよく論議し、こちらの考えをうまく伝える努力をしていた。

　開発も進み、性能には絶対の自信が出たこともあり、「ベンツに勝った」という発言をしたところ、さる大御所から「スバルには見識がない」といったようなことを言われたが、桂田さんは真摯に対応した。そして後にその大御所を始め、多くの皆さんがスバルに好意的になってくれたのだが、人徳があったのだろう。

軽自動車とレガシィの中間車種の車両開発

さて、この頃開発チームをまとめていた商品、企画本部では、軽とレガシィの中間の大衆車領域の車両開発が始まっていた。ジャスティから発展する形で横置きエンジンを前提で考えており、デザインやそのほかの検討も進んでいた。しかし、社長参加の会議でコストや開発費用の都合により〝レガシィベースの車両検討に切り替えるように〟と指示される事件が起きたのだ。

開発日程も差し迫り、この期に及んでの方向転換だった。この時点で私は発売前のレガシィ部隊の主査に昇格していて、すでに年次改良の準備に取りかかっていた。それがこの方向転換のおかげで、急遽この中間車のまとめ役としてコンバートされたのだ。このクルマの開発責任者である五味部長が「レガシィのことをすべて理解している伊藤君がうってつけだ」と考え、動かれたらしい。つまり、この異動は新車開発が全権委任ということと同じ意味を持っていたのだった。

計画が急遽変更され、開発陣は意気消沈していた

さっそく移籍して最初のミーティングに出席した。するとスタッフが皆、意気消沈していて、まるでやる気がない。よほど変更前まで検討したクルマに惚れ込み、自信があったのからだろう。だが、私はもともと横で見ていて〝随分と金がかかる計画なんだなぁ〟とプランに懐疑的であった。

レガシィベースで小型化を図ればエンジンや部品やいろいろな要素を使え、いいクルマができるのに、そして何より、このレイアウトを採ればレガシィで開発したターボエンジンだって載せられるじゃないか、と思っていた。〝こんな小ぶりなクルマに240psのターボエンジン〟。考えただけでもワクワクする。スバルにもやっと羊の皮を被った狼のクルマができるじゃないか。こんなチャレンジングな開発を逃す手はないと思っていた。

私は大衆車を成り立たせるため、得意の「5分の1レイアウト図」にまとめて説明し、皆をやる気にすることから仕事を開始した。デザイン部門にはこのレイアウト図を基本に、取りやめになったクルマのデザイン要素をそのまま採り入れたデザイン画を書いてもらった。

新しいワゴンの形を提案できるいい画ができた。作戦はうまく行って、ようやく皆やる気になってくれた。こうなったらしめたもので、みんな優秀な主査連中である。各自の持ち場でどんどん小型化、あるいはクルマを小さくまとめるための技術検討を進め出した。

デザイン上の一番の重要度はコンパクト感で、エンジンルームの特にフロントタイヤの前の部分をどれだけ短くできるかで決まる。ある設計主査はラジエターやヘッドライトの寸法、形状などを嬉々として検討を始めたのである。

さて、この小型車の技術的な最重要課題は軽量化だった。これだけ質量が下がれば大衆車領域で充分な性能が誇れるクルマができると具体的な数値で目標を示した。反骨精神の強いシャシー設計のあるリーダーは「レガシィと同じものは絶対作らない！　もっと軽くて性能のいいものを作ってやる」と公言し、なんとターボ用のアルミ製トランスバースリンクまで開発してしまった。

ボディ設計の若いリーダーは世界一軽いボディを作ると公言してはばからなかった。軽量化を徹底するため、軽量車の極めであるスバル360を開発された百瀬晋六さんにお話を聞こうというプランまで持ち上がった。そしてお願いしたところ、すでに引退されていたが百瀬さんは快く引き受けくださり、いろいろな経験談をいただくこともできた。

レガシィのハイパワーターボを載せたWRXの開発

開発が軌道に乗ったところで、もうひとつやりたかったことの実現に向けて動くことにした。そう、小振りなクルマにレガシィのハイパワーターボエンジンを乗せたクルマの計画だった。このプロジェクトの役目は大衆車の開発なので、そのようなクルマは当初の計画にはなかった。

だが、これが実現すれば一躍〝ハイパワー車ありき〟となり、大いに話題になる。それこそプロジェクトの目玉ができる。開発主管や企画部門の少人数にデザイン部門を入れて企画を検証した。原価や投資をまとめデザインイメージを作り、充分以上に魅力的なものができる自信を持った。

課題はどのタイミングで開発メンバーに公表するか、だ。皆、走り好きな人たちばかりで、一度話題が出れば誰もが飛びつくが、いっぽうで、軽量化など重要な検討が飛んでしまう懸念がある。軽量で小振りなクルマをきちんと仕上げて、それに大パワーエンジンを乗せる。そうでなくてはならない。タイミングを見て、全員に企画を説明した。

高出力エンジンを搭載できることはわかった。課題はハイパワーゆえの冷却性能、駆動系やボディ剛性の強化、そしてレガ

シィより短いエンジン前部に詰め込まなければならないインタークーラーの存在だ。高性能のターボを実現するには効率のいいインタークーラーが欠かせなかったのだ。

そこに朗報があった。水冷式のレガシィのシステムはまとまりはいいが部品要素が多く、軽量化は難しい。そうしたことを見越して「もっと軽量でいい案はないか」と、冷熱部門の担当者である新井猛さんが先行して開発をしていてくれたのだ。それはエンジンの後ろのフロントデフ部の上に直接空冷インタークーラーを乗せ、ボンネットからダイレクトで空気を吸い込んで冷やす案だった。

水平対向の特性で、ミッション横は大きく開いており、空気の流れはボンネットからインタークーラー、ミッション横のスペースを通ってフロアへと綺麗に抜けていくため、小さめのクーラーでも充分に冷却性能を満たすことを見つけてくれていたのだ。

この空冷式インタークーラーは即採用した。そして、この当時の考えが今でも生きている。空冷式にすることを聞きつけて、久世隆一郎さんが飛び込んできた。そして「ウォータースプレーをつけてくれ!」と。いいアイデアはいつも〝考えている人〟が持ってきてくれるものである。

エンジンフード上のダクトの大きさをどうするか?

次の課題は必要な空気量を呼び込むためのフード上のダクトの大きさと成立性だ。インタークーラーの大きさを最大に取り、目標であるインタークーラーの冷却性能を満たす空気量から割り出すと、けっこうな高さになった。これでは走るのに相当邪魔になるかな? そう思ってレガシィのボンネットに同様のダクトを取り付けてはすぐに走りに行き、特にサーキットを走りこんだ。結果、一般路、サーキットともに走行中の視点の見切りはもっと先にあり、邪魔感は多少あるのだが、充分に走行に耐える視認性を確保できたのだ。

実はこの件については後日談がある。完成間近の技術部門トップメンバーの試乗確認会で、さる役員から「このダクトは視点の邪魔だ、サーキット走行の邪魔になるはずだから直せ」と言われてしまった。すでに走行試験も繰り返し、問題ないことを説明したが、あちらも責任者として一度言い出しただけに、どのように説明しても納得しない。でも、こちらも自信があったので譲る気はなかった。ほとほと困った頃に、実験部門のサーキット走行をしている者が「問題ありません」と説明し、やっとその役員にも納得してもらったのだ。

もうひとつの課題は冷却性能だった。1・5ℓ車顔の開口面積では冷却風量がぜんぜん足りない。ヘッドランプとナンバープレート以外はすべて開口部にしておかないと、将来300psまで考えた時の冷却性能は取れない。デザイン的に成り立つのか? デザイン部と協議を繰り返し、実際にデザイン画を書いてみる。

すると、意外に開口面積がでかいと高性能感が出て、むしろいいかもしれない、ということに落ち着いた。当時レガシィによるWRC参戦の準備が進んでいたこともあり、ラリー車のドライビングランプをイメージしたフォグランプをつけ、フードにインタークーラー用冷却ダクトを装備。そのほかにもエンジンルーム冷却をイメージしたグリルをつけるという処理も行い、ターボ車の顔はでき上がったのだった。

そんな折、ふっと立ち寄りSTIの久世さんが、「ブレーキダクトをつけられるようにしてくれないか」と要求されたのだ。そこでフォグランプの裏側のパネルには大きな穴を開けておいた。

WRXの成り立ち、ランエボとの違い

当然かもしれないが、話はどうしてもWRX中心になってしまう。そこでWRXという名前の由来も含めて開発上のコンセプトを少し話してみたい。よくコンペティターとして比較され、よきライバルとしていわれるランサーエボリューションとは、出自がまったく異なることに驚かれるかもしれない。

当時もそう思っていたし、この『歴史の証人』で以前に証言された三菱自動車の吉松広彰さんの記事も拝読させていただき、その思いは強くなった。まず、ランエボはクルマ自体がラリーに参加するのが大前提で、ホモロゲーション取得のために作った限定車であるということ。それにしては随分売れていた、というか大ヒットしていたので羨ましかった。

その点、我々は当初からカタログモデルで継続生産が前提。ラリー参加をそれほど意識はしていなかったのだ。軽量なクルマに大馬力エンジンを載せスポーツ走行を楽しめ、走る喜びや人車一体感のあるスポーツカーを作ろうというものだった。後に発売時『4ドアスポーツカー』と称したが、それが偽らざる開発上のコンセプトだった。

当時、すでにレガシィでWRC参戦に向けて準備が続いており、発売後はインプレッサがその後のベース車になるだろうことはわかっていた。従って開発メンバーはこのハイパワーのインプレッサの通称をWRX＝ワールド・ラリー・エックスと、していたにすぎない。発売に近くなり、このクルマの名称を考えた時、開発陣が通称として使っていた「WRX」という言葉が格好いいということになり、そのまま正式名称になってしま

ったということだ。

STIがメーカー直系プレミアムブランドになるには?

このプロジェクトが始まってすぐ、私と五味部長で欧州ディストリビューターを訪ねて意見交換しがてら、ジュネーブモーターショーに出かけた。そこではレガシィのWRC参戦の発表会に立会い、それが終わると「プロドライブ」を訪れた。我々はデビット・リチャーズとデビット・ラップワースに会い、工場内を見学させてもらった。

その際、ラップワースがレガシィを前にして「本当はこのクルマで全長が150㎜、ホイールベースが60㎜くらい短いと最高なんだけどな〜」というのである。それはまさに開発を進めている「WRX」の寸法だったのだ。“今作っているよ!”と言いたかったが、私はそこでは言葉を呑んだ。

しかし、私と五味さんは大いなる可能性を確信して帰ってきたのだ。『4Dスポーツカー』というコンセプト上、馬力は充分だし、足回りも走る喜びを実感できるスポーツ走行、サーキット走行も相当なレベルに仕上がってきた。だがそれでもクルマをまとめるにあたっては、性能の目標数値を明確にする必要があり、コンペティターを決める必要があった。

R32GT-Rを購入して徹底的にテスト

しかし、当時は同じようなクルマはほかになく、比較するとすれば憧れの、圧倒的に凄い日産のスカイラインGT-Rくらいしか思い浮かばなかったのだ。はっきり言って足元にも及ばないかもしれない。だが、さっそくR32を購入し、あらゆる道路で乗り回した。サーキット、ワインディング路、市街地あちこち。正直凄いクルマだと思い知らされた。

圧倒的なパワーと接地感、それを所有できる誇らしさ。そんなGT-Rであったが、我々にも勝てるところがあったのだ。結論から言えばコンペティターはなし。もちろん、三菱さんのランエボも出ていないから当然だ。だからこそ数値目標にこだわらない『操る楽しさ』『速さを楽しむ』を訴求したクルマを作ることにした。ま、GT-R側からすれば、そんな風に結論づけされたことなど、露ほども知らないだろうが。

そうしてWRXを仕上げ、発売してからのことは、すでにご存じのとおり。ランエボとのライバル対決がもてはやされ、話題には事欠かなくなった。このあたりは読者のほうが詳しいと思う。我々スバルの技術陣はもともと、車種が少ないため年次改良は重要な開発使命でもあったのだ。

また、技術者魂というか、クルマの生産仕様がまとまるとやり切った感と同時に物足りなさが出てしまい、すぐに年次改良に取りかかるのである。すると、これが不思議とランエボのバージョンアップとガチンコになり、「同等の開発力なのかな?」などと考えると同時に「ライバルも同じようなことを考えるものだ」と感じていた。

そして、この関係はヒートアップしていく。インプレッサを発売した後、私は一度出身の設計部隊に戻り、約2年半をそこで過ごした後、2代目インプレッサの開発責任者として商品企画部門に戻った。私が責任者として戻った時はSTIバージョンⅢの発売直後であったが、その後Ⅳ、Ⅴ、Ⅵの開発を手がけながら、2代目インプレッサの開発をスタートさせたのだ。

限定400台、500万円のインプレッサ22B

ここでバージョンⅤ開発の頃、「22B」のプランが持ち上がったのだ。STIの初代社長であった久世さんは凄いアイデアマン、おまけに実行力のある方だった。プロドライブとの協力で、WRCに参加する一方、STI社としての収益も考えてWRカーのレプリカ車を作りたいと考え、開発を始めていた。

もちろん単なるレプリカではない。WRカーの形をした高級車として“高く売れるクルマ”を目指し、当時、開発主管であった私に対して久世さんから協力依頼があった。開発は久世さん率いるSTI社ですべてできるが、性能や強度などの確認作業が項目選定も含めて難しいのでその部分をお願いしたいということだった。もちろん、お引き受けした。

レプリカの内容は皆さんご存じのとおり、2・2ℓのエンジンを載せ、ボディはWRカーのデータを市販車に合うようにアレンジしたもので、細部に高級感を漂わせるように工夫したものであった。'98年3月に400台の限定販売で確か500万円くらいで売り出したと思うが、数日で売り切れたと聞いている。

また、その多くは海外に輸出され、とんでもない高値で取引されているとの情報もあった。正直、もっと高く、もっと多く売っておけばよかったと思ったものだ。この22Bは今でも国内の愛好家の方たちが多数保有されており、毎年なぜか岐阜県中津川のカリスマ経営者「代田敏洋」さんのいる中津スバルに集まって交友関係を築いており、私も時々参加している。

さて2代目インプレッサの開発に当たり、クルマを取り巻く環境は様変わりしていた。8年近く、年次改良だけで凌いできたクルマだ。衝突対策、排気ガス対策など、ここ数年の間に飛躍的に規制項目が増え、それまでの内容ではかなり対応が難しくなっていた。

2代目インプレッサWRX STIの開発秘話

特に側突基準が大幅にきつくなり、初代のボディでは対応不可能。私が開発指示を受けたのは開発準備上、ぎりぎりのタイミングだった。一方、ＷＲＸ ＳＴＩとランエボとのライバル対決がもてはやされていた。しかし、大衆車としてのスポーツワゴンは、その新しいイメージで多少存在感を出していたが、残念ながらセダンの台数は見る影もなかった。

さらにＷＲＸは特に欧州ではプレミアム感を出しており、高級さも求められた。さらに排ガス規制の特に厳しい米国からもＷＲＸがどうしてもほしいと矢の催促である。国内のライバル対決ではランエボがラリーでパワーを上げているのに対し、インプレッサはトランスミッションの強度がネックとなってパワーを上げられず、「ガラスのミッション」などと揶揄されていた。ランエボより軽いことと足回りのよさで戦えているようなもので、同等に戦っているのが不思議なくらいであった。

何よりランエボはすでにモデルチェンジを果たしており、これに対応するには発売後、数年先までの相当な性能アップを見据えた開発が必要であろうと思えた。2代目の開発には問題が山積していたのだが、ここではＷＲＸ ＳＴＩの開発を中心に話そう。

重要なのはＷＲＸ ＳＴＩが継続して性能アップできるポテンシャルを持つことであった。まず、エンジンのパワーアップにとって課題となっていたトランスミッションの強度アップで、大トルクに耐える6速ミッションの開発を指示した。また、より太いタイヤを搭載可能とするために、全幅をいわゆる5ナンバー枠である１７００㎜を超えてサイドパネルの成型限界である１７４０㎜まで広げることを決めた。

当時のスバルの基幹車種レガシィでさえも１６９５㎜と小型車枠を維持していたから、異論もあった。だがクルマの特殊性を主張して押し切った。さらにブレーキの強化としてブレンボを導入することもできた。安全性を特に重視しているスバルの考えから、この時期、衝突対策は最重要項目であり、かなりのレベルアップは必須。スタッフの努力もあり相応の規制対応や性能アップなどを織り込めたが、質量アップはどうしても避けられなかった。

エンジン部門はトランスミッションが新開発されることで力を得て、完全なる新設計エンジンの開発を決心。性能アップを図り、当時としては格段の性能であるトルク38・0kgmまで出してくれたのだ。これは当時のランエボⅥと、ほぼ同等だ。

次にデザイン。フロント(顔)はデザイン部門には2代目レガシィで成功した台形グリルを用いて〝スバルの顔を作りたい〟という強い思いがあった。強烈な印象の丸型ヘッドランプと台形グリルの組み合わせた特長のあるデザインを強く押してきた。ただ、残念ながら丸目デザインはデビューしてから不評であった。デザイン部長が『まったく問題ない』と言いきったデザインではあったが、丸目を採用したことは私の責任だった。

不評だった丸目から涙目デザインに変更

それでも米国や欧州では、それほどひどい評価はなかった。当然、丸目に思いは残ったが、国内での評価が明確になった時点で、ＳＴＩの初代社長でもある久世隆一郎さんを通してピーター・スティーブンスにアイデアを求めた。彼は英国の高名な自動車デザイナーのひとりで、イギリスのレーシングカーコンストラクターであり、レーシングチームの運営企業の「プロドライブ」に請われ、WRカーのデザインを作った人だ。

2代目インプレッサの開発時、欧州テスト中にプロドライブに立ち寄ったみた。そこで2代目ベースのWRカーを確認したが、〝少し悪顔〟に作り変えられていた。これはこれでカッコいいなと思いつつも、生産車とかなり印象が変わるので、丸目をベースにデザインし直してもらった。

そんな因縁もあり、旧知の仲であったピーターはただちにデッサンを書いてくれた。丸目顔の印象も少し残り、それを発展させた顔ということで2年目の年次改良の〝涙目デザイン〟のベースアイデアを推してくれたのだ。

もちろん、ＷＲＸ ＳＴＩは相当の性能アップを行った。初代インプレッサに対し質量が１３０kgも重くなり、ランエボとは70kgほどの差がついてしまっていた。実は大幅な剛性アップを図ったボディや強度アップを目指したトランスミッション、そしてブレンボなどスポーツ走行性能を上げた結果として、質量がアップする大きな要因となっていた。

モータースポーツユーザーは「これではランエボに勝てない」と危機感を表した。そこで国内のモータースポーツモデル限定だが、ボディ構造や装備仕様の大幅な簡素化などを行い、約１００kgの軽量化を目標としたスペックCを1年目の年次改良に繰り込むことにした。

こうして1年目の年次改良の仕様を決め、2年目の年次改良用のデザイン案を受け取った時点で、私は認証技術部に異動。何はともあれ、2代目インプレッサの国内販売は期待したほど伸びなかったが、日本カーオブザイヤーの特別賞、豪州WHEEIS誌のカーオブザイヤーなどの賞をいただいた。さらにWRXを新規参入させた米国では熱狂的に受け入れられ、SOA（スバル・オブ・アメリカインク）の副社長が、お礼に表彰楯を持ってきてくれたりした。

スバルからSTIへ正式に移籍

そして私は'02年に、当時のSTI社長を務めていた桂田勝さんからのお誘いもあり、役員として移籍。インプレッサWRX STIシリーズのコンペティションモデルであるS202の発売直後で、さらに3代目レガシィB4 RSKベースのS401の検討が進んでおり「今後は特別仕様車に力を入れよう」という時の移籍だった。

私はそこで、高いSTI社の技術力を目の当たりにし、レベルの高いクルマ作りができると直感した。大量生産前提のラインではできない、こだわりのクルマ作りである。時はまさにプレミアムブランドの時代に入っていた。日本でもトヨタにレクサス、日産にインフィニティが立ち上がり、すでに欧州ではBMWのMシリーズやメルセデスのAMGなど、メーカー直系のプレミアムブランドが確固たる地位を築いていた。

私は“STI社がスバルに対してのそのような位置づけになること”は不可能ではないと思った。そこで、検討が進んでいたS401の企画をかなり変更し、レガシィを単にチューンナップしたハイパワー車ではなく、高級車路線に寄せてみた。それはエンジンパワーの出方であったり、ただ単に硬い操縦安定性や乗り心地ではなく、よりしっとりとしたものにした。もちろん、内装も上質な物を使ってみた。するとスバルにしては、かなり高価格にもかかわらず、高い評価を得たのだ。

一方、S202の評価は軽量で、ハイパワーでじゃじゃ馬という感じである。全体のバランス感では圧倒的にパワーが勝っていたのだが、もっと高いところでバランスを取らないとプレミアムなクルマにはならないという状況。それを改善するためにS203の開発へと移った。

だが、ここでマンパワーが不足しているという問題がはっきりした。パワーユニット開発についてはWRCのエンジンを開発していることもあり、人もノウハウも揃っている。だが、車体側は優秀だが、ごく少数の人たちによる開発では、やりたいことにマンパワーが追いつかない状況だ。そこであらゆる手を使って人集めを敢行。するとS203の計画が進むにつれて人集めも順調に進み、ほとんどの開発や確認も自主的にできるようになってきた。

S203は上質さにこだわり、バランス取りまで徹底

さてS203をライン車の延長ではなく、ブランド発進力の強い、特別なクルマとするには『格別な』、『卓越した』感覚を感じてもらえるクルマにする必要がある。エンジン開発部隊はツインスクロールやボールベアリングターボを用い、320ps、43・0kgmを稼いでくれた。ベースに比べ15%近くの差別化だ。

これに上質さを求めてバランス取りにもこだわった。車体側は足回りのチューニングによる差別化。バネやダンパーの精緻なチューニングは得意技だ。そのうえ、WRCで協力関係にあったピレリは、このS203のためだけに特別設計のタイヤを開発してくれたのだ。剛性と靭性の必要なホイールはBBSが鍛造ホイールをS203専用に設計製造。

しかし、これで満足はできなかった。卓越したクルマとしての性能アップを、ユーザーに『格段に』感じてもらう必要がある。それにはクルマと人の一番のインターフェースであるシートを格別なものにする必要がある。もともと、初代インプレッサで開発した通称「イカシート」は優れた性能を持っていた。

だが、それでも一部ユーザーには伝わりにくかったのだ。実はそういう人たちは正しいシートポジションに座っていないことが多いのだが、それを是正するために強制的に正しい位置にドライバーを載せてクルマの動きを正確に感じさせ、同時にリラックスできるシートが求められていたのだ。

実は以前からドイツのレカロ社から、リクライニング機構つきの全ドライカーボン製シートの売り込みがあり、シート担当者が対応していたのだ。もちろんSTI専用設計である。ただし、開発費も実際の価格も高かった。さすがに桂田社長と役員たちも当初は否定的だった。そこを、膝をつき合わせて話し、レカロにもいろいろと条件を飲んでもらうことで、なんとか使用できるようになった。世界初のシートだ！

このように細部までこだわったが価格は460万円という、当時の富士重工としてはかなり高い、まさにプレミアムなS203として発売された。なんと、レカロ社も側面支援という形で同じシートの単品売りを同時に始め、シートの価値を市場に知らしめる役割を担ってくれたのだった。

さらに、S204ではヤマハと共同開発でパフォーマンスダンパーを使ってみた。これは微細なボディのゆがみを吸収することで、さらに上質な走り味をもたらした。このあたりから走りに必要なのは、剛性一辺倒ではなく上手に各部の変形を利用するという最近の考えが始まったように思う。

輸出にも力を入れ、すでに『STI』をプレミアムブラン

ドと扱っていた豪州にはレガシィのTuned By STIシリーズを展開。欧州にも足がかりを得ようとS203を欧州主要ディストリビューターにプレゼンテーションを行った。だが、折からの不況で最有力の英国でもWRXが売れない状況だった。おまけに関税や業務契約等を勘案すると売価は現地価格で800万円にもなってしまったのだ。

それこそBMWのM3とぶつかり、ブランド力の差から、展開は無理だろうと否定的だった。そこで、S203の実力を調べようと欧州に持ち込み、アウトバーン走行を主に、M3との比較テストを行った。S203はそれほど遜色があるとは思えなかった。だが、ここで私が明確に感じたのは『クルマの生まれ育った環境の違い』だった。動力性能、加速感、操縦安定性等はよくて当たり前。そのうえで圧倒的に負けるものがあった。

それは200km/h超でアウトバーンを走行する際の安心感と車内の騒音だ。230km/h以上で走っている領域では、どうしてもS203は緊張感があり、騒音も大きく声を張り上げないと助手席と話ができない。しかし、M3はその状態でも安心して運転でき自然に話ができる。これを埋めるにはいまだ時間が足りないと考え、欧州での発売を中止することにした。

STIに移籍後、「STIをBMW M社のようなブランドに育てたい」

S203発売直後から『STI社はBMWのM社のようなブランド上の位置づけになりたい』と発信を始めたのはこの事実を知ったからだ。ある部分は近づいており、ある部分ではまだ不足していることを知りつつ「Mを追いかけていこう」という気持ちの表れでもあった。

もうひとつ、当時のラリー競技ではあまりインプレッサが使われていなかったという事実である。世界中のラリー選手権を見ると、グループNではインプレッサが1割、ランサーが9割の状態。これを是正したいというのがSTI社の方針となった。スバルインプレッサWRX STIに乗り、世界ラリー選手権（WRC）などで好成績を残すことになる新井敏弘とニュージーランド出身のラリードライバー、ポッサムボーンを支援し、まずインプレッサが優秀であることを世に示す活動を始めることになった。

その業務を統括することが当時の私の役割だった。'03年のプロダクションカー世界ラリー選手権（PCWRC）、つまりWRCよりも改造範囲がかぎられた、より市販車に近い車両により行われるラリーに2台体制で参加した。途中、不幸なことにポッサムが不慮の事故で亡くなったため、その後は新井君を支援して参加することになったのだった。

'04年、初戦のスウェーデンでの記者会見で『今は8：2でランサーが優勢だが数年のうちに50：50の比率にしたい』と私は言いきった。実は、前からSTI社で久世さんの薫陶を受け、ラリー競技を知り抜いていたある営業担当者が、インプレッサのグループN車を増やすことに情熱を燃やしており、拡販するアイデアも持っていたのだ。

それは欧州の開発能力のある有力なメーカーと専属契約を結び、ラリー車開発と出場を前提にスペックC車を販売するということだった。素晴らしいアイデアだと思った。彼の作戦を推し進めることにした。新井君の活躍もあり、多くの方面から声はかかった。

まず実力トップのプロドライブ、次にイタリアのトップラン、フィンランドのトミ・マキネン（彼はWRCを引退したばかりでグループN活動に力を入れていた）と契約した。するとあっと言う間に競技台数は増え、'05年頃にかなり台数が増えた。インプレッサはその後も順調に台数を伸ばし、'06～'07年頃にはランサーと五分五分の台数になったと聞いている。

プレミアムなS203と走りに特化したスペックC RA-R

この頃、私はどうしても作りたいクルマの開発に取り組んでいた。WRX STIスペックCのRA-Rだ。軽量のスペックCボディにS203のエンジンを載せ、新たにSTIとブレンボで共同開発した6ポットのブレーキを搭載したマシン。スポーツ走行、特にサーキット走行を楽しむ、腕のあるユーザー向けの、走りに特化したクルマだ。

極力、標準仕様はシンプルにして走行性能にかかる部分だけを向上させ、そのいっぽうで、オプションを多数準備して、ある程度ユーザー好みのクルマに仕立て上げるようにした。ブランド力を上げ、所有する喜びを感じるS203のようなクルマと、走りに思いっきり特化したRA-Rのようなクルマ。このようなクルマを揃えることがSTI社の使命であり、こういうクルマこそ、私が作りたかったものだった。

2代目インプレッサの最初から、最後の発展系まで開発できた私には、ある種のやり切った感があったのだ。この後、4代目レガシイベースのS402を開発販売した時点で満足感を持ち、私はSTI社を定年となった。私はSTI社で「方向性を明らかにして車両を開発」してきたつもりだった。

そして、S203の頃、M3には敵わないまでも近づいたとも感じていた。今、S207にとってのM4はどこにあるのだろう。だからこそSTIへの期待はとても大きいのである。若き開発者たちに〝夢を明確にして追え！〟という言葉を贈り、私の証言を終える。

↑エンジンルーム内にスペアタイヤを置く、伝統的なレイアウトを変更することからレガシィの開発はスタート

↑入社後最初に購入したスバル100を追突事故で失い、その後に買ったスバル1300G。これがのちのクルマ作りに大きな影響を与えることになる。右が伊藤氏の愛車

↑初代レガシィツーリングワゴンのVZで、黒とシルバーの２トーンカラー。家族でキャンプ中の写真で、福島の五色沼付近だとのこと

↑初代レガシィの走行テストは国内のみにとどまらず、世界各国で行われた。この写真は欧州テスト時の風景だという

↑1992年に発売開始となった初代インプレッサの欧州でのディーラー試乗会風景。この時、試乗した関係者からの初代インプレッサセダンの評判は上々であったという

↑２代目にFMCされたインプレッサは丸目型のヘッドライトが不評だったが、2000年のカー・オブ・ザ・イヤーで特別賞を受賞している

↑1990年３月のジュネーブショーで初代レガシィが華々しく初お披露目された。この時、同時にデビッド・リチャーズが登壇していた

↑こちらも欧州での初代インプレッサディーラー試乗会でのひとコマ。比較車として欧州車のほか、国産他メーカー車の姿も

↑2003年当時、STIのSPRT活動でオーストラリアへ。観戦にきたスバルの女性ファンの方と一緒に撮影したスナップ写真

↑STIのコンプリートカー、S203の発表試乗会。会場は大磯ロングビーチだったが、前モデルのS202からコンセプトを変え、プレミアム志向に振ったモデルとなった

第7章

吉松広彰

HIROAKI YOSHIMATSU

初代ランサーエボリューションを誕生させた男

よしまつひろあき●1954年岡山県生まれ。

幼少期は岡山で過ごし、8歳の頃に東京都下の武蔵小金井に父の転勤により転居。都立立川高校から東京大学工学部応用物理学科へと進む。東大卒業後、カリフォルニア大学ロサンゼルス校工学部修士課程に移り、'80年3月卒業。

その年の5月に三菱自動車工業入社、愛知県岡崎にある研究部に配属となる。エンジニアとして音と振動を担当しながら、週末になると購入したミラージュで三河山間部の峠道などを走る。

その後、'86年5月に本社の商品企画部へと異動。ミラージュ／ランサーを皮切りに、カリスマ、コルトなどの商品企画を担当。この頃、社員有志によるチームを結成し、ミラージュカップに監督兼メカニックとして参加するなどモータースポーツに対して積極的に関わりを持つようになる。

そうした環境のなかで世界中の本物のモータースポーツに数多く触れ、同時に〝多くの尊敬すべき人々〟との関係を築いたことが名車、ランエボⅠ～Ⅲ、つまりエボ第1世代の誕生へと繋がる。

その後、'11年10月に三菱自動車と日産自動車が合弁で設立したNMKVで新型軽自動車企画開発の最高技術責任者そして、「軽自動車検査協会」の情報システム担当理事を務めた後、'17年7月三菱自動車に復帰、品質保証部部長補佐として現在に至る。

幼い頃はスロットカー好き。大学入学後からクルマ漬け

私が幼い頃、まだオート三輪くらいしかなかった。少しゆとりにある家に、ようやく乗用車がちらほら見られる程度だった。一般家庭ではオートバイがいいところという時代。父が公務員であった我が家は当然、バイクはもちろん、クルマもなかったが、周囲の家もほとんど同じようなものだったから、なんの不足も不満も感じなかった。

そんな時代でも子供たちの話題の中心には、憧れであるクルマがあり、街で出合えばじっと見つめ、後ろ姿を目を輝かせて追った。そして8歳の頃、父の転勤で岡山から都下の武蔵小金井に引っ越すことになった。岡山と比べれば比べものにならないほどのクルマが道を行き交い、毎日が楽しくてしかたがなかった。

ただ、父は中央線を使えば無事に問題なく役所まで通勤でき、それで事足りていたため、まだ我が家には自家用車がなかった。そんな少年時代の私にとって、楽しみであり、最も夢中になったことといえばスロットカー。田宮模型の24分1モデルだったか、小遣いを貯めては1台買い、また貯めては1台買いと、とにかくのめり込んだ。

実は今でも当時のスロットカーの雑誌広告の切り抜きを持っているのだが、とにかくレーシングカーのカッコよさに惹かれた。

そんな私を見て、やはりクルマ好きだった叔父が「じゃ、連れて行ってやるか」ということで「第3回日本グランプリ」に私を連れ出してくれた。完成したばかりの富士スピードウェイで開催されたのだが、これがもし、本来開かれるはずだった鈴鹿で行われていたら、遠方だっただけに私のその後の道は少し違ったものになったかもしれない。そういうことさえ大げさでないほど衝撃的な体験を富士スピードウェイでしたのだ。

数日前から私は本当に嬉しくて興奮し、何日も眠れないほどであった。そして迎えた当日、東京から御殿場までのとはいえ、あまりの長旅にいささか嫌気がさしていたのだが、ようやく降り立ったサーキットを目の当たりにした私は疲れをすべて忘れた。

第3回日本GPを見に行って圧倒される

何もかもが別世界の光景である。どこまでも広がるコースにレーシングカーの爆音が響き渡る。マシンが動くたび、レーサーの一挙手一投足に、立錐の余地もない観客席からどよめきが起きる。リコーのオートハーフを首から提げた私は最初、金縛りにかかったかのように、その雰囲気に圧倒された。

しかし、いざレースが始まると夢中になってシャッターを切った。コース上で繰り広げられる激戦にクギヅケである。この経験によって私はモータースポーツへの思いを右も左もよくわからない状態だったが、心の隅にとどめることができた。

さらにこの頃になるとトヨタ2000GT、ロータスヨーロッパ、コスモロータリーなどを街中でも見かけるようになる。スーパーカーブーム以前の話だが、心を浮き立たせてくれるクルマを街でも目にしたのだ。だからといって当時の私にとって、クルマ漬けになるほどの強い思いにはまだ至っていなかった。ほかにもいろいろな趣味を楽しみながら、私のクルマ熱は平熱のまま、なんとなく維持されていくことになる。

一浪の後、東京大学に入学したのだが、ここでも特別にクルマにのめり込むことはなかった。言ってみれば、ごくごく健全な当時はそれほど珍しくないクルマ好きであったが、ここでついに我が家に初めてのクルマがやってくる。それは父が買ったものではなく、私が家庭教師のバイトをしながら貯めた約30万円で買った中古の2代目サニー1400だった。20歳の頃だったと思うが、幸いにしてクルマが買えるほど家庭教師の口には困らなかった。

大学に入り、初めての愛車を購入

なぜ、サニーかといえば、父の知り合いに日産のディーラーのセールスがいたからであり、それ以外の理由は見つからない。本来は憧れていたトヨタ27レビンがほしかったが、さすがに買える予算はなかった。そこでサニーに落ち着いたワケだ。

それでも初めてのマイカーは最高の相棒であった。おまけに駒場キャンパスには学生用の駐車スペースまであり、クルマで通学できたのだ。仲間たちと連れ立って、いろいろなところに出かけた。東名を走って北陸の金沢を目指した時など、ファンベルトが切れたり、大変なドライブでもあったが、そうしたすべてのことが今となってはいい思い出である。

さらにその後、バイトに精を出して新車でブルーバード810を購入するまでになった。首都高の環状線の内回りを走ろうか、外回りにしようか、などと仲間とワイワイやりながらとにかく走ることが楽しくてしかたがなかった。この頃から少しずつではあったが〝自動車メーカーに入りたい〟と言った気持ちは確実なものになっていった。

そして迎えた卒業。ちょうど第2次オイルショックの頃であり、就職状況はあまりいいとは言えなかった。おまけに私の専

攻は応用物理であり、直接はクルマに繋がるものではなかったが。それでも「一応、金属関係だし、それほど無関係でもないから自動車メーカーもなんとかなる」とのんびり構えていた。

ところが蓋を開けてみれば日産からの求人が1名のみという状況であり、そのポジションは私より成績の優秀な友人が得ることになった。そこで私はホンダを狙ったのだが「応用物理はいらない」とつれなかった。

さてどうする、となった時にアメリカ留学の話が来た。「君なら研究者としてもやっていけるのではないか、アメリカでも行ってみるか?」と言われ、その誘いを受けた。就職活動に行き詰まっていたので、まさに渡りに舟。学部の教授の推薦もあってUCLAに行くが、ここでアメリカのクルマ社会を肌で感じ、そしてアメリカの生のモータースポーツにも触れることになるのである。

そして何よりもこのアメリカ時代の経験が私を三菱自動車へと導いてくれたのだ。東工大からやはり留学していた友人に「そろそろ日本に帰ってクルマ会社に入りたい」と話した。すると彼のお父様が三菱自動車に勤務されていて、口を利いてくれたのだ。〝勉強も、そろそろいいかな〞と感じていた私は帰国後、すぐに面接を受け、なんとか三菱自動車に入社することができたのだ。なぜか私だけ「4月入社は間に合わないから」ということで5月入社ではあったが、念願の自動車メーカーへの入社を叶えることができた。もしアメリカに行かなければ、果たしてどうなっていたか?

三菱自動車に入社し、振動騒音研究課に配属

さて私の配属先は岡崎だった。クルマの開発の現場に入りたいという希望どおり、研究部の振動騒音研究課という部署である。車体振動、ハンドル振動などをいかに軽減し、クルマの質感を上げていくかを研究する部署ということになる。'78年に三菱自動車初のFF車としてリリースされた初代ミラージュなども、音や振動の面で解決していかなければいけないことがまだまだあったのだ。

一番苦労したのはミッション、ハンドルの振動で、ある状況になると多くの要因が共振するという症状である。これを抑えるのには苦労し、とにかく大変ではあったが、充実していたのだ。おまけに、この頃のミラージュといえば「スーパーシフト」と呼ばれた〝4速の主変速機に2速の副変速機が付いたシフト〞で4×2速の8速として使用できるなど、かなり先進的なことに数多くチャレンジし、注目されていた。

そんな技術者のこだわりが詰まったクルマを相手に私自身も充実した生活を送っていた。だが、ここ岡崎ではそれと同等に、いや、ひょっとするとそれ以上に闘志を燃やすことがあったのだ。最初は社員寮に入るのだが、その同僚たちや先輩たちはまさに筋金入りのクルマ好きばかり。おまけに岡崎周辺はちょっと郊外に出れば山岳ルートがたくさんある。

毎日のように走りに行って、戻ればエンジンを降ろして分解したりするのだが、そんなことさえ苦とも感じない人たちがゴロゴロいたのだ。週末ともなれば、多くの先輩たちが走りに行っては「あいつがどこで落っこちた」とか「すぐに助けに行ってくれ」とか数多くの武勇伝の宝庫だった。

ミラージュを購入し、クルマ漬けの生活へ

そんな先輩たちの仲間入りを早く果たしたかったのだが、入社したばかりの頃はクルマを買えなかったし、会社としてもクルマ購入は〝我慢するように〞という通達があった。しばらくしてようやく許可が出たところで、ミラージュの1600GTを入手し、そいつでまさに走りのステージへと繰り出すのであるから、これが楽しかった。先輩のなかにはダートラをやっていた人もいたし、どっぷりとクルマ漬けの生活が始まった。それまでは趣味の延長だったが、これからは生活のすべてがクルマにどっぷりとなったのだ。

この頃だと思うが、三菱自動車の商品企画に嘱託として木全巌さん、望月修さんといった三菱のモータースポーツの元祖とも言える方々が席を持っておられた。その方々が岡崎に来られた際にはテストはもちろんのこと、我々に対するドライビングのトレーニングまで行っていただいたのだ。まさに願ってもない講師に恵まれた我々はさらに時間を惜しむようにして走り込むのである。

もちろん私もそうした仲間たちに負けず、同部屋になった同僚と一緒に草ラリーなど中心に走り回っていた。さらに私はこの岡崎時代に仕事や趣味だけでなく、私生活でも結婚をするなど、充実していたのである。

この頃に担当したのが'83年にフルモデルチェンジされた5代目のギャラン。この時ギャランも駆動方式がFFに変更されたのだが、私自身からすれば、まだFFとして完成されているとまではいえなかったと思う。確かにこのギャランに次々と採用されていく多くの先進先端技術は、後のモデル展開に大きな影響を与えることになる。

例えば、新開発の可変バルブ機構つきのOHC4気筒12バルブインタークーラーターボエンジンは最高出力200psを発生し、スタリオンの2000GSR-Vにも搭載されている。さらに'84年10月追加にされた4ドアハードトップは後のディアマンテ/シグマへと繋がることになるのだが、音や振動を含めた質感から言えば、まだ問題があ

ると感じていた。

岡崎に来てすでに5年が経過していた。実を言うと白状するのだが、ちょうどこの頃、私は「そろそろ新たな挑戦の場がないかなぁ」という気持ちになっていたのだ。三菱自動車に対する愛着を感じながら、「自分の作りたいクルマが今の三菱にはない」などと感じていたのは確かだ。勢い、上層部に対していろいろな具申書も送り、なんとか自分の考えるクルマを作りたいというアピールをしていた。

そして「もしこのままなら、ヨーロッパメーカーにでも転職しようか」などと考えるようになっていた。今にして思えば、実に生意気な社員であった。そんな頃にちょうど論文発表のためにヨーロッパへの出張を命じられた。ここで目の当たりにしたのはアメリカのクルマ社会とはまたひと味違った、ヨーロッパの成熟したクルマ社会だ。クルマの本質である〝速さと安全とステイタス〟がお金で買えることも身をもって知った。

この出張の時、アウトバーンを走ってみて「ここで通用するクルマが作りたい」と強烈に感じたのだ。そしてもし、このままの状況が続くようなら本当に会社を辞めようかとさえ思うようになっていたのだ。

三菱モータースポーツの生みの親といえる人々との出会い

そんな閉塞感を感じている状況を救ってくれたのが初代ミラージュの開発責任者であり当時の商品企画部長だった来住南（きすな）恵一さんだ。捨てる神あれば拾う神ありである。さらに商品企画では岡崎時代の先輩、田口雅生さんも活躍されていた。田口さんは東工大の自動車部出身で学生の頃から全日本ラリー選手権にナビゲーターとして参戦されていた方で、後にラリーアートの社長を務められることになる。

当時は、先に本社の乗用車商品企画部に異動されていたのだが、なんとその尊敬する先輩と一緒に仕事ができるようになる、と感激した。この時点ではすでにモータースポーツ担当も兼務されていたはずでワークスラリー活動に大きな影響力を持ち、私はそれ以降もずっとお世話になる方なのだ。

当然、私にとっては嬉しいお誘いだったが、本社の商品企画部では「なんか岡崎から生意気なヤツがやってくるらしいぞ」と、ちょっとした騒ぎになっていたと耳にすることになる。

商品企画部へ異動となり、恩師に出会う

そんな状況とは知らず、私は商品企画部へと異動する。そしてここでいろいろと鍛えられることに。その時、私をずっと見守って支えていただいたのが北根幸道（きたねゆきみち）さん。あのラリーアートの木全さんや望月さんを「これからの三菱のために来てくれないか」と誘った、まさにその人である。'68、'69年のオーストラリアサザンクロスラリーで三菱チームのマネージャーとして渡豪し、現地でチームを結成した。さらに'70年から乗用車商品企画部でモータースポーツ活動の推進責任者として'95年までの25年間、中心となった人物であり、ラリーアート社やラリーアートヨーロッパ設立の発起人という凄い人である。

もちろんランサーエボリューションの商品企画と世界ラリー選手権のラリー活動を企画した、まさに三菱の「モータースポーツ生みの親」といえる人なのだ。こうした多くの優れた人たちに鍛えられるという、なんとも幸せな時間を東京の商品企画部で過ごすことになった。

しかし、仕事の内容はそれだけに厳しいものがあり、新たな部署に移ってから2年ぐらいはまさに修業時代であると同時にいろいろな経験を山のようにしていくのである。

そのひとつが「社員チームを結成」して自腹を切りながら当時開催されていたミラージュカップの東北シリーズなどを転戦したこと。まだ'80年代から'90年代前半にかけての三菱は、開発サイドからもいろんな提案がどんどん出てくる会社だった。

例えばオフロードの開発部隊は「オフロードで世界に冠たるクルマを作ろう」という意気込みがあった。その結果、パジェロやデリカなどが誕生していくことになる。

私が所属していた乗用車の商品企画では、世に出ていたスタリオンを手始めに「技術の高さの証としてモータースポーツをうまく使おう」という共通認識を持ち、全社一丸となっていた。それが会社の利益へとダイレクトにつながっていくということはわかっていた。特にヨーロッパの販売にとってはサファリのランサーだったり、パリダカのパジェロだったり、ツーリングカーレースのスタリオンだったりすることが影響した。

ギャランVR-4の登場とランチアデルタへの対抗意識

だが、それでもまだまだやるべきことが山のようにある気がしていた。そんな物足りなさを払拭してくれるのは、6代目のギャラン、そう爆発的なヒットを記録し、FFベースの4WDモデル、VR-4が加わってからとなる。

三菱自動車の「モータースポーツ生みの親」である北根幸道さんを始め、厳しくも暖かく導いてくれる諸先輩のもと、商品企画で私は充実した時間を過ご

していた。まさに若気の至りとでも言えばいいのか、あの岡崎時代に感じていた閉塞感からは完全に開放されたようだ。

こうなると元来探究心の強い私は国内のラリー参戦のほかにも、いろいろと挑戦した。もちろん会社もそれを許してくれたのであるが、今にして思えばそれも私の行動を陰になり日向になり、支えてくれた人たちがいてくれたからにほかならない。

そんな時代にもうお一人、私は〝クルマ作りの大恩人〟と出会うことになる。

小林一孔（こばやしかずよし）さんである。ざっくばらんなその人柄から、皆、親しみを込めて〝いっこうさん〟と呼んでいた。小林さんは'55年に当時の新三菱重工に入社され、企業内学校で学ばれて以降、スクーターのピジョンを始め、三菱500の空冷エンジン開発、さらにシャシー設計などで多くの車両開発に関わられてきた方だ。

私が言うのも何であるが、古くからのクルマ作りを踏襲し、よき頑固さを持ちながらも新しい時代のクルマの作り方をよく理解している方だと思った。経験に裏打ちされたその的確な指示には何度も感心させられ、私は鍛え上げられていくのだ。

そして私が'88年より商品企画に携わり、'91年にデビューする4代目ミラージュ／ランサー、つまり初代ランサーエボリューションのベースとなるモデルのPM（プロジェクト・マネージャー）をして、実質的なまとめ役が小林さんなのだ。

'89年、WRC、RACラリーを初観戦する

そんな時代にいろいろな経験を積むことができた。もちろんレースを自分の目で見るためにいろいろと出かけていった。国内のラリーを始めマカオでF3を見たり、スタリオンの走りを見たりと、とにかくトップカテゴリーのモータースポーツを目の当たりにするのである。

そして'89年、私は世界ラリー選手権（WRC）の1レースである「RAC」を観戦した。ご存じのとおり、'32年から続くという伝統あるロイヤル・オートモービル・クラブ（RAC）が主催してきたクラシックラリーのひとつである。実はこの38回RACラリーが、私にとって最初にして最後のWRC観戦になることなど、まだ知るよしもなかった。

三菱のマシンはギャランVR－4。先代モデルのスタリオンから4WD機構などの技術を受け継ぎ、'88年のニュージーランドラリーに篠塚建次郎さんのドライブでデビューした。さらにその年の11月にRACラリーで三菱にとっては'83年以来となるWRCのヨーロッパイベントに復帰を飾ったマシンである。

'87年よりWRCのレギュレーションにより〝年間2500台以上生産される市販車〟をベースとするグループA車両により争われる選手権となっていた。当然のように市販モデルの外観を改造してはいけないなど、多くの制約がラリーマシンに課されるようになった時代である。

そこで三菱自動車は市販車としても評価が高く、大ヒットを続けていたギャランをベースに開発。それがDOHCエンジン、4G63型エンジンとフルタイム4WD機構を備えた「ギャランVR－4」だ。私個人としても三菱の4WDとして、その時点で最も完成されたクルマであると思っていた。そんな自慢のマシンが初めて見るWRCで戦うのである。これが興奮せずにいられるであろうか。

さらに'89年の三菱はアクロポリスラリーで総合4位となり、WRCポイントを初獲得。1000湖ラリーでは'76年サファリラリー以来のWRC優勝を三菱にもたらし、そしてRACラリーでも優勝を飾ったのである。

確かにこの最終戦の時点でタイトル争いはすでにワークスのランチアデルタに決していて、大本命不在という、ちょっぴり寂しいレースではあった。

それでも全力で戦うトヨタセリカGT－FOUR、マツダファミリアと、そしてVR－4との闘いは見応えがあった。そして何よりもVR－4をドライブした地元のペンティ・アイリッカラが優勝を飾った時は本当に嬉しく、感動した。少しだけ調子に乗って自らを〝勝利の女神〟とでも呼びたいところでもあったが、私はそんな軽口を叩く気持ちに、実はなれなかったのである。

この年のVR－4は総合でランチアに次ぐ2勝を記録し、外から見ればそれほど悲観するような戦績ではない。それどころか「三菱は技術の高さの証としてモータースポーツを上手く使おう」という目的を果たしていると感じてもいいはずだ。が、私はこのRACに不参加であった1台が気になってしかたがなかった。それはランチア・デルタ・インテグラーレである。ワークスは開幕から6連勝という圧倒的な強さを見せ、シーズンのマニファクチャラーズタイトルを獲得したマシンである。

強すぎたWRC全盛期のランチア

いくらランチア全盛期であっても、あまりにも強すぎる。ギャランVR－4とは明らかに速さが違っているのだろうと感じていたのである。もちろんもう1台、デルタを追撃できるマシンとして、最も戦闘力が高かったトヨタセリカGT－FOURも気にはなっていたが、何をおいてもデルタである。冷静に現実を俯瞰すれば、ギャランはすでにこの舞台で戦うには大きすぎたのである。

「もう少し小さく、軽いクルマでなければこれからのWRCでは戦えない」と強烈に思い知らされたのだ。

日本に戻ってからの私はいろんなところで「これじゃ勝てない」と吹聴して回った。おまけにこの頃のプランによれば、ギャランには新たにV6、2ℓを積んで、より大きくしようというプランがあった。私は、いても立ってもいられなくなっていたのである。「また大きくなってしまうのか……」。絶望的な気分が支配していた。

もちろん〝これじゃダメだ〟と思ったが「V6にしてもツインターボにするから！」というのだ。結局、それは後にGTOやディアマンテへと発展していくことになるのだが、とにかく私の意見などに耳を傾けるような雰囲気はほとんどなかったといえる。それに6世代目のギャランは日本カー・オブ・ザ・イヤーまで受賞し、高い評価を受けて、売れに売れていた。国産ハイパワー4WDマシンの元祖とも言える傑作であるから当然、わざわざほかのクルマのことを考える必要もない、ということなのだ。

そんな時に私を救ってくれたのが小林さんである。「何かやりたいなら、とことんやってみなさい」というのである。ベース車両はもちろん小林さんが開発されたランサーである。セダンで幅が1700㎜、全長4300㎜くらいあれば、大人4人と荷物はちゃんと積んでヨーロッパの人やアメリカ人も無理なく乗せられる。グローバル商品となる原点のサイズは充分にクリアできる。

ランサーにギャランVR-4のパワートレーンを移植することを提案

そこに私は4G63ターボエンジンと4WDシステムというVR-4のコンポーネンツを移植するという提案をしたのだ。この時の小林さんの条件は「やるのはいいが時間は1年くらいしかない。それでいいか？ さらに出してから失敗に気がついても1年は手直しができないから気を引き締めてかかれ」ということである。時間がないし、失敗も許されない。もちろん、私にとっては〝望むところ〟であったが、時間という現実が立ちはだかっている。

そして私は小林さんが常日頃から口にしていた言葉を噛みしめてみた。「クルマはまず軽くなければいけない。軽量化を考えないクルマは問題にならない」ということだ。三菱重工時代からというか、飛行機作りのDNAが生きていたからかもしれない。もちろん、小林さん自身は飛行機作りに関わられたことはなかったようだが、三菱自動車のエンジニアリングの根っこには〝軽く作れ〟という思想があり、小林さんにもその思いが連綿と生きていたのだろう。

当然、私もそれは理解できた。〝軽量は重要な性能〟である。設計や材料、時間などあらゆる部分で可能なかぎりの無駄を排除してコストを下げる。その結果として軽いクルマが作れ、それが高い戦闘力を生み出す。小林さんの哲学として軽く作ることはすべてにおいて優先すべきことだった。

小林さんから受け継いだ「軽量は重要な性能」

小林さんからは、その思想をたたき込まれたのであり、当然、新しいマシンにはそれを生かすことは必然となっていた。さらに小林さんは「クルマの性能を決定するのはタイヤ、まずタイヤサイズを決めなさい」というのである。もちろんあの条件〝出して1年はタイヤの径は変更できない〟ということが前提にあった。

とにかく〝どうあってもタイヤはベース車両のサイズが基本〟だという。ベース車両が195／60R14。それを新しいマシンでは195／55R15で行くしかなかった。外形を変えることは許されず、インチアップのみ。ブレーキの性能はやや向上できても、コーナリングやブレーキといった基本性能を大幅に上げることはできなかった。

それが後に問題となるのだが、とにかく1年という短い開発期間内でクルマを仕上げるには、これしかなかったのだ。それにグループAであれば競技用タイヤへの交換は可能だから、ここはとりあえずホモロゲを獲得することが優先事項であり、このプランであればとりあえず、その資格は手に入れることができたのだ。

ギャランVR-4のコンポーネンツを移植して、目標である2ℓターボエンジンを小林さんの了解を得て積むこともできる。もちろんパワーを受け止めるドライブトレーンは高性能4WDとすることでマシンの骨格は見えてきた。

ランサーエボリューションデビュー前夜の苦労話

だがやはり、タイヤは力不足だったのだが、何度かプランを練り直しながら「国内向けランサーラリーベース市販車商品計画書」などという長ったらしい計画書が'91年7月に承認されるのである。まあ、問題があったとしても1年間じっとしたまま、我慢であるが、この時はそんなことは極力考えないようにしていた。

次に車名である。多くの候補から最終的に私のもとに残ったのは、あの名車「ランタボ」の復活ともいえる「ランサーターボ」や「レボリューション（革命、無から有を生み出すことなど）」、そして「エボリューション（進化、常識を否定すること）」といった候補が並んだ。

　これを総責任者である北根さんに見せた。すると、その場で「エボリューションで行こう」と即決。ほとんど迷いがなかったのである。その理由はいまだに説明を受けていないが私も一番気に入っていた車名であったから、ある意味、ホッとした気分にもなった。

　そして次の問題は、エボリューションをほかのどこかがすでに登録商標としているかどうか。調べてみると残念ながら、先客がいた。自動車メーカーではなく、確かシートメーカーだったと思うが、エボリューションというブランドをお先にしっかりと登録していたのである。

　だからといって諦めるワケにはいかない。そこでブランドを購入するのだが、当時の価格で１００万円ほどであり、商標代としてはかなり高額であった。それでもどうしてもほしい車名である。北根さんや小林さんに頭を下げてお願いし、会社の許可をもらい、車名を買い取りに行ったのである。

　こうしてめでたくランサーエボリューションの名前のもとでプロジェクトはゆっくりだが確実に動き出したのである。それにしても私は、最後まで責任をとってくれる本当にいい上司に恵まれたと感謝しながら仕事を進めた。

動き出したランサーエボリューションプロジェクト！

　これで「ランサーエボリューション商品計画書」が発行され、クルマ作りがスタートすることになった。ベースとなる新型ミラージュ／ランサーのデビューが'91年11月であり、その時点からの本格スタートである。なんとか1年あれば、という気持ちでホモローゲーションの２５００台をクリアするための開発が動き出す。

　最終的には北根さんがサインをして、オーソライズしてもらうのであるが計画書にはスペックだけでなく、ランサーエボリューションの価格から販売できる見込みの台数、細かな仕様などが事細かに書き込まれているとあって、もう逃げることなどできない状態である。商品企画とエンジニアリングが一体となった開発プロジェクトが動き出したワケだ。

　実はこうした瞬間が私は本当に好きである。ワクワクして時間が過ぎるのも忘れるほどであるが、冷静に考えれば〝1年しかない〟のである。やることは山積していた。テストを始めるとエンジンと４ＷＤを移植されたランサーエボリューションは、なんとも感心するくらいによく壊れた。テスト中にそこら中が当たりまくって、壊れまくって、とにかくトラブルのデパートみたいな感じで次々と問題が出てくる。

　当然、技術者としては〝やってやろうか〟というエンジニア魂に火がつくものだ。小林さんはなんの懸念も示さなかった。一緒になって〝どうしたら問題を克服できるか〟考えてくれた。特にリアのマルチリンクの付け根には特に悩まされた。ギリギリの無駄を省いた設計で軽量化を行ってみるとボディ側の取り付け部がちぎれたり、トレーリングアームの取り付け部の剛性が足りなかったり、傷が入りまくったような状態になってしまうのだ。

　すると小林さんは「壊れたところがあるなら、そこを直すのが最も効率的な対策」と案外冷静だ。当然、それこそがミニマムで、最も金のかからない補正となるワケだ。１・８ℓのターボで大丈夫だったものが２ℓのトルクに堪えられないなど、ひとつずつ対策によっても問題をつぶしていく。これは結果論だが、もしタイヤのパフォーマンスを私の望みどおりに上げていたら、開発にはさらに遠大なる時間を要し、計画どおりにはデビューさせられなかったのかもしれない。

　こうして迎えた'92年9月、型式名〝Ｅ-ＣＤ９Ａ〟。通称〝エボⅠ〟のデビューであるが、追加モデルである。当然のことだが、単なる追加モデルのため華々しい発表会があるワケでもなく、広報資料での発表といういささか寂しいものであった。それでも私を始め、開発に携わった人々には誇らしい気分で満ち、大きな満足感があったのは間違いなかった。

ランエボ開発の苦悩と思わぬライバルの出現

　だが、そんな気持ちを引き締めてくれる存在が同じ'92年、我々の目の前に現れたスバルの初代インプレッサである。なかでもレガシィＲＳに代わってＷＲＣ参戦車両として開発された最高性能モデル「ＷＲＸ」がランエボの前に立ちはだかったのである。

　ご存じのとおり、ここから伝説にさえなっていくライバル関係が始まるのである。「スバルのやっていることはわかりませんでしたか？」と聞かれたりする。はっきり言っておくが、まったくわからなかった。噂ですら伝わってこなかったはずであった。

　いや、私はランエボの開発に没頭していて、まったく外界のことに目が行っていなかったのかもしれないが、とにかく初代インプレッサの登場は驚きである。同時にレガシィからのコンポーネンツ移植という手法についてだが、「同じようなことを考える人もいるもんだなぁ」というのがその当時の正直な気持ちである。そんなこともあり、エボⅠデビューの喜びに浸っていられるのは最初だけであった。この先にいろいろな問題が出てくるのである。

　とにかく、まったく予想もしていなかったスバル初代インプレッサＷＲＸの登場。ランエボはただでさえ社内的に〝売れるかどうかわからないのに……〟と言われていたプロジェクトであり、そこに持ち上がったライバル出現、という懸念事項は、なんとも頭の痛い問題である。スバルさんも我々と同じようなことを考えていたワケであり、それまでのレガシィRSに代わって世界ラリー選手権（WRC）への参戦マシンとして、高性能を与えて「WRX」をリリースし、同じ高みを狙っていたのである。

でき上がったマシンは、ボディサイズを始め、240psという出力もほぼ互角であり、成り立ちまで我々と同じであるから、完全なライバル関係ができたのである。もちろん、この時にこの〝よき関係〟が20年以上続いていくことなど想像もできなかったワケだ。

もちろん私は自信があった。というか、もう何もできないのでジタバタしてもしょうがなかった。ホモロゲーションの取得という大命題をクリアするために、とにかく仕上げたクルマであり、本音を言ってしまえばやりたいことはまだまだ多くあった。しかし、予算も時間もないなかで最善を尽くしているし、もうデビューさせてしまったのだからまさしく〝まな板の上の鯉〟である。

ランエボとインプレッサWRX STIの比較論争

当然、同じセグメントのクルマが登場したことによって自動車ジャーナリズムを中心に〝比較される〟という問題が出てきたのである。自信はあっても、突然のライバルの出現には冷静を装いながらも、内心ドキドキしていた。そして始まった比較論争である。ランエボの長所も弱点も知っていたワケであり、覚悟しなければいけないし、指摘されるだろう問題点もわかっていた。

当然、スバルサイドにとっても、我々のエボ計画は知らなかった（はず）だから、まな板の上の鯉というのは同じなのである。「ま、なんとかなるだろう」と、状況を見守った。そして我々に対して出てきた評価で最も象徴的なものが〝まっすぐは速いけど、曲がらない、止まらない〟というもの。

正直、辛かった。私自身もわかっていたというか、優れた分析力を持った人たちが〝必ず見抜いてくるだろうな〟と覚悟していた評価だったのだ。インプレッサはエンジン縦置き、対してランサーはベース車がキャビンの広さを優先するエンジン横置き。高出力の4WDマシンを仕上げる場合、我々は不利だった。

おまけにタイヤのパフォーマンスが不足しているのだから曲がらないし、止まらないのだが、ある意味それは予想の範囲内だった。アンダーステアが強く出てコーナーでは曲がれない。個人的にもやり残したと思っている部分に対する評価だけに、落胆というより、妙に納得してしまった。もちろん、なんとかできる段階ではないが……。

実はランエボが世に出るということで、ラリー用のサスペンションキットの開発なども進めていた。担当してくれたのは、あの'79年に設立以来、海外ラリーへの積極的なチャレンジで実績を積み上げてきていた日本ラリー界を代表する名門チーム「タスカエンジニアリング」、つまり「アドバンタスカチーム」である。そこの代表の石黒邦夫さんが中心になって全力でやってくれた。

そして静岡県三ケ日町の山のなかでテストをやると聞きつけた時はすぐに見に行ったりもした。この時も〝曲がらない〟という話は出ていた。発売してからの国内用ラリーパーツ開発のテストを山内伸弥さんが担当されていたのだが、そのテストでも「いや〜、曲がらないね」と言われたのだから、私は苦笑いするしかなかったのだ。

それでもでき上がったエボリューションに対して小林一孔さんは「まぁ、とにかく間に合わせてくれたという感じか。これは2500台のホモロゲーションを取得するためのクルマだから、多少はやり残した感じがあるだろう。だが、やれる範囲のことは充分にやったのだから」と言っていただいた。

2500台をどう売りさばくか？

クルマの完成度、これ以上の物理的改良は現実として無理であり、小林さんにも徹底した追求を行うという考えは、なかったのかも知れない。競技用のベースとなる車両を供給するという目的は果たせているし、競技シーンにおいてはアドバンタスカなどで開発された専用パーツで戦っていける。そうなればライバルのインプレッサWRXに対しても戦闘力を維持していけるだろうと自らを納得させた。

そんななかで最も苦労したのは会社側からのプレッシャーだった。「苦労して作ってもらったのはわかる。しかし、この2500台をどうやって売りさばくんだ。何か売り切るあてはあるのか？」などと、いろいろと厳しいプレッシャーを受けたのだ。

利益を追求するのは自動車メーカーなら当然のことである。損をしてまでクルマを作るなど考えられない。さらに言えば、このエボリューションというプロジェクトがここで〝売れない〟という失敗を犯してしまえば、二度と作ることは無理。いやそれはオーバーにしても、しばらくはこうしたクルマが作れなくなるんだ、という心配のほうが大きかった。

実はランエボを発売した時の車名に〝I〟はついていない。つまり、継続的なモデルチェンジなど、まったく予定していなかったワケだ。小型の大衆セダンである4世代目のランサーをベースに作った、まさに一代かぎりのエボリューションモデルであり、WRC参戦用に生み出された特別な限定車種である。

　これで終わっても私個人としては目的は果たせたということになるのだが〝売れない〟ということはやはり大問題なのだ。作る時も待ったなしであったが、作ってからも待ったなしの状況だった。

ランサーエボリューションⅠの販売が成功し、次につながる

「とにかく、どこかで買ってもらわなければいけない」ということで、思いつくお得意先を訪れることになった。現在でも活発に活動しているコルトモータースポーツクラブ（CMSC）などにも声をかけた。クラブ員のなかにはラリーをやっている人たちも多かった。当然、新しいマシンが出ればぜひに、というユーザーさんたちがいるはず。そうした方々に買ってもらわなければいけない、ということで、全国各地の三菱ユーザーに頼み込んでいった。

　量産初期にはトレーラーに積み込んで「とにかく買ってください」と、まさに行商のようなことも覚悟するなど、発表前から売るための努力と行動を起こしていたのである。

　ところが、いざ発売してみると嬉しい誤算が起きたのだ。大々的な華々しい発表会もない、ましてテレビCMもなければ、なんとディーラーの店頭での告知すらやっていなかったランエボがなんと数日で完売してしまったのだ。私としては驚くしかなかった。後で確認すると〝3日間で売り切れた〟ということらしい。実は、デビューする直前に、こちらから頼み込むよりも先に、注文が入り出したというのである。

心配をよそに2500台が3日で売れた

　各地で量産型を披露した時から、ラリーをやっている人たちばかりか、スポーツモデルに乗るユーザーたちが「これは何か凄いことになりそうだ！」と感じ取ってくれたようなのだ。だが、それでも売れる確証など得る状況ではなかったから、この売り切れ状況をすぐには理解できなかった。さらにインプレッサWRXというライバルが登場したことでも、互いにユーザーたちは刺激し合って盛り上がっていたのである。

　売れた要因をきっちりと分析する間もなく2500台の限定車がなくなってしまった。そこで今度は、それまでの弱気な販売姿勢から一転して、さらに2500台を追加販売しようということになったのだ。予想外に売れたことで、当初は「初期ロット生産だけ」という話をされていたので、増産といわれてもそう単位に対応できるワケではないから、少しじれったくもあった。

　もちろん、大きな改良などはできるはずもなかったのだが、とにかく4代目ランサーをベースにして「GSR」と「RS」という2モデルを用意して販売するのが精一杯。こうして直4、2ℓDOHC16バルブインタークーラーターボの4G63型エンジンは最高出力250psを発生し、4WDによって路面にたたきつけるマシンは当初の予定の2倍売れたのだ。当然、会社側としては大喜びである。なんとも現金なものだが、正直嬉しかった。

　おまけにライバルであるインプレッサWRXもヒットした。つまりWRCに向けたホモロゲーション用のマシンというマーケットがライバルの存在による相乗効果で、しっかりと確立した瞬間だったのかもしれない。

　当然、私はインプレッサWRXにも乗せてもらった。いくらランエボが売れたからといっても、曲がらないという評価は変わらなかった。

直線や加速はライバルを上回ったがコーナーでは……

　私のなかには、何かもやもやとしたものが残っていたのだ。確かに軽量ボディのランサーはパワー、スタンディングスタートにはこちらに分があるから加速や直線では速かった。ところが、インプレッサWRXはいかにもスバルさんらしい味つけで、実によく曲がるクルマだった。安定してコーナーを抜けていくのである。

　直線や立ち上がりで作ったマージンをコーナーで詰められてしまうのだ。確かに総合的には互角といえば互角なのだが、やはりエンジニアとしては、どこかに自らの弱点に対して〝なんとかならないかなぁ〟という思いを抱いていた。そうではあってもインプレッサを分解して研究することまではしなかった。

　そしてユーザーたちの間では、この頃から「ランエボ派vsインプ派」の図式がすでにでき上がっていたのかもしれない。こうしたうねりのような物を感じ取りながらランエボは予定台数の倍をあっと言う間に売り尽くした。

　〝曲がらない〟という評価も確かにあったが、競技のベース車両として高いポテンシャルを持つ点で非常にいい評判を得たのである。こうなると水島工場のラインがいっぱい、いっぱいになってしまったのだが、生産部隊が頑張ってくれて、7628台の生産を最終的に達成してくれたのだ。つまり計画の3倍以上売れたワケだ。

　翌'93年には初めてWRCグループAにワークス参戦。第1戦

ラリーモンテカルロから参戦。モンテやサファリといえば木全巌さん、北根さんの悲願のラリーである。そこからランエボがまた挑戦を始めるのだから、私だけでなく多くの三菱マンたちにとってある種の感慨のような物を感じたはずだ。

もちろん、私にとってもランエボの初舞台であった。しかし進行中だった開発のほかの仕事が忙しすぎて、とても行けるような状況ではなかった。だが、ついにランエボの戦いぶりを目の当たりにする時が来た。このシーズンは数戦参加し、そして第13戦RACラリーのことである。私は柄にもなく興奮していた。伝統のRACという舞台で果たしてどんな活躍をしてくれるのか？　ハラハラというか、まさに軽やかな興奮が全身を支配していた。

するとそんな極度に興奮した私に気を遣ってくれたのだろうか、わずかに遠慮して総合2位を獲得してくれた。もちろん、勝利が何よりものプレゼントだが「その喜びは次にとっておきなさい」ということだったと理解した。初代ランサーエボリューションは'93年から'94年まででWRC8戦に出場。'94年第3戦のサファリラリーでも第2位を獲得した。

エボⅡ、エボⅢ、そして第2世代のエボⅣでの思い出

こうなると三菱としても嬉しい状況である。なによりエボリューションによって会社は潤ったのだ。そして少しだけセールス面での自信もつけた。そこで私は「次も作りたい」という提案をした。するとあっけなく許可が下りた。待ってましたである。こうしてランエボⅡの開発プロジェクトがスタートし、ようやくやり残したことを解決できることになった。同時に、初代は正式に〝エボⅠ〟の称号を手にすることになった。

さて、私が何をやったかは説明するまでもない。〝曲がらない〟マシンを曲げてやろうというワケである。まずは「エボⅡはとにかくタイヤをやらないととても勝負にはならない」ということ。ベースの車体は、エボⅠと同じであるし、外観も大きく変わらないから、もうやるべきことは決まっている。

そこでフロントのタイヤが負けてアンダーが出ていったところから改良を始めないと、ライバルたちには勝てないと考えていた。私はボディ剛性を上げ、さらに足回り、ギア比、ホイールベースを煮詰め直して、そしてタイヤサイズを195／55R15から２０５60R15へサイズアップすることで、エボⅡを仕上げたのだ。

あとはリアスポイラーの高さを少し上げたくらい。もちろん完全に満足とはいえないが最高出力260psまでパワーアップし、確実に進化したエボⅡはなんと6284台売れた。'94年1月販売だったのだが、これも世界中からの反響があっと言う間に届いたのだ。

この年から翌'95年にかけてWRCでエボⅡは5戦に参戦。'95年開幕戦のモンテカルロラリーで電子制御によるアクティブデフを投入して走行性能がさらに上がり、第2戦スウェディッシュラリーでWRCの初優勝をワンツーフィニッシュで飾ったのだ。ほかの仕事でも多忙だった私はこの勝利を目の当たりにできなかったのはなんとも残念なことだった。そして我が身の不運を呪ったが、クルマ作りにおいてはさらに充実していくことになったのだ。

もうひとりの恩人、井村二郎さん

こうなるとエボリューションプロジェクトは勢いが付く。そう、会社から〝エボⅢ〟の許可が出るがここで忘れることのできないもうひとりの恩人が登場する。当時のプロジェクトマネージャー、井村二郎さんだ。

北根幸道さんと小林一孔さんがエンジニアとしての私の生みの親なら、井村さんは育ての親である。初代ランサー、スタリオン、ランサーEX、ランサーセレステなどを始めとした数多くの基本設計を担当してこられた、尊敬すべき先輩である。

井村さんのバックアップによって私は'95年に発売となるエボⅢの改良を成功することができた。とにかく空力も含めた走行性能を安定させ、最高出力を270psまで上げ、同時にエンジンのクーリングなども改良した。大型のリアスポイラーを装備し、開口部が大きく開いたフロントバンパーも装備。これによって私がエボⅡの時に〝やりたかったこと〟をここで行い、空力性能は大幅に向上し、戦闘能力がさらに上がった。

すると'96年には5勝を上げ、トミー・マキネンが「ドライバーズチャンピオン」に輝き、アジアパシフィックラリー選手権（APRC）でマニュファクチャラーズとドライバーズの両タイトルを獲得。その後、私は第2世代のランエボ、つまり5代目ランサーをベースとした「エボⅣ」まで関わるのだが、この時も私を支えてくれたのは井村さんである。おかげでエボⅢまでの第1世代で適わなかった旋回能力の向上を新たにアクティブヨーコントロール（AYC）採用によって達成できたのだ。

その後は後進に任せることになったワケで、その意味から言えば私のなかで、エボⅢが〝ひとつの完成形〟ということになるかもしれない。そして今日まで、まさに「走る実験室」の役割を果たしたランサーエボリューションは進化を続け、15年にはいったん、その役割を終えることになった。多少、残念な気持ちもあるがそんな感傷的な気持ちを晴らしてくれるような〝新世代エボ〟の登場を願いながら、私の証言を終えたい。

↑社員チームの「チーム吉松」を作り、ミラージュカップなどにも参戦。社内に自動車部を作り、監督兼メカニックとして活躍

↑筑波サーキットでB級ライセンスを取得した際の写真。向かって右が吉松氏で、ラリーアートのトレーナーを着ているのが三菱自動車社長を務めた相川哲郎氏

↑国内B級ライセンス講習での模擬走行中のミラージュ。先頭から2番目を走っているのが吉松氏の駆るミラージュだ

↑ギャランVR-4ですでにWRCを戦っていた篠塚建次郎氏ともヨーロッパの仕事では会うこともあったという。初代ランサーエボリューションのデビュー直前となる1992年5月のこと

↑吉松氏が大学に入り、家庭教師のアルバイトをしながら貯めた資金で買った初めての愛車であるサニーに乗って走り回っていた頃

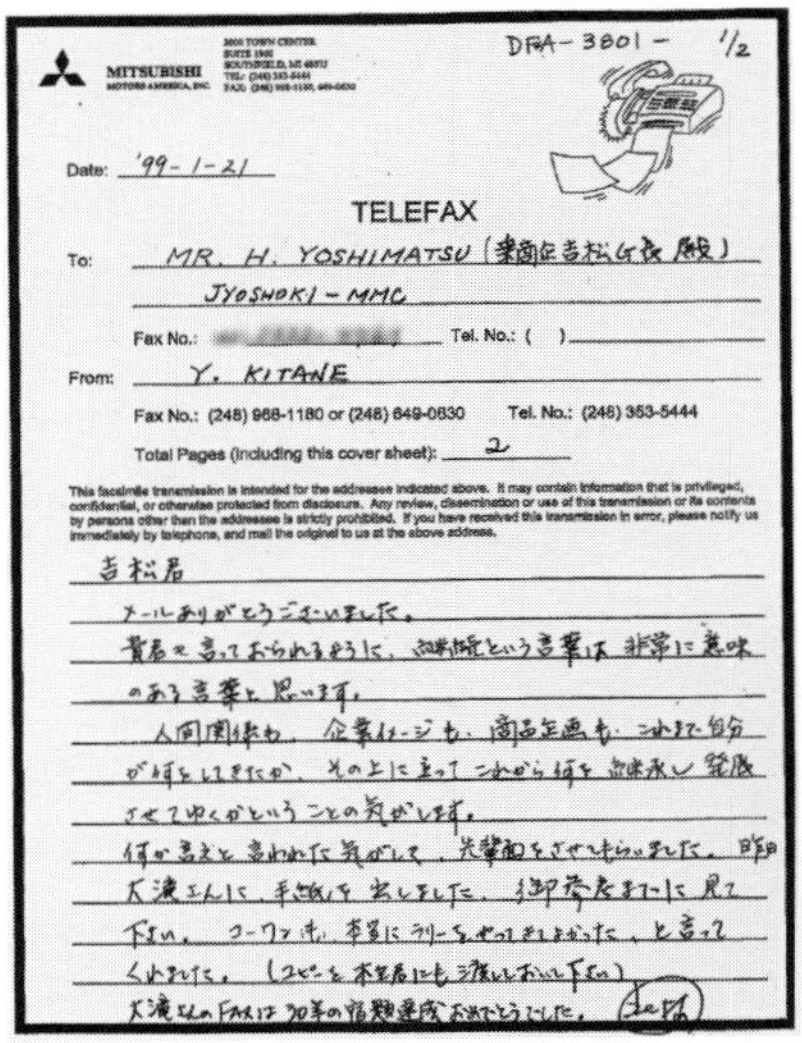

MITSUBISHI MOTORS AMERICA, INC.

DFA-3801- 1/2

Date: '99-1-21

TELEFAX

To: MR. H. YOSHIMATSU（常商企吉松部長殿）
JYOSHOKI-MMC

Fax No.: [redacted] Tel. No.: ( )

From: Y. KITANE

Fax No.: (248) 968-1180 or (248) 649-0630 Tel. No.: (248) 353-5444

Total Pages (including this cover sheet): 2

This facsimile transmission is intended for the addressee indicated above. It may contain information that is privileged, confidential, or otherwise protected from disclosure. Any review, dissemination or use of this transmission or its contents by persons other than the addressee is strictly prohibited. If you have received this transmission in error, please notify us immediately by telephone, and mail the original to us at the above address.

吉松君
メールありがとうございました。
貴君が言っておられるように、継承発展という言葉は非常に意味のある言葉と思います。
人間関係も、企業イメージも、商品企画も、これまで自分が何をしてきたか、その上に立ってこれから何を継承し発展させてゆくかということの気がします。
何か言えと言われた気がして、先輩面をさせてもらいました。昨日大濱さんに手紙を出しました。御参考までに見て下さい。コーワン氏は本当にラリーをやってきてよかった、と言ってくれました。（コピーを木全君にも渡しておいて下さい）
大濱さんのFAXは30年の宿願達成おめでとうでした。

↑1999年のモンテカルロラリーでトミ・マキネンがエボⅥで優勝した時、その嬉しさを恩人である北根さんにFAXすると、その返事がFAXで届いた

↑ランエボ完成の年にドイツなどを仕事で回った。本来はコルト担当だったが、現地ではパジェロのローンチのコメンテーターとしても登壇

↑こちらも吉松氏最初の愛車だったサニーで走り回っていた頃に高速道路で撮影した写真だという

↑三菱最新のPHEV、アウトランダーの前にて。三菱を定年退職したあとは、「軽自動車検査協会」で新たな活動を開始していた

↑若きエンジニア時代、ともに過ごした三菱前社長の相川哲郎氏と撮影。後ろは「長年頑張った自分へのご褒美で購入した」という吉松氏の愛車ボクスター

第8章

島田勝利

伝説のR380を生んだ櫻井眞一郎氏の〝懐刀〟

KATSUTOSHI SHIMADA

しまだかつとし●1937年東京都生まれ。

'56年、都立中野工業高校機械科を卒業後、富士精密工業（後のプリンス自動車工業）に入社。設計部のシャシー設計課に配属され、車軸、ブレーキ、ブレーキクラッチコントロール、ブレーキ配管などを担当。

主にスカイラインやグロリアなど上級モデルのアクスル関係の設計に携わった。この時に直接の上司ではなかったが、同じ課にいたのがあの櫻井眞一郎氏。そして'63年、レース車開発グループが編成されるとそのリーダーである櫻井氏に請われ、シャシー関係の設計に従事することになる。

この時、島田氏は正式に「櫻井学校」への入学を果たし、以来、R380、R381、R382、R383といった名レース車両の開発に設計者として約6年間参加していた。

その後、実験部や法人営業室などの勤務を経て、'89年にオーテックジャパンに転属。そして'96年に櫻井氏が設立した「エス・アンド・エス」に転職。一貫して櫻井氏の右腕として'54年間のサラリーマン生活を送ったことからも「右腕」、「番頭」と呼ばれ、多くの伝説誕生をずっと支え続けてきた名補佐官だ。平成29年10月2日逝去。享年81歳。

入社後、自動車設計部シャシー設計課に配属される

練馬の農家の三男坊として生まれた私は、とりあえず手に職をつけ、早く社会に出たいと少年時代は考えていた。あまり勉強が得意ではなかったこともあったのだが、経済的な理由もあり、大学進学は諦めていた。そこで選んだのがプリンス自動車の前身である富士精密工業であった。

特別に自動車を作りたいとか、やりたいことがあるからとか特別な理由ではなく、何となくである。強いて言えば〝家から7㎞ほどの荻窪に会社があったから〟という距離的な理由で選んだのかもしれない。そんな〝いい加減な気持ち〟でスタートした私のサラリーマン生活だが、入社して3カ月の研修後に配属されたのが自動車設計部のシャシー設計課。

そこは20数名の職場ではあったが、私の入社年には3名の工業高校出身者と3名の大卒者という人員構成だった。ほかの課員を見渡してもほとんどが大卒。だから設計課に配属された時は正直、「もっと勉強をしておけばよかった」と心から思ったものだ。部内での私の状況はまるで親に手を添えてもらいながら「あいうえお」を習っていたようなもの。我ながら情けなかったのだが、後の祭りだ。

畳一畳ほどもある大きな製図板にT定規など、高校とは比べようもないほど立派な製図道具を与えられているのに、その技術や知識はまさによちよち歩き。こんなできの悪いヤツ（自分のこと）を当時の上司の長栄主任はよく面倒見てくれたものだと思う。

難しい職場で「どうやっていけばいいのか？　本当にやっていけるのか？」と、最初はこの私でも真剣に悩んだのだが、少しすると考えを変えた。学歴もなく、おまけに能力が低いなら「休まず、コツコツとやっていくしかない。何ごとも全力で対処していく」ということを信念に、我慢強く取り組むことにしたのだ。

そんな私のいた部署に、ひとりやたらと声も態度もでかい上司がいた。それが櫻井眞一郎さんだ。私にとっては直属の上司ではなかったが、隣で毎日のように櫻井さんは「今すぐヤレ、どうしてできないんだ、馬鹿野郎辞めちまえ」と自分の部下を叱咤する。

おっかないオヤジがいるもんだと思った

とにかく「おっかないオヤジがいるもんだ」と思っていた。しかし、時間が経つにつれ櫻井さんは「単に感情にまかせて怒っているワケではない」と気がついた。いちいち言っていることや指示がごもっともなのである。その表現が乱暴なだけで決して間違ってはいない。

そんな一言ひと言に感心しながらも、私はまだ〝櫻井学校〟には正式に入学はしていなかった。面倒見のいい先輩たちの明瞭で的確な指導に助けられながら仕事をこなしていく日々を送っていた。

例えば、当時の会社が推進していた〝国民車構想〟のなかで参考にする「VW」と「シトロエン2CV」のスケッチなども仕事のひとつだったが、私にとってその後の設計者人生に大きな影響を与えた作業だった。当時の名車であったこの2台のなかでも特に感心したのはVW。

例えば、駐車ブレーキレバーブラケットと戻り止めのラッチである。ブラケットの一部をプレスで打ち抜いた鉄片は、本来カスとして捨てられてしまうはずなのだが、VWはそれを戻り止めのラッチとして使っているのだ。とても細かなことではあるが、このまったく無駄のない効率的な設計というか工夫には、心から感心させられたものである。

初代スカイラインの足回りやブレーキの開発を担当

こうして仕事にも慣れてきた1957年、初代スカイライン、つまりALSI－1型がデビューした。そして私は入社してすぐに初代の足回りの仕事に携わると同時に、さらに2年後に投入されるスカイラインのマイナーチェンジ版、ALSI－2型のホイールブレーキ開発を上司の指導を受けながら担当していた。

それまで前輪がツーリーディング式、後輪がリーディングトレーリング式だったものから新型ではデュオサーボ式ブレーキなどの採用も実現した。

この新型ブレーキの基本構造は特許庁で特許資料やアメリカ車のブレーキを参考にして細部の設計を行った。私は直属の上司、安倍宏主任に同行し、特許庁図書館に先行技術の調査に出かけたこともあった。勉強嫌いの私にしてみれば文章はわからなかったが、図面や数値は理解できた。

そこで分厚い外国特許の本から関係がありそうな項目を探し出し、その都度主任に見てもらって要点を書き写す仕事もこなしていた。こうした特許調査の経験がその数年後、会社の特許管理主任に任命され、特許の推進活動に役立たせることができたと思う。

それにしても自分が書いた図面が実際の形になっていき、さらにうまく組み上がっていくのを見ると心が浮き立つような、ワクワクとした気持ちになったことを今でも思い出す。私が物

作りの素晴らしさに目覚めていったのもこの頃だったように記憶している。

もちろん失敗もあった。実験車両に組み込みも終わって試験走行の段階に入った時のことである。荻窪工場の敷地内にある中央道路でのテストで、ゆっくりと走り出して数回のブレーキを踏んでみて異常がないことを確認。次にほんの少し速度を上げて、強めにブレーキを踏んでみた。

すると前輪付近から大きな異音が出た。すぐにクルマを止め前輪を外し、さらにブレーキドラムも外してみるとブレーキの力を受けるアンカーブラケットが破損していたのだ。特許資料やアメリカ車を参考にして各部の寸法を決定し仕上げていたので「問題は出るはずがない」と考えていた。

しかし、寸法は合っていてもアンカーブラケットの材質選定に大きな誤りがあったのだ。破損したアンカーブラケットを社内の材料研究課に持って行って調べてもらった。そしてこの部署の指導を受けて材質を変更することで問題は解決された。私が初めて経験した、この失敗をきっかけに材料研究課の方々との付き合いはさらに多くなり、材料面で指導を受けたり、勉強をしたりすることができたことが私にとって大きな財産となっていくのである。

第1回日本GPでプリンス惨敗

こうしてコツコツとやってきて数年経った頃である。すでに会社は私が入った富士精密工業からプリンス自動車となっていたのだが「第1回日本GP」が開催された。'63年の、その記念すべきレースでプリンスの車両は惨敗した。すでにこれは〝スカイライン伝説〟の始まりとして、いろいろなところで語られてきたことである。

「市販車両のままで改造をしてはいけない」という規則をプリンスはバカ正直に守ったのだが、ライバルメーカーは改造車がほとんど。惨敗は当然のことだったが、会社のイメージは大きく傷ついたのだ。戦前の名門航空機メーカー、中島飛行機製作所の流れも汲む会社は「技術のプリンス」として業界では注目されていた存在。当然、ユーザーたちも誇りを感じてくれていたのに、このレース結果は到底許されるものではなかったし、セールス面でも大きな打撃となった。もちろん社員の私も悔しい思いをした。

こうなると当然、会社からは「来年の第2回日本GPでは絶対に勝て！」と大親分である中川良一さんを始め、櫻井さんや技術陣に檄が飛んだ。

そして、惨敗したレース直後に設立された実行部隊の責任者として櫻井眞一郎さんが選ばれた。櫻井さんはそれまで私が属していた第一車両設計課にいたのだったが、課内のグループは違っても毎日のように怒鳴り声などを聞いていたので、私は内心、櫻井さんが第2車両設計課へ異動されたので、正直ホッとしたという気持ちになっていたのだ。

半月後にオヤジから呼び出されることに……

「これでうるさいオヤジがいなくなった。少しはゆったりできるだろう」という具合である。

ところがその半月後、私は櫻井さんから呼び出された。なんと「俺のところにきてレースの仕事をしろ」と命じられたのだ。最初は何が起きているかわからなかった。〝なぜ俺が……〟である。これは後に櫻井さんが新聞などで語っていたことなのだが「どうやら俺の異動で〝息抜きができる〟と喜んでいるヤツがいる。だったら俺のところでみっちり仕事をさせてやる」という具合だったらしい。

そこで「ゲン、俺はレース車をやることになった。生産車とかけ持ちで忙しいから、お前を呼ぶ」ということになったらしいのだ。ちなみに〝ゲン〟とは私のあだ名。この頃、櫻井さんの設計課では、皆あだ名を持っていたハズ。そして私は、当時の大洋ホエールズ（ベイスターズの前身）にいた人気選手、島田源太郎に由来して〝ゲン〟と呼ばれていた。

入社から7年、私が25歳になった時のことだ。櫻井学校への正式入学ということになるが、後に櫻井さんがコツコツやってきた私を評価して〝ゲン、俺のところに来い〟と言ってくれたことを知り、とても誇りに感じたのは、事実である。

櫻井眞一郎氏のもと、レース車両の車体設計部隊に入る

そうとは言いながら今度は直接、櫻井さんの雷を受けなければいけなくなる。これはただごとではない。しかし、ここまで来たらやるしかないと気持ちを切り替えた。そして本格的にプロジェクトが動き出す前にちょっとした「ロングドライブでもして気分転換」ということで仲間たちと東京〜姫路間のロングドライブを計画した。

当時、設計課の一員であった私には1台のスカイラインが順番ではあったが会社から貸し出されていたので、そのクルマでのチャレンジとなった。同行者は同じ年代の末崎三郎君と、大久保柾太郎君のふたり。クルマ貸し出しの順番がきたところでスタートとなった。

自動車の設計に携わる者として「お客様が使われる以上のことを体験しておかなくてはいけ

ない」というのが表向きの理由である。本心は「これから始まるのは生半可な仕事ではない。おまけに上司はあのオヤジであり、とことんしごかれるんだ。その前に好きなことを思いっきりやってやれ！」ということである。

燃料給油とトイレ休憩以外はノンストップで走る

当時のドライブといえばせいぜい半日くらいのもの。道路もまだ舗装率も低く、それ以上はクルマにも人間にもきつい状態であり、半日でも充分にロングドライブである。それを我々は30時間あまりの連続運転をやってみようというのである。もちろん私も含めてそんな経験がある者はひとりもいない。

5月末の土曜の夕方6時に荻窪工場を出発した。燃料給油とトイレ休憩以外はノンストップで走り続ける。ドライバー交代は3時間ごとに行った。助手席が道案内役で後部座席は仮眠を取るスペースとなった。もちろんまだ東名高速はない。荻窪から東海道に出て箱根を越え、三島、静岡と夜を徹して国道1号線をひたすら西に向かって走り続けたのだった。

使用した車両はスカイラインのマイナーチェンジしたモデルでALSI-2型である。当時、夜中の1号線といえば乗用車などはほとんど走っておらず、大型トラックが行き交っていた。そこを我らがスカイラインは走り続けて名古屋、京都、大阪と快調に駆け抜け、姫路に到着したのは午前9時頃であった。

片道15時間であるから、車両返却予定のちょうど半分の時間を費やしたことになる。もちろんここで観光などしている余裕はない。30分ほどの休憩を取ってから、今度は東に向かってただひたすらに走り続けることになった。そして荻窪の工場に付いたのは翌日、つまり月曜の午前2時半だった。

復路はさすがにペースが落ちてしまったので、18時間ほどかかってしまったが往復33時間、走行距離1300㎞を走り抜いたのである。無事故で走り続けたことは何よりであったのだが、同様にクルマのトラブルもほとんどなかったことが我々には嬉しかった。

今回のテストで〝何がどうだったか〟などは具体的に語れないのだが、長時間の連続運転にも充分に堪えうるだけの耐久性を持ったクルマであることは確実に証明できたワケだ。さらに運転していても疲労感が少ないことなども、スカイラインの大きな特徴として挙げることができたのだ。

味方になってくれた櫻井眞一郎氏

そんなロングドライブを果たした安堵感もあって、我々3人は朝8時からの始業をクルマのなかで仮眠を取りながら待ったのである。が、ここでひとつ問題が起きた。往復のガソリン代約2万円である。当時の2万円といえば大卒の初任給より高い。それだけのガソリン代を使ったワケだから経理も「こんなものいっぺんに請求されても困る」と言い、領収書を突き返してきた。

「あ、これはオヤジにも叱られるな、こんなに使ってしまって」と我々3人は思案に暮れた。ところがだ。櫻井さんは「いっぺんでダメなら分けて請求すればいいだろう」と全面的に味方をしてくれたのだ。驚いたことに、ふだんは厳しいはずの人が我々の肩を持ってくれているのだ。

それにオヤジは我々が行ったことが〝必ず市販車やレースカーに生かされる〟という確信があったから味方をしてくれたのだ。そう、櫻井眞一郎という男は単なる頑固オヤジでも、感情的に走る人でもなく、人の努力に対してはきっちりと評価を下してくれるということが本格的な仕事が始まる前に理解できたのである。

このロングドライブは社内にこれまで経験した者がいなかっただけに、とかくの話題にはなったが、オヤジさんのおかげで大問題にはならずにすんだのだった。

さて、こうして私は6月から編成されたレース車体設計部隊に入ることになり、本格的に動き出すことになる。もちろん、大命題は「翌年5月の第2回日本GPで優勝する」である。設計部門は櫻井さんの指揮の下、設計2課のメンバーが当たることになった。

通常の市販車をやりながら、GP出場車もやらなければいけない。これは覚悟はしていたものの、今まで経験したこともないような激務である。おまけに櫻井さんからは容赦のない叱責や指令が飛んでくる。私が主に担当していたのはレース関係の設計業務のまとめ補助といった仕事である。図面を出図した後の試作部門との調整や走行実験部門との調整、そしてサーキットでの実験応援などあらゆることの調整役として忙しく動き回った。

もちろん席にいることなどほとんどなかった。そんな時に入ってきた新入社員が、ふだんはほとんど顔を見せない私がいきなり席にいて、櫻井さんと平気な顔をして話している。「いったいあの人は誰？」と驚いていたらしい。とにかくそれくらい動き回っていたのだが、いよいよ櫻井学校での修行は本格的になっていく。

覚悟していた設計部門での激務が始まったのだ。そもそも、仕事を終え「失礼します」などと帰宅しようとすると「なんだ、お前は定時で帰るのか」とくる。当時は休みといえば日曜だけ。月曜から土曜まで週6日勤務は当然のことであり、おまけに定時では帰れなかった。そして残業となるワケだが、それこそ1時間や2時間といったレベルではない。4時間、いや5時間の残業が連日続き、徹夜もザラという状況だった。「本当にひどいところに来たものだ」というのが私の偽らざる気持ちであった。

社運を賭け、第2回日本GP優勝を目指す

しかし、その我々以上に働いていたのが櫻井さんだったのである。徹夜は当たり前、仕事が片づかなければ家に持ち帰ってやる。なぜそこまでしてやったのかといえば、リーダーとして我々より、常に前を走り続け、指示を出し続けるために最も多くの仕事をこなさなければいけなかった。これに尽きるのである。

当然、リーダーがそのような感じであればついていかなければいけない。「設計図が真実を語る」という信念を持ち続けていた櫻井さんは本当に図面をよく見ていて、我々に容赦のない指示を出す。確かに恐ろしいのだが、その的確な指示に対して、こちらも的確に答えを出さなければいけない。こうなると〝怖さ〟など消えていた。「やってやろうじゃないか！」と言うワケだ。

こうしたひとつの思いが課員のなかに生まれ、結果的にいい流れが自然とできる。仲よしグループではなく〝社運の賭かったプロジェクト〟を達成するという不思議な一体感である。それでも櫻井さんが本当に機嫌の悪い時や考えごとをしている時などは〝遠巻きにして見ているだけ。なるべく近づかない〟というのが当時の不文律であったが、なぜか「おい、ゲン、これはなんだ！」と私はよく叱り飛ばされたり、呼びつけられたりした。

ただ、正直なところを白状すれば私も怒鳴られることには慣れていたし、頼られることはむしろ誇りでもあった。開発本部長の中川良一さんに「レース車両をやってくれ。もちろん生産車の開発のこれまでどおりで、かけ持ちでやってくれ」と言われた櫻井さんから言われれば、嫌とは言えない。

そうして始まったスカイライン１５００にグロリアのＧ７型6気筒エンジンを積み込む作業。このプランが承認されてから本格的なレーシングマシンの作業が始まった。まず真っ先に手がけたのはエンジンの出力アップである。櫻井さんは「エンジンの生の音を聞かなければ本当の調子はわからない」と言いながら、爆音を発するエンジンの横で耳栓もしないで頑張っている。

グロリアのエンジンを積んだレーシングマシンの製作へ

私のほうは足回り担当である。グロリアの長い6気筒エンジンをスカイラインにねじ込むためにエンジンルームの防火壁（前部バルクヘッド）直前をちょん切って20cm延長し、搭載スペースを確保した特別なシャシーだった。そしてホイールベースを20cm伸ばしたから、そのサスの出来映えは当初ひどいものだった。

「まるでダックスフントのようだ」と言われたS54型は走ってみるとバランスがまったく取れていなかったのだ。ハンドルを切るたびにボディがねじれ、カーブを思うように曲がることさえできない。まるで絆創膏をべたべたと貼るようにして補強材を入れ込んでボディ剛性を確保し、なんとか曲がれるようになった。

ところが、今度はエンジンの強烈なトルクに堪えられず、リアアクスルが暴れ出す。ここではトルクロッドを追加して上下方向の力を抑制して、ようやくリアサスペンションのトラブルを解決できた。現在でも、こんな突貫工事は無謀となるだろう。それなのにコンピュータ解析すら考えられなかった時代に無謀極まりないマシン開発だったワケだ。だからといって、そこで迷ったり止まったりなどしていられるワケもなく、前進あるのみ。

さらにクルマの開発には当然のようにお金がかかる。そのために社内での稟議書も必ずついて回ったが、このプランの稟議書には〝レース〟と赤鉛筆で朱書きされていたという。私はお金のことなどほとんど考えずに自由にやっていたのだが、なんとこの朱書きがあると最優先で処理され、お金が出ていた。全社一丸となって〝第2回日本グランプリ制覇〟に向けて走っていた。本当に我々が疲れている暇などなかった。なぜなら私は設計部に所属していたが、設計以外にもやることは山のようにあったからだ。

設計部ながらタイヤの手配もした

なんとタイヤの手配なども任されたのである。これは設計の私の仕事ではない。が、櫻井さんの考えのなかには、そんな役割の違いなどは、あまり大きな意味を持っていなかったようだ。とにかく開発スタッフは1台のクルマを仕上げるために、なんでもやらなければいけなかった。

スカイラインのレース車のタイヤは「ダンロップR6」という銘柄で、当時の日本ではなかなか手に入らない状態であった。注文したタイヤが英国のダンロップから神戸港に到着することがわかったので、それが他社の手に渡らないうち、櫻井さ

んから「ゲン、取りに行ってこい！」との厳命が飛んだのだ。「誰か気の合った仲間と行ってこい」ということで、私は同期入社の実験部所属の横山一雄君を指名して一緒に行ってもらった。

「給油とトイレ以外は駐車禁止だ」が櫻井さんからの命令。我々は荻窪工場をスタートし、レース用タイヤの引き取りで神戸の港まで一気に走り抜けたのだ。タイヤとホイールとの組み付け手配、その引き取りなどと、ふつうに考えれば設計業務とはほとんど関係のないことを、最後まできっちりやらないと櫻井さんの指示を果たしたことにならなかった。

当時の人事部長からいただいたノートに書いたこと

今どきの若い人たちにとって見れば理不尽なことばかりかも知れない。パワハラでも充分に櫻井さんを訴えることだってできるだろう。だが、当時はまだそうした意識がなかったことはもちろんなのだが、それ以上に精神的な満足があったから我慢ができたと思う。

私が入社した時、小宮人事部長という方からいただいたノートに生涯にわたって気をつけなければいけないこと、大切な言葉が書いてあり、今も持っている。そのなかには「終始一貫忍耐強く自己のノート、データなどを整理していくことは将来的に技術者として最も重要なひとつである。記録の内容そのものは相当程度よくつかんでいると思うが、同じ程度のきれいさと熱意をもってノートが整理されていることが望ましい。秀れた能力がノートの形を成していないことで、つまらぬ誤解を受けぬよう、表し方、書き方などを勉強されることを望みます」とあったのだ。

私が今もって書き続けている〝島田ノート〟があるのだが、その発端を作ってくれた方なのだ。それを時々、読み返すことで櫻井さんの思い、クルマの開発の進展、そして自らの至らなさを気づかせてくれるのである。これがなかったら櫻井さんに愛想を尽かされ、ひょっとすると私はスカイラインとの関わりさえなくし、その後の人生も違ったものになっていたかもしれないのだ。

さて、ついにレース車はでき上がった。だが、この時点でプリンスの村山テストコースは未完成だったのだ。実験部隊を始めスタッフは一般道でのテストとなる。夕方に出発して国道17号線を渋川あたりまで走って明け方帰ってくる。2〜3時間仮眠して朝からまた仕事の繰り返し。おまけにレース用のクルマであったから、ヒーターもクーラーもない、内張りなしの鉄板剥き出しのクルマはサスペンションもガチガチ。当時は悪路も多く、快適とは無縁の世界である。

そしていよいよ'64年早々には鈴鹿で試走とテストが始まった。ライバルも集まっていた。最も有利だったのは地理的に近いトヨタ。関東からは日産やいすゞといったところがトレーラーにマシンを積んで練習に来ていた。

一方、我々は予算がなくレース車を一台一台自分たちの手で運転し、自走でやってきていた。ここまでくると悲しさはない。むしろ「負けるもんか」の気持ちしかなかったのだ。月曜日がテスト車の移動、火曜日がサーキットでテスト、水曜日は整備、木曜日はまたテスト走行して金曜日に整備、土曜にまた走る。試走と整備の繰り返しでまさに寝る暇もなかったほどである。

激務の果てに勝てるマシン、スカイラインGT誕生

そしてついにこれなら勝てる！というところまできた。そのマシンこそS54型である。参戦する日本GP〝GT-Ⅱレース〟にちなんで車名は「スカイラインGT」と命名され、走り出したのである。〝羊の皮を被ったオオカミ〟の完成であり、当然、'64年5月開催の「第2回日本GPタイトル獲得」には自信を持って臨んだ。

スカイラインGT（S54A-Ⅰ型）をホモロゲーション用に100台生産して販売し、同時にスポーツオプションとしてウェーバー製サイドドラフトツインチョーク気化器3基など、エンジン関係やサスペンションなどを強化するための各キットも揃えられた。こうしたパーツがレース車両には組み込まれ、パフォーマンスを向上させて日本GPに臨んだワケだ。

もちろん、このマシンは翌年の'65年2月に発売される125psのスカイライン2000GT、つまりS54B-Ⅱ型となるワケだ。同年9月2バレルキャブレター1基とした105ps仕様の「2000GT-A」（S54A-Ⅱ型）が追加されると、125psモデルは「2000GT-B」となった。

これでGT-Aには〝青のGTエンブレム〟の青バッジ、GT-Bには〝赤のGTエンブレム〟が与えられ、これによって「青バッジと赤バッジ」が誕生したことはスカイラインファンにはあまりにも有名な話である。

スカイラインの販売復活は第2回日本GPにかかっていた

さて話を本来の'64年の開発時に戻すと、日本GP直前の3月2日の試走で3分の大台を切った。ここまで来るとドライバー

の腕も上がってきて、同時にマシンのバランスもさらによくなっていった。ついに2分50秒に手の届くところまできた。これならいけそうだ。昨年のGPでの惨敗で売れゆきが急降下していたスカイラインが復活できるかどうか、この1戦にかかっていた。

第2回日本GPでポルシェ904に惨敗！

もちろん我々は'64年の第2回日本GPに参戦するため自信満々で鈴鹿へと乗り込んだ。ところがそこに待っていたのはトヨタでもいすゞでもなく、見たこともないような低いボディのポルシェカレラ904GTSである。GP直前になって100台のホモロゲーションを達成して日本に上陸していた1台であり、当時の最新鋭のマシンであった。

我々のスカイライン2000GTの最高速は国産最高速の時速170㎞。方や904は最高出力180ps、車重わずか650kg、最高速は時速260㎞である。コイツのスタイルを見ていると昨日まで、あれほど逞しくカッコよく見えていた、我らがスカイラインはいかにも不格好に見えてしまった。

スカイラインは平凡な4ドアであり、ポルシェより30㎝も背が高く、車重は1トンを超え、最高出力も165psまでようやく達していたところである。勝ち目はない。

実際の決勝では「スカイラインが外周だけとはいえポルシェを抜いた！」などとスカイライン伝説の始まりのレースという人も多いのだが、私たちにしてみれば、必勝態勢で臨んだ第2回日本GPでも、このポルシェに惨敗したのである。櫻井さんに必勝を厳命した中川さんも1週間前から四日市のステーションホテルに泊まり込んで最高指揮官として臨んだというのに……。17万人もの観客が押し寄せた決勝で、例え相手がポルシェとはいえ負けは負けである。砂子義一さん、生沢徹さんなど名手たちの手にかかってもマシンの性能差はいかんともし難いのだ。

それにしても砂子さんというドライバーは凄い人だと思った。今もお付き合いいただいているのだが、ふだんはとても気さくな人である。それがひとたびサーキットに出ると、まさに鬼神のような走りを見せる。後にR380で走る砂子さんに対して、「時速300㎞でコーナーに突入していって、コーナーを上手く回れるなんて凄いですね」と言った。

砂子義一選手の優しさとR380開発に向けて

すると砂子さんは「ゲンちゃんだって、真っ白な紙の上に図面を書いていけるなんて凄いことだよ。それと一緒だよね」。こちらを立ててくれたのである。何とも心優しいレーサーだなって感じたものだ。

その砂子さんにしてもポルシェ904から10秒遅れてのゴール。そこからさらに10秒遅れて生沢さんがゴール。優勝は逃したが、6位までスカイライン勢が占め、7位にフェアレディ、さらに8位にスカイラインとトップテンにずらりとスカイラインが並んだことは大きな話題となった。

スカイラインは徐々に売れ出したのである。ディーラーには「レースで活躍したあのクルマは売らないのか?」といった類いの問い合わせが殺到していた。そして前出のスポーツセダン、GT-AやGT-Bの登場となる。スカイラインというブランドが明確に確立されたとも言えるが、しかし我々に取ってみれば負けなのである。

ここでプリンスは雪辱を期し、スカイラインGTの設計チーフである桜井さんを中心として「純レーシングカー」である「プリンスR380の開発」に取りかかることになる。日本初のプロトタイプレーシングカーの開発がスタートしたのだ。

もちろん私も参加を命じられた。車名のRはレーシング、数字の380はプリンスとして〝38番目のプロジェクト〟を意味していた。レーシングカーに関して経験ゼロからのスタートである。その始まりは'64年夏であり、急ピッチで進められることになった。

市販車をベースにするのではなく、まったくの白紙から本格的なレーシングカーを1年弱で開発する。これまで以上に時間がないのだ。もはや不平や不満などを言っている場合ではない。ここでも我々は進むしかないのだ。

私はこうした経験から〝亀は休むことなく1㎜ずつでも前進する〟という持論を持つようになっていた。学歴もない私は悩んでいる暇などないのである。

担当はやはりアクスル関連であるが、櫻井さんからは「なんでもやってもらうぞ」という圧力がすでに伝わってきていた。

'64年の第2回日本GPで〝スカイライン伝説〟が誕生したとはいえ、それは決して勝利ではなく、負けからのスタートでしかなかった。次の第3回日本グランプリという目標が定まったのだから、あとは進むだけということだった。

904を打倒するためR380の開発が始まる

櫻井眞一郎さんを中心として急ピッチで国産初の「純レーシングカー、プリンスR380の開発」が始まった。すでにクルマを実際に走らせるまで半年ほどしかない。8月にスタートした開発は遅くとも年内には実際に走ってテストできる状態にしなければいけない。

「この期間のなかでやれるのかなぁ……」。これが正直な気持ちだったのだが、迷ってなどいられない。櫻井学校では弱音は吐けないのだ。

まず、日本ＧＰ直後の5月頃から櫻井さんが基本的なスタイルやパッケージングといったレイアウトを決めていく。形を粘土から削り出していくのだが、そこは我々が手を出せる部分ではなかった。ようやく8月頃になって全体の形が決まったところで我々が手を出せるようになったのだ。

ここからはエンジンはこうだとか、ドライブシャフトはこうだとか、話がより細部にわたって具体的になっていった。8月の終わり頃から本社の設計室の中二階に閉じ込められて、激務が始まった。夏休みも当然なかった。

もちろん削り出されたボディを見て「カッコいい」とか「速そうだ」とか、そんな感想などを持っている暇さえない。「何をおいても勝てるマシンを作らなければいけない。やるしかない」と前に進むしかない。暇もなく、ゆとりもない。

一個一個の部品が決まって、それを検討して、社内でできない物は外注へと出す。そういう物がすべて揃ってテストできるようになるには年明けの1月頃までには終わっていなければいけない。いや勝つための熟成の時間を考えると年内には走れるところまで仕上げなければいけない。

本当にできるのか？ という気持ちに常に襲われる。まるでロボットのようにやるしかないだろうという、途中で諦めるなら会社を辞める、そう、腹を切る覚悟とはまさにそんな感じだったのだ。今思えばあんな気持ちになれたのも櫻井さんのリードのしかたが絶妙だったからかも知れない。

言い渡された私の担当はアクスル関連

「なんでもやってもらうぞ」と櫻井さんから言い渡された私の担当はもちろんアクスル関連であった。例えば、Ｒ３８０に使うブレーキ部品の購入も任された。車両は軽量化に徹底的に取り組むことにした。シャシー関係を担当していた私はロードホイールの軽量化のためにマグネシューム合金を使うことにした。さらにはブレーキにも円盤形のディスクブレーキの採用も決まった。

国内ではまだこの方式のブレーキは開発されていなかったため、イギリスの「ガーリング社」のブレーキを採用することにした。サンプルをもとにブレーキ周辺を設計し、ブレーキ本体はガーリング社から購入というプランだ。そして購買部門を通じて注文したのだが「東洋の名も知らない自動車会社がこんなに大量に注文してきた。いったい何に使うんだ？」というのである。

さらに「使用状況を説明してくれ。それに納得できれば注文に応じるかどうかを判断する」ときた。当時の日本の工業力をみればある意味、彼らからの当然の回答かも知れない。しかし、私はすでに櫻井さんのもとで入社以来必死に設計の仕事に取り組み、レーシングカーの現車も目にし、多くの文献も調べてきている。もちろん、市販車のブレーキを設計し、多くの人たちの手に渡っている。私としてはガーリング社を納得させるだけの設計図を書けると充分な自信があった。

すると、今度は先方のエンジニアが来日して"確認したい"ということになったのだが、ひとつだけまずいことがあった。私はまったく英語がダメであり、満足のいく説明ができるかどうかもわからなかった。それでも当初私は職場にいる英語ができる上司や先輩に同席してもらえば問題はないだろうと考えていたのだが、打ち合わせ当日になってみると上司も先輩も都合が悪くなったのだ。おまけに彼らの来日を手配してくれていた購買部の人たちまで来られないというのである。

英語がダメだったので不安に思っていたが……

万事休す、大変なことになった。当然英語ができませんでしたでは、櫻井さんが許してくれるはずもなかった。「もうこうなったら設計図と度胸で話をつけるしかない」と覚悟を決めた。幸いにして設計図というのは万国共通の言語で書かれていたセンチとインチの単位違いは換算すればすむ。来日されたのはガーリング社のＰ・オッペンハイマーさんとＪ・Ｆ・ウッドさんのふたりだった。

設計図での説明もなんとかなったとはいえ、言葉が通じれば1時間ですむ打ち合わせは3時間にも及んだのだ。そんなたどたどしい交渉ではあったが、3～4日してから了承という返事がきて、この時は本当にホッとした。

ブレーキユニットが予定どおりに入荷されなかったら、ただでさえゆとりのない開発スケジュールがさらに窮屈になってしまい、クルマの完成時期も大きく狂う可能性もあったから本当に安堵した。それと同時に、この時ほど"英語をやっておけばよかった"と思ったことはなかった。

さて、私の仕事はタイヤの組み込みなどを含めて手配にまで及んでいた。櫻井さんにしてみれば「ホイールの設計をやったのがお前だから、タイヤもお前がやれ」ということである。この件に関しては現在も東京・新宿の富久町にある創業１００年を超えるタイヤの老舗、長島商事さんには本当にお世話になったのだ。

櫻井氏のもと、チームが結束し、開発が進んでゆく

　当時のタイヤといえばダンロップ、グッドイヤー、ファイアストーンなどが使われていた。国産ではブリヂストンタイヤがようやくレース用タイヤを作り始めた時期であるが、そのタイヤの手配を長島商事さんに頼み、さらには神戸製鋼さんにお願いしたマグネシウムホイールに組み込む。

　ホイールのリム部の肉厚は、当初８㎜でスタートした。マシンが進化するごとに毎年１㎜ずつ減らしていって、最終段階では４㎜までになった。量産車とは違い、レース車の場合、試験期間や設備が充分でなかった。サーキットの周回を見ながら、クラックのチェックを行うと同時に、いろいろな対策や整備をやっていたのである。チェックは試作部の専門家がやってくれるが「クラックは入っていませんでした」との報告をしたただけでは、もちろん櫻井さんは「よし!」とは言わない。必ず「お前も見たのか?」とくる。心のなかでは「もちろんです」と言いたかったが、そこはグッと抑えて、ただ「はい」と答えておいた。こういう会話ができないと、櫻井さんは話をしてくれない。

　長島商事さんで組み込んでもらったタイヤを、サーキットに運ぶのも自分の仕事だった。なんでここまでと思う間もなく、櫻井さんから、次の指示が出てくる。こういうやり方がすっかり身についてきた。ほかの設計者はちゃんと製図板に向かっているのに、なんで俺だけが、と思う間もなかったように忙しかった。すべてが万事、こうした仕事のやり方だった。ただし、製図板に向かっていただけでは得られない多くの人々と関わりができて、ずいぶんとためになったのも事実だ。

　その後、長島商事さんとのお付き合いはＲ３８３時代まで続くことになるのだが、こうした人と人との繋がりが多くの伝説や記録を作る基盤になっていることは事実である。

　さて、時間はどんどんなくなっていく。留まることを許されない私は不眠不休が続いていた。当時の島田ノートを見ると、その表紙には勢いのある書体「Ｒ３８０」と赤い文字で書かれている。それは「迷っている時間などない、やるしかない」という断固たる気持ちの表れだったと思う。

櫻井眞一郎氏はチームの結束力を最重要視

　そこには〝私を含めスタッフの不平や不満〟が入り込むような余地はなかったことが書いてある。後に櫻井さんが語っているのだが、国産初のレーシングカーをゼロから作ることでの最大の懸念事項はといえば「チームの結束が乱れること」だと考えていたのだ。さらにクルマ作りの経験の浅さを補うには、どうすればいいか常に考えていたというから、それに比べてしまえば我々の悩みなど大したものではない。

　そして櫻井さんが得た結論とは「能力、忍耐、根性、馬力などすべてにおいて同じベクトルを持つチームによる結束」が重要ということ。困難な状況下で不平や不満が少しでも入り込んだら結束は飛んでしまうと考えていたのだ。

　しかし、我々櫻井学校のもとで鍛えられた人間たちにすれば、そんな不平や不満を言っている場合ではないことを充分に覚悟していた。当然だが、その時点でスタッフたちのベクトルはすべて翌年の日本ＧＰの勝利に向いていたのである。逆にもしポルシェ９０４の参戦がなく、スカイラインGTが1位から上位を独占するようなことになっていたら、これほどの熱さ、熱量は生まれなかったのかもしれない。プリンスは、いや日本のモータースポーツは〝井の中の蛙〟になっていたかもしれない。

R380はようやく走れるところまできた!

　その意味から言えばポルシェ９０４の参戦は非常に貴重な刺激だった。強いところへ挑戦していかなかったら、本当の力を養うことができなかったと思うからだ。

　さて、Ｒ３８０はどんどん完成に向かっていく。量産車の場合は開発年数もあるし、いろんな角度での検証や確認もできる。だがレーシングカーは、そんな悠長に確認したりできない。テストを繰り返しながら仕上げていかなければいけないからだ。

　例えばレーシングカーが決勝で走るのはせめて60周程度である。そこに５００周も走れる強度の部品を使う必要は当然ないし、そんな部品は無駄遣いだ。極端な話だがレーシングカーの部品は61周保てばいい。そこでまず20周のテストをして、保つかどうかを見る。次にさらに20周、さらに20周と、周回を増やしながら強度を見ていく。いきなり60周走ることはないのである。

　切迫したなかで、そんな地道なテストを繰り返しながら部品を仕上げていくのだ。もちろん、櫻井さんを納得させるにはいっさいの手抜きは許されない。そうしてなんとかＲ３８０は年内に走れるところまで辿りつく

ことができた。

　試作第1号車が村山のテストコースで、責任者である櫻井さんを待っていた。私は「お前も来い」という櫻井さんの命令でテストコースに一緒に向かった。すでに準備を終え、たたずんでいるR380を目にした時、「やっと走るんだな」などと感傷的な気分になる暇もなく私は櫻井さんのドライブするクルマの助手席に乗ることを命じられた。

櫻井氏の運転に驚愕！そして速度記録への挑戦

　しかしながら、性能が未知数のクルマに乗りたいヤツなどそうはいない。それも作りの雑な助手席である。少々の不安があったものの、覚悟を決めて櫻井さんの横に乗り込んだ。エンジンをスタートさせ、コースイン。当然2～3周くらいは慣熟走行をするだろうと思っていたが、そんな思いは瞬時に恐怖へと代わった。

　いきなり櫻井さんはフルスロットルで第1バンクに向かって加速していく。時速200㎞のままバンクに突っ込んでいくのである。「なんてことをするんだ」とさすがに怒りがこみ上げてきた。しかし、恐怖で何も言えない。櫻井さんはそんななかでもいろんなことを考えているようであった。

　そして「おいゲン、エンジンが少し暴れるな、ちょっと後ろを見てくれないか」というのである。こっちはバケットにフルハーネスで縛りつけられているので、後ろを見るなど至難の業。確認だって簡単にできるものではない。〝このオヤジはなんてヤツだ〟と思いながら確認すると、やはりエンジンが多少踊っていた。

　時速200㎞以上で、できたばかりの試作車でそんなことを確認させるのである。さすがにテストが終わった時は「オヤジさん、慣らしもなしにいきなりあんな走り方をしたら危ないじゃないですか」と怒ってみせた。すると櫻井さんは「飛行機のテストは落っこちたら、それでお陀仏だ。それに比べればこっちはバンクでひっくり返る程度が関の山だろう」とまったく反省している様子がなかったのである。

　ま、予想どおりの反応ではあったが、今改めて思い出してみてもなんとも強烈なテストである。そうして仕上がったR380だが、なんと今度は'65年の第3回日本GPは中止となったのだ。

R380-I型の第1回スピード記録会

　レースが中止となればしかたない。そこで我々は谷田部の第1回スピード記録会にR380-Iで挑戦することにした。技術的な停滞を起こさないためにも、常にチャレンジすることが求められていたのだ。その記録会で杉田幸朗さんのドライブによりEクラスの6つの国内記録を樹立したのだが、いっぽうですでに知られていることだが、トラブルにより横転事故を起こしてしまった。

　杉田さんは南バンクで横転した際にドアが開き、足が出ちゃったのだという。「これではやばい」ということで、背面で滑りながら足を引き入れ、かすり傷ですんだ。本当に安堵したのだがクルマは壊れてしまった。終了後は谷田部のコース内にある整備場に持ち込まれて入念な調査を行われ、原因の究明が続いた。

　しかし、櫻井さんは決してその真相を明かしてはくれなかった。私たちに対しても、「近寄るんじゃない」というのである。もし自分がやったところが原因であれば呼ばれて一緒にやらされていただろうが、それはなかった。逆に「お前たちは飯食って寝てろ」というのである。

　言いつけどおり、私は宿舎に戻って寝た。そして次の朝、コースに「少し早めに戻ろうか」と考え、朝食もそこそこに現場に行った。するとどうだろう、櫻井さんは昨日のままの姿でまだ原因を探していたのだ。たぶん、それは次の日も続いていたと思うが、最後まで櫻井さんは本当の原因を明かすことはなかったのだ。当然我々も憶測や噂だけで話すことはできない。少なくとも私も技術屋の端くれだから、見てもいないことを見たようなことは言えない。いろいろなところで話が出たりしているが〝わからない〟が真実である。

最後まで櫻井さんとともにしたクルマ人生

　さてその後のR380の成功は、愛のスカイライン誕生や伝説の50連勝などへと繋がっていくのだが、それは今さら述べるまでもない。私もその後、オーテックジャパンからエス・アンド・エスエンジニアリングという具合に最後まで櫻井さんとともに過ごすことになる。

「そろそろ島田さんも櫻井さんから離れ、好きに生きてみたら」などと言ってくれた人も多くいた。しかし、私はあのスピード記録会でのアクシデントの原因を徹底的に追求する櫻井さんの、鬼気迫る姿を目の当たりにしてしまったのだ。技術者としてのあの命がけの姿と目の鋭さを見たからこそ〝この人についていこう〟と決めたように思う。もちろん、叱られてばかりの人生だったが決して後悔などなかった。これで私の証言を終える。

↑設計図の書き方から学び、徐々に周囲から評価されていく島田氏。そうした努力が認められて櫻井眞一郎氏の要請があった

↑当時、富士精密機械工業にはまだ主力は初代スカイラインしかなかった。入社後、設計の初歩から教わった深井宏衛氏（右）と島田氏（左）

↑カーナンバー39、砂子義一氏のマシン。最後までポルシェに食らいつき、そのポルシェに10秒遅れでの２位を獲得している

↑'64年、プリンスはサーキットレースだけでなく第６回日本アルペンラリーにもスカイライン1500とグロリアが出場

↑まだ庶民にとって自家用車など高嶺の花だった時代にスカイラインやグロリアなど高級車の開発に携われたことは「大きな喜びでもあった」と島田氏

↑1963年10月、姫路到着後の記念写真。写真後ろが島田氏で、このあと30分の休憩を取った後に東京へと向かったという

↑1967年10月に行われた第２回スピード記録会。トレーラーに積まれたR380-Ⅱの横で記録達成を期す島田氏。ボディ横にNISSANの文字

↑日本グランプリが開催された結果、スカイラインは復活して各ディーラーではGPでの凱旋イベントが行われた

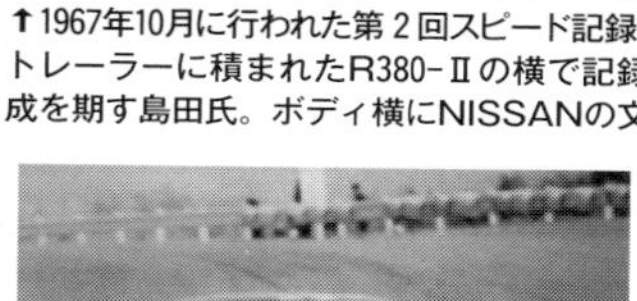

↑'66年に行われた第３回日本GPでは砂子義一氏のドライブによってR380が優勝した。すでにこの時は日産R380となっていた

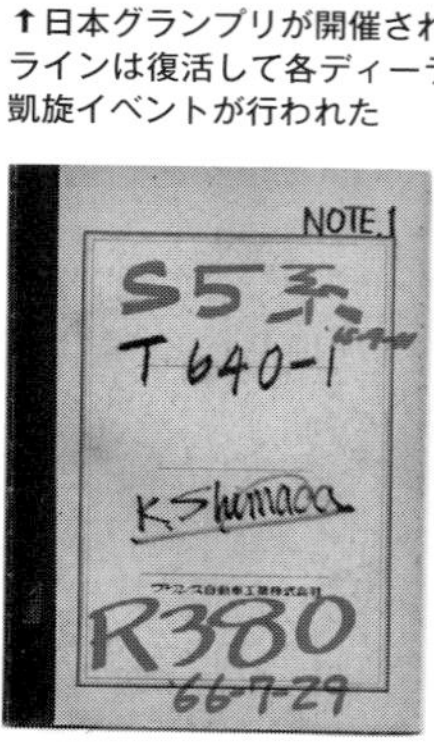

←R380の開発に突入した時、島田ノートの写メに文字は赤くなり、自体もどこか勢いのあるものとなっている。さらに名前もアルファベット表記のサインとなっている

第9章

松田栄三

トヨタ2000GT開発初期メンバー

EIZOH MATSUDA

まつだえいぞう●1930年兵庫県神戸市生まれ。

旧制中学（現在の高校）卒業後の'48年、トヨタ自動車に入社。技術部の物理試験課に配属され、鋼材研究やクレーム品原因調査などを担当。

'51年から技術員として軍用型トラック、ランドクルーザー開発テストを始めとした量産市販モデル全般のテスト及び問題対策、開発テストに携わる。続いてRS型クラウン、RT型コロナなど、初期の乗用車開発テストを担当。

そうした実績により'63年、第1回日本GPのレースサポート業務を担当。'64年には第2回日本GPの業務を担当し、年末に主査室（製品開発）に異動しトヨタ2000GTの量産化担当車両評価レースチームの開発テストやレースの実務担当として招集を受ける。

トヨタ2000GT開発初期メンバーのひとりとして招集され、サーキット活動や世界速度記録挑戦にも携わる。ほかにもコロナのラリー車開発、トヨタ1600GT、トヨタ初のレーシングカーとなるトヨタ7開発など、多くのレース関連の開発に携わる。

'82年には士別試験場の建設などコース設計など担当。'85年、海外技術協力部でインドネシアの現地法人指導。'90年に帰国し、年末に定年退職。'91年にマリーン事業企画室に再就職し、'94年に再退職。勤続年数45年はトヨタ自動車の最長記録である。

トヨタ入社はある意味必然だったといえるのだ

物心ついた頃から絵を描いたり、物を作ったりすることは好きだった。しかし、私たちが幼い頃、一般家庭において自家用車を持つということは、相当に特別なことであり、人々の夢にすらなっていなかった時代。当然、クルマが身近にあったり、興味を抱いたりすることもほとんどなかった。そんな少年期を過ごした神戸だが、厳しくなる戦局に合わせるかのように空襲も激しさを増し、ついに巻き込まれた私たちの家はほとんどを消失した。私が中学1年の時である。

焼け出された私たちは、後にトヨタ自動車販売の取締役社長となる叔父、加藤誠之（かとうせいし／実母の実弟）を頼って愛知県挙母市（ころも／現在の豊田市）に転居。終戦もここで迎え、そして旧制中学（現在の高校に当たる）を卒業となった時、自らの進路について向き合うことになった。

終戦直後の荒廃した日本はまだ混沌のなかにあり、同時に私には大学に進学するほどの経済的余裕もなく、就職という選択は自然の流れだった。そのいっぽうで兄や姉はすでにトヨタ自動車（以下トヨタ）に勤めていたし、叔父の関連でトヨタへの就職という選択が最も現実的な進路だと考え始めていた。

そしてついに従兄弟である弓削誠（後の東京トヨペット社長）の勧めもあり、1948年の9月に私はトヨタに入社することになった。改めて考えてみれば私の周囲にはトヨタという会社に携わる人たちが多くいて、ひょっとすると、この道は早くから決定づけられたものであったのかもしれない。

だが、トヨタへの就職を考え出した頃であっても、私は特段、クルマに興味があったワケでもなく、関わりもなく過ごしていた。おまけに学校も普通科であり、技術的な知見があるワケでもなかった。だが配属されたのはなんと技術部の物理試験課である。右も左もわからないまま、鋼材研究やクレーム品の原因の調査などを担当することになった。とにかくここからの実践が私の学びの場ともなることを自覚し、仕事に没頭することになる。クレーム品などの原因調査や鋼材の研究などを行いながら私は貪欲に経験を積んでいった。

ちょうどこの頃であるが販売力の強化を目的に、トヨタは販売部門を分離独立し、トヨタ自動車販売株式会社（トヨタ自販）を設立した。'50年4月3日付けで社長には神谷正太郎が就任。トヨタ自販の役員および課長以上の幹部のなかに叔父、加藤誠之氏の名前が月賦販売部長としてあった。が、だからといって開発部門にいた私の仕事に大きな影響がまだあるワケではなかった。

朝鮮戦争での特需が後の乗用車開発へつながる

そんな状況で朝鮮戦争による特需景気が始まった。在日のアメリカ軍などから次から次に注文が入ってくる。そして私は'51年、技術員として軍用型トラック、ランドクルーザー開発テストをはじめとした量産市販モデル全般のテストなどに関わるようになった。すでに入社から3年あまり、開発テストなどに携わることで経験は多少なりとも積んでいたが、膨大な仕事量に対して人員は大幅に足りないような状況で、私は多忙を極めた。

6輪駆動トラックなどを次から次へとラインで製造し、そこで不具合をチェックする。さらに一般路に乗りだして市街地テスト走行を行ったりするのだが、とにかく在日アメリカ軍などの検査は実に厳しい物だった。こうした厳しい最終チェックなどを経験することが、後の乗用車開発の時の品質向上には大いに役立ったのである。

こうした軍用車のほかにもFR型バスの開発という仕事もあった。まだボンネット型のバスが主流だった頃にトヨタがリアエンジンバスを開発していたのだが、'53～'54年に製造されたのがFR型だ。また、ランドクルーザーなどの開発テストでは悪路耐久性テストなどを行うなど、私の仕事の担当範囲はどんどん拡がりをみせていた。

当然のように、来たるべき自家用車時代のため、RS型クラウン（RS20、RS40）、RT型コロナ（RT20）、そしてUP型パブリカなど、トヨタにとって重要な乗用車の開発テストを担当した。

気がつけば入社からすでに16年が経過し、私は32才になっていた。当時、第3試験課にいた私にひとつの転機が訪れた。それまでの実績によるものだったかもしれないが、'63年、「第1回日本GP」のレースサポート業務を担当することになったのだ。当時、モータースポーツやレースといっても、ほとんどの人にとっては"どんなものか"もよく理解されていないような時代である。

この戦後初の本格的な自動車レースの始まりとされている第1回日本GPだが、2日間の期間中の観客は20万人を超えた。しかし、そのいっぽうでギャンブルレースである「オートレース」と勘違いするという人たちもかなりいたのだ。さらに参加者のなかにはアマチュアレベルのドライバーも多くいた。

トヨタはこのレース以前にもモータースポーツ活動がクルマの開発には欠かせないものと考え、いくつかの挑戦を始めていた。例えば、第1回日本GP以前の活動には'50年代に存在していたレース車であるトヨペットレーサーの開発や第5回豪州1周ラリー、そして日本1周読売ラリー、中日ラリーなどへの参戦があるのだ。

だが、こうしたレース活動時に組織されたチームは、言わば臨時のものであり、恒久的なものではなかった。おまけにそうしたモータースポーツ活動を主導していたのはトヨタ自販であり、販売戦略上の企画として捉えられていた。例えトヨタ自工が関与したとしても、それはごく限定的なものであった。

それが'63年1月、第1回日本GP開催を契機に、各設計課で準備作業を本格的に行なうことになったのである。主査室には製品企画室の芦田極主査、試作課には八木五州彦工長、そして試作課の私が指名され、さらに10名以上のメカニックや試験係の人員が集められたのだ。

同年4月には後にチーム・トヨタの監督となり、モータースポーツ活動を牽引することになる河野二郎主担当が正式にレース担当責任者として着任した。また、ジャーナリストの池田英三氏がアドバイザーとして参加し、レースに関しては素人ともいえる我々を指導していただいたのだ。こうした本格的な体制のおかげもあり、参加したクラウン、コロナ、そしてパブリカの全車が優勝できたのである。

この記念すべきレースで私たちの主な仕事といえば、ユーザー出場車のサポートを行うことでもあった。安全面はもちろん、エンジンオイルやタイヤに至るまで我々はサポートした。エンジンオイルとしてカストロール、タイヤはダンロップを使用した。

そんななかで私が担当したのはC-ⅥクラスにS40系、2代目クラウンのトヨペットクラウンで参加し、優勝を飾ったレーサーの多賀弘明氏である。非常にクレバーなドライブをする人だと感心したことを覚えている。多賀さんのおかげでレースに勝つことの充足感、満足感、そして魅力を実際に味わうことができたのである。

当時、各メーカーやJAFとの申し合わせで「どのメーカーもGPへの積極的な関与はしない」といった紳士協定があったのは事実だ。しかし、どのメーカーもそうしたことを理解しながらも、このレースを恰好のアピールの場と考えていた。ある程度の改良を加え、さらに腕利きの契約ドライバーを乗せたクラウンでいすゞベレルや日産セドリック、フォードタウヌスを抑えて結果を出せた。

さらに初代のパブリカには式場壮吉氏、2代目コロナ（RT20）に深谷文郎氏も各クラスで勝利を掴んで、第1回日本GPを終えることができた。もちろん、この時の勝利は大きな宣伝効果を持っていたし、営業部隊は大いに宣伝し、販売に利用した。ちなみに私は多賀氏が乗って勝利した時のクラウンを安く譲ってもらって、自家用車としたのである。

第1回日本GPでの活躍がトヨタを苦しめる!?

ただ、この第1回日本GPの開催時なのだが、河野氏をはじめ、検査部の保坂泉係長、高橋敏之氏、東京トヨペットの神之村邦夫氏などが本場のレース調査のためサファリ、欧州、東南アジアの各地を視察に出かけ、不在だったことは少し残念だった。

それでも、この時の本格的な着手があったからこそ、トヨタのモータースポーツは加速度的に発展するのである。いっぽうでこの勝利は他社から「協定破りだ」とか「うまいことやりやがって」と、ひどく妬まれもした。

そんな思いをライバルメーカーが抱いたまま、翌年の第2回日本GPを迎えるのだが、完全に憎まれ役の立場となり、いくつかの妨害も受けることになる。もちろん、各社とも完全なワークス体勢を取って臨んできたし、我々も前回以上に力を入れて挑んだのだ。

こんな話もある。鈴鹿での予選を終えて帰る時、爆音のレーシングカーが20台くらい連なって国道23号線を走り、愛知県警の交通機動隊まで出動。時速120㎞以上での集団暴走であるから当然のことだが、捕まったのは先頭を走っていた私だけ。ほかの人たちは名古屋市街へとバラバラになって去ったため事なきを得たが、なんと私への罰金は5万円。大卒の初任給が2万円少々の当時としては本当に大金であった。もちろん、今となっては笑い話である。

本当の問題は本番レースの直前で起きた。クラウンの排気管が車検を通らないというのである。この時の検査員というのが各メーカーの技術員が担当するという、今では考えられない状況である。いくら説明しても投入した6台のクラウンが通してもらえない。

それを河野氏に伝えると、「トヨタ全車をレースから引き上げる」という指示が出た。一年間準備をしてきた我々にすれば悔しさもあったし、実に残念だったが撤収の準備に入った。

すると今度は「負けてもいいから出場しなさい」という指示が入ってきた。このGPから主催者となったJAFの名誉総裁を務められていた高松宮様が、入院先でこの第2回日本GPについて「なりゆきをかなり心配されている」という言葉が、真偽はわからないが入ってきた。

そんな状況で、もしトヨタが不参加となれば、さらなるご負担をおかけしてしまうという判断があったからである。私たちは何とも釈然としない思いを抱えながらレースの準備に入った。

第2回日本GPで我々トヨタは悪者扱いだったワケだが、それでも一検査員の判断で当初の車検不通過となることはないと思っていた。これはあくまでも私見ではあるが、もっと組織的な意向が働いただろうと思ったのである。

さて、クラウンが参加したT-Ⅵクラスのレースが始まった。最大のライバルはプリンスグロリア（S41）である。我々クラウンのドライバーは昨年の勝者の多賀氏、そして式場壮吉氏、寺西孝利氏である。レース展開は序盤から白熱すると思われたが、1位をいく大石秀夫氏のグロリアを先行させるために、ほかの2台が式場氏をブロックしてきたのである。これもチーム戦略といってしまえばそれまでだが、結果は大石氏と杉田幸朗氏のワンツーフィニッシュとなった。我らが式場氏は結局3位となったのだが、これには続きがある。

　レース後に1位となったグロリアを分解して点検してみたところ、いくつかのレギュレーション違反があったと聞いている。だが、当時のプリンスの社内状況を鑑みた結果、〝武士の情け〟という配慮があり、さらにトヨタ側の河野氏の了承もあったからリザルトは成立したと聞いている。もし我々が不服を強く申し立てれば、式場氏の繰り上げ勝利となったかもしれないのだ。もちろん、負け惜しみと捉えられるだろうが、クラウンにはレギュレーション違反はなかった。

　こうした騒動で我々実働部隊にとって何より悔しかったのは「トヨタ惨敗」とマスコミに書き立てられたことだ。T-IIクラスではパブリカ（UP）が1～3独占だったが、スカイライン1500に上位独占を許したT-Vクラスではコロナの勝利はなかった。実は'64年9月にフルモデルチェンジを受けて、新型のRT40となる予定だったコロナは当初、このGPには参加しないことになっていた。

　しかし、モデル末期とはいえRT20を販売しなければならないディーラー側の要請もあって参加を決定した。正直、負けを覚悟しての参戦だったが、ドライバーには若き天才として注目度を上げていた浮谷東次郎氏、そして名手の田村三夫氏、さらには後の自動車評論家、徳大寺有恒氏となる杉江博愛氏というメンバーで臨み、決して諦めるつもりはなかった。結果は浮谷氏が最上位の11位、田村氏が14位、杉江氏が16位だった。

　なかでも印象深かったのは浮谷氏だ。彼は「もしトヨタがレースをやるなら、ぜひ俺も採用してくれ」と河野氏に自薦で応募してきた人だという。アメリカでの武者修行も行い、実力もあるが、同時にレースへの思いも人一倍強かったのである。だから〝間もなく旧型となるRT20での参戦〟であったとしても、勝利へのこだわりまで捨てる気がなかったのだ。そしてある深夜、準備中の私のもとへ浮谷氏から1本の電話が入った。「じっとしていられないんです。何か僕にできることはありませんか？」というのである。その声には鬼気迫るものさえ感じた。そこで私は「ボディの軽量化をギリギリまでやってくれないか」と頼んでみた。すると彼はすぐにやって来て、鉄板ヤスリを手渡すとボンネットを削ってくれたのだ。そんな真剣な態度とレースに対する純粋な思いを理解できたと感じていただけに、後に彼の訃報を聞いた時の衝撃は大きかった。

苦汁を飲まされた第2回日本GPから得たものとは

　こうして不本意とはいえ、第2回日本GPを終えたあたりから私にとって日本GPを始めとするレース活動が生活の一部にさえなっていることに気がついたのだ。そしてそんな私のもとに、新たなプロジェクトへの参加指令がもたらされる。

　第1回日本GPの大勝利から一転、翌'64年5月開催の第2回日本GPではパブリカがなんとか1～3位を独占するものの、コロナやクラウンなど主力モデルは惨敗というままでは終われないのだ。私の感覚なのだが、このあたりから世界にしっかりと通用するスポーツカーをトヨタも持たなければいけない、という気運が社内的にどんどん盛り上がっていったように思う。もちろん、それはプリンスのスカイラインGTがポルシェ904GTSに敗れた現実を目の当たりにしたことにも一因があったと思う。

　さらにモータースポーツが市販車の開発にとって大きな影響を与えるという認識も、こうしたいくつかのレースを経験したことで急速に開発陣のなかに広がっていった。そんなトヨタの開発意欲が上昇基調にあったなかで思い出されるテストドライバー、いや当時はメカニックだったがひとりいる。現トヨタ自動車社長の豊田章男氏が〝自らのドライビングの師〟として尊敬していた故・成瀬弘（なるせひろむ）氏だ。

　ご存じの方も多いと思うが成瀬氏は'10年6月、ニュルブルクリンク郊外の一般道での事故で亡くなられた。当時、約300人あまりいたトヨタのテストドラーバーのトップにいた彼の訃報は私も含め各方面に大きな衝撃を与えた。私が定年直前に車両試験課で2度ほどお目にかかったのを最後に、お会いすることはなかったし、OBの会や2000GTの会などの親睦会にも参加されることはなかった。

　その成瀬氏だが、第1回日本GPの頃からメカニックとして配属されたのだが、個人的なことについてはほとんど話をした覚えがない。当時の私はといえば、技術関係やレース車開発、トレーニング走行でのテスト、レース本番、そしてヤマハとの折衝対応など、かなり仕事は広範に渡っていた。

　その時に、成瀬氏も含めたメカニックを取りまとめていたのは当時の工場長であった平博氏、そして高橋敏之氏だったと思う。その組織のなかで成瀬氏がメカニックとして活躍されていた。

若き日の成瀬弘氏とともに仕事をした日々

　レースやテストの現場での仕事ぶりは印象に残っている。成瀬氏は実に要領よく、そして手早く仕事をこなしていた。整備途中のマシンにトラブルが発生すると「確認してください」と度々私を呼びに来ていたし、真面目な印象がある。もちろん、ドライバーからの苦情などは聞いたことがなかったし、時々はドライバーたちと冗談などを言いながら楽しそうにしていたことを覚えている。私からするとスマートな好青年という印象だ。

いっぽうでミーティングの時など、かなり控えめな印象がある。これはあくまでも私見だが、成瀬氏はこの頃に中途入社されていたため、少しばかりの遠慮があったのかも知れない。そんな成瀬氏のドライバーとしての腕前だが、細谷四方洋氏の熱心な指導を受けていたことを覚えている。たぶん、これを機にメキメキとテストドライバーとしての腕前を上げていったように思う。そして当時も成瀬氏自身の事故はなかっただけに今回の事故はやはり残念であった。すでに9年以上経過しているが改めてご冥福を祈りたい。

さて話をトヨタ2000GTに戻そう。第2回日本GPが終わってから、当時の製品企画室の責任者である河野二郎氏に対して、斎藤尚一副社長から「レースに参加するなら世界に通用する自動車を日本人の技術で作れ」という指示があったと聞いている。もちろん、この指示がトヨタ2000GT開発の始まりとなったことは間違いないのだが、この時点でまだ私が詳細を知ることはなかった。

とにかく第2回日本GPでは満足のいく戦績を残せなかったとはいえ、私に落ち込んでいるような時間はなかった。次なる日本GP、さらには海外ラリーなどの準備は待ってはくれなかった。朝から晩までテストに駆け回り、家庭のことは妻に任せっきりで、ずいぶんと苦労をかけたのもこの頃である。

'64年といえば、まさにトヨタが総力を挙げたRT40コロナが発表されたばかり。そのデビューに弾みをつけるためにも、勝てるレース車やラリー車の開発が控えていた。4灯式ヘッドライトの新しいスタイルを持ったRT40はノーマルでも最高速度140km/hを可能にし、到来したばかりのハイウェイ時代に対応できるクルマだった。

当然、レースなどでも活躍を期待されていた。特に翌'65年のオーストリアで行われるアンポールトライアルに参加することを念頭に国内テストを行っていた。残念ながらアンポールトライアルは中止になるのだが、開発は続けなければいけない。

こうしたテストや走行訓練には浮谷東次郎氏や田村三夫氏、そして戸坂六三氏などのドライバーも参加していた。

正式にトヨタ2000GTプロジェクトのメンバーに

そうしたスケジュールをこなしていた'64年の11月、私はトヨタ2000GTプロジェクトの一員として製品企画室に招集された。このプロジェクトは先にも述べたが、「これまでの国産車にないスポーツカーを作る」といったエンジニアたちの強い思いを実現するため、少し前の夏にはすでにプロジェクトは立ち上がっていた。

取締役製品企画室長に稲川達氏、製品企画室の主担当員として河野二郎氏、エンジン・補器の高木英匡氏、シャシー・サスペンションの山崎進一氏、デザインの野崎喩（さとる）氏、そしてテストドライバー（デザインのアシスタントも務めていた）の細谷四方洋氏といった方々が着実にプロジェクトを進めていたのだ。

デザイナーの野崎氏が描いたボディに高木氏が担当するDOHCエンジンや山崎氏が担当するサスペンションなどをどう収めるか？　などなど連日に渡る議論がなされていたという。そんな熱い流れのなかに開発テストとレースの実務担当者として私は加わったワケだ。

高性能で本格的なスポーツカーであり、レース専用のレーシングマシンではなく日常の使用を満足させる高級車、そして仕上げの上質さを目指す少量生産車であることなど、いくつかのコンセプトを急ピッチで煮詰めていった。そして無事に「開発開始許可」が出たのが、まさに私が加入した'64年11月。正式に試作型式「280A」が与えられたのだが、もちろん、まだトヨタ2000GTという車名もなかったし、ヤマハとのスポーツカー開発に関する契約も結ばれていなかった。

もちろん、計画図はすでにでき上がっていて、後は〝どこでどう作るか〟を決めるだけだったが、それが決まっていなかったのだ。メンバーのなかには〝本当に実現できるかなぁ〟といった意見があったように思う。しかし、だからといってこの壮大にして実に魅力的な280Aというプロジェクトが絵に描いた餅で終わってはいいなどと、誰も考えてはいなかった。

ちょうどそんなところにヤマハからスポーツカーの共同開発の打診があり、契約が正式に結ばれることになった。私が加入してからわずか1カ月後のことだが、誰もがまさに渡りに船の状態でホッとしたと思う。

いよいよ本格スタートであるが、これと同時に私にはRT40をはじめとしたレース車両の開発もまさに同時進行の形で進めなければいけないという役割があった。そこに2000GTが加わったことでさらに忙しくなってしまったが、やはりクルマ作りの情熱は衰えることはなく、辛いとは感じることもあまりなかった。

2000GTプロジェクトは動き出したら早かった

流れが決まったところからは常識で考えられないほどの早さで開発が進んだ。翌'65年の4月頃には、トヨタとヤマハの設計関係のやり取りはほぼ完了し、いよいよヤマハサイドによるプロトタイプ製作の実作業が始まった。こうなるとさらに急ピッチで開発は進み、同年8月14日、ヤマハから試作1号車が納められることになった。プロジェクトが本格始動してから約1年でトヨタ2000GTの1号車がトヨタのテストコースを走行するのである。

主査である河野氏とドライバーの細谷氏のふたりがトラックに乗り、ヤマハまで受け取りに行き、いよいよ試作車が目の前にやって来た。その姿を目の当たりにし、ここまで無事に進んだのも、やはりヤマハさんの力添えの賜物だと心から、誰もが感謝した瞬間であった。そして私もこの記念すべき1号車のステアリングを握った。その時の感慨はひとしおのものであったことを今も覚えている。

そして何よりもこのクルマのポテンシャルの高さを実感した時、もしこれを開催が中止となった第3回日本GPで披露できていたら、どんなに面白かったかという思いが頭をかすめた。ご存じのとおり、'65年に開催予定の日本GPは中止になっていた。さらにトヨタ2000GTの開発自体も、これ以上早く進むとは考えられなかったから、あくまでも私の〝夢〟のようなものでしかなかった。

さて、試作1号車が完成すれば、ここからは2000GTをレースの実戦に向けて本格的にテストを進めなければいけない。そのためということもあるのだが、この年に本社のテストコース内に、レースのトレーニング用Sコースを建設した。

なんと私はそれも担当することになり、鈴鹿サーキットを模した1周1・7㎞のコースを作ったのだ。これがきっかけだったかはわからないがその後、旭川の寒冷試験のベースやカナダの試験場の準備、そして士別試験場など、試験場やテストコース建設も担当することになる。

そして、同年10月に開催された第12回東京モーターショーで、ついにトヨタ2000GTのプロトタイプは一般客にお披露目されたのである。私も説明員として会場に出かけたのだが、その時の来場者の熱い眼差しを決して忘れることはできない。

こうして多くの話題に包まれながらもここからはレース用の2000GT開発が本格的にスタートするワケだが、この年の年末にはさらに嬉しい知らせが届いた。11月に開催された鈴鹿300㎞レースで細谷氏がトヨタスポーツ800で1位に輝いたのだ。その祝勝会の際にレース好きの斉藤副社長から「この先2000GTでレースに参加していくならしっかりとしたチームを作って名前を決めなければいけない」ということで〝TEAM TOYOTA（以下チーム・トヨタ）〟の結成が決まったのである。

TEAM TOYOTA発足は2000GTのため

それまではトヨタのワークスドライバーといえば、トヨタ自工所属もトヨタ自販所属も、とにかくみんなTMSC（トヨタ・モータースポーツ・クラブ）に所属し、参戦していた。それが今後は、2000GTで参加する場合はTMSCと一線を引き、チーム・トヨタというトヨタ純正のワークスとして参戦するというのである。

キャプテンは細谷氏、そして田村三夫氏と福澤幸男氏（'66年加入）の3名体制でスタートしたが、翌'66年に富士スピードウェイで開催される第3回日本GPまでは、細谷氏や福澤氏や田村氏が参戦するレースではまだTMSCの名を使っていたのだった。つまり、チーム・トヨタというのはトヨタ2000GTが参戦する日本GPの時から正式に使用されるチーム名というワケである。

こうして順調に開発テストが進む2000GTのレース用車両だが、トレーニング中に大きなアクシデントが起きた。'66年4月だったと思うが、富士スピードウェイでのテスト走行中にあの記念すべき試作1号車が炎上してしまったのだ。この車両はいろいろな車両試験を経て、第3回日本GPの練習用の車両となっていて、この時は福澤氏が乗っていた。

実は2000GTは本来スチール製のボディなのだが、日本GPのために軽量化を図った「311S」と呼ばれる車両が2台完成していた。そのうちの1台を細谷氏が、そしてもう1台を田村氏が乗っていた。この時点で福澤氏のアルミボディの車両は完成まで時間がかかったため、練習用の1号車で走っていた。

その福澤氏の車両からガソリンが漏れていたのだが、福澤氏は気がつかなかった。それを細谷氏が追いかける形で知らせ、なんとかピットまで戻ってきて誰もがホッとした次の瞬間に炎を吹いてしまったのである。

誰もがすぐには起きている状況が理解できなかった。後の分析だが、エンジンを切った瞬間にバックファイアーが発生して引火したのだろう。そして福澤氏自身も中度の火傷を負ってしまったことは、本当に悲しむべきことであった。さらに福澤氏を救出後に車両の消火作業を行ったのだが、ピットの消化器だけでは消しきれず、結局は燃料やタイヤが全部燃えるまで手出しができないような状況だったのだ。

開発陣が精魂込めて完成させた1号車は全焼し、鉄板のボディのみが残ってスクラップとなった。ただし、後にこのクルマは復活することになる。

'66年開催の第3回日本GP参戦のために開発を進めていた3台のトヨタ2000GT。そのうち練習用として使用していた車両を火災というアクシデントで失ってしまった我々のショックはかなり大きかった。

この練習用車両はヤマハから受け取ってきた、記念すべき試作1号車がベースだったこともあるのだが、さらにこのクルマをドライブしていた福澤幸男氏が火傷を負ったことによって日本グランプリにも参戦できなくなってしまったのだ。命にかかわるようなことではなかったとはいえ、ひとりの仲間が負傷し、目標としていたレースにも参加できないことは、やはり悲しいことである。

　それでも私たちは2000GTの実力を証明するために停滞しているような時間はなかった。この時点で日本GPまで1カ月あまり、我々は新たな対応を急がれたが、時間はほとんど残されていないのだ。結局、本戦では火傷を負った福澤さんはやはり不出場となったため、ドライバーは細谷四方洋氏と田村三夫氏の2名。そしてこの日本グランプリのために軽量化を図った「311S」と呼ばれる車両の2台態勢で参戦することになった。

　そしてここでもうひとつ、我々トヨタにとって衝撃だったのはプリンスからR380という日本初のプロトタイプレーシングカーがメインレースの「プロトタイプレーシングカークラス」で出場することであった。

　ご存じのとおり、R380といえば、第2回日本GPでポルシェ904GTSと伝説にもなったレースを展開したプリンスが櫻井眞一郎氏を中心に開発した純レーシングカーである。そのマシンと我々が開発した2台のトヨタ2000GTも同じクラスで戦うことになってしまったのだ。

　もちろん精魂を込めたマシンであるから、相手が誰であろうと負けることなど誰も考えてはいない。だが内心、市販を考慮したGTカーと「R（レーシング）」を名乗る純粋なレーシングカーとが同じクラスで戦うとなれば、かなり苦しい状況であることは誰の目にも明らかだ。それにしても第3回日本GPが前年のようなクラス分けだったら……。そんな釈然としない思いすら湧いてきた。

GP開催延期によりトヨタには不利な展開に

　この第3回日本GPは本来、前年の'65年に開催されるはずだった。ところが、FIA（国際自動車連盟）から〝日本のモータースポーツ統括機関〟として認定を受けて主催者となっていたJAFと鈴鹿サーキットとの間で問題が起きたと聞いている。興行費用のことで揉めたとか、この頃のJAFがあまりモータースポーツには積極的ではなかったとか、いろんなことが言われたが、我々が知る範囲の話ではなかった。

　そんなゴタゴタのおかげで、現実的には日本GPは開催されず、'66年に場所を富士スピードウェイに移して行われることになった。

　蓋を開けてみればクラス分けも大きく変わっていて、前回のGPでは相当数あったレースクラス区分は再編成され、3クラスに統合されていた。もちろん、車両規定も大幅に見直され、結果として我々の参戦するクラスで最大のライバルが純粋なレーシングカーであるR380となったワケである。

　本来ならばトヨタ2000GTが参戦するのはプロトタイプスポーツカークラスではなく、排気量2000ccまでの市販のグランドツーリングカークラスがふさわしい。だが、ここには500台以上の市販実績が必要だったのだ。もちろん、トヨタ2000GTは試作段階であるから、そのクラスへのエントリーは適わない。

　第一、〝GP優勝〟という最大の栄誉は、このクラスでは手に入らないことになる。福澤氏という優秀なドライバーの不参戦と、R380という強敵の出現は、少しばかり言い訳がましくなってしまうが、トヨタ2000GTの初陣にとって相当に厳しい状況に追い込まれてしまったということになる。もちろん、だからといって負けることを覚悟してレースに出る人などいない。なんとか勝つためにも開発を急ぐだけだ。

　こうして迎えた本番。公式予選は5月2日におこなわれたが、大雨と霧に各車が苦しむという最悪のコンディションだった。その結果、フェアレディSの北野元氏が1位、我々は田村三夫氏が健闘して2位、細谷氏が10位につけた。グランドツーリングカーとしての性能には絶対の自信を持っていたから、この結果には少しばかり胸を撫でおろしたのである。いっぽうで予選3位の砂子義一氏以下、6位までずらりと並んだプリンスR380の存在が実に不気味であった。

　翌3日の本選は一転、好天に恵まれた。レースはスタートを決めたR380の生沢徹氏がトップに立ち、続いて砂子氏、そして我らが田村三夫氏と続き、さらにポルシェカレラ6の滝進太郎氏という並びだ。並みいる強敵に対して我々が取ったのは〝無給油作戦〟だ。'66年に開催された「第1回鈴鹿500㎞レース」で、S800を走らせて優勝した時の作戦だった。無給油、つまりトラブルなくノンストップで最後まで走りきるという作戦だが、実戦経験やデータからピットインなしならば勝算はあったのだ。

　ところが、悲劇は2週目に起きた。好位置につけていたゼッケン17、田村氏のマシンはラジエターに新聞紙が張りついてしまったのだ。これによってオーバーヒートを起こして残念ながら4周目でリタイアである。たった1枚の新聞紙によって当時の価値にして数千万円もしたクルマが一瞬にしてパァである。1台は灰になり、本戦に出ることも適わず、1台はチェッカーを受けることができない状態。残るは善戦しながら、無給油作戦を続ける細谷氏に期待するしかなかった。

　そして迎えた最終ラップの最終コーナー。上位のR380を猛追する細谷氏だったが、なんとここで細谷号はコース上にあった瓶を踏んづけてスピンしたのである。万事休す！　と思ったが細谷氏はダートに入りながらマシンを立て直し、なんとか

2台のR380に次いで3位に入賞したのである。だが、ここで話は終わらない。

　場内放送で「ゼッケン15、細谷失格」とアナウンスされたのだ。我々はすぐにコントロールタワーに駆けつけ、競技委員長に説明を求めた。すると「最終コーナーでスピンし、ダートに入った際、細谷号はスタックしてしまった。それを近くで見ていた観客が車両を押して脱出を手助けしたから失格」というのである。

　もちろん細谷氏は即座に否定。「ダートといってもスタックするような状況ではなく路面は硬く、自力で脱出できた」と抗議したのである。

　するとすぐに失格という裁定は引っ込められ、細谷氏の3位が確定。後日、写真などでその状況を確認すると、スピンした場所には人影などなかった。ダートも確認したが、その場所は細谷氏の証言どおり、硬い路面でスタックなど起きない状況だったのである。

　なんとなく〝トヨタには勝たせない〟というような雰囲気が漂っていたような、なんとも嫌な気分にさせられた。少々後味が悪いレースだったなと我々には感じられたというのが偽らざる気持ちである。

苦戦を強いられた2000GTとチーム・トヨタだったが

　そしてもう一点、量産化を前提とするグランドツーリングカーと、乗り心地も量産化も考慮しなくていい、速さを追求する純粋なレーシングカーとでは競う場所が本来は違っていることがわかった。GTカーをどれほど改良しても生粋のレーシングカーには適わないという現実が突きつけられたワケだ。グランプリを制するにはプロトタイプレーシングカーしかないという確信が、後のトヨタ7へと繋がるワケであるが、その証言については改めてお話ししたい。

　さて、トヨタ2000GTの次なる目標は市販化に向けての開発である。レース活動はもちろん進めるが、同時に一般路などでの走行試験も進めなければいけない。

　まずはレースだが、不本意な結果に終わった第3回日本GPの悔しさというモヤモヤとした気持ちを、翌月に開催された「鈴鹿1000㎞レース」で晴らすことができたのである。プライベーターや日産フェアレディ1600などがライバルではあったが、どれもが我々の敵ではなく、福澤幸男氏／津々見友彦氏組が優勝、細谷氏／田村氏組が2位という結果だった。このレースによってトヨタ2000GTの耐久レースでの優位性を証明できたのである。

　そうした流れのなかに当然、谷田部の自動車高速試験場で行われた〝スピードトライアル〟も組み込まれていたと言っていい。すでに翌'67年5月には市販が決定していただけに開発は急がれていた。同時に市販に向けて、トヨタの技術的象徴となる高級グランドツーリングカーにふさわしい、世界にアピールするべき勲章のようなものが求められていた。そのためにもFIAの公認を受けたばかりの試験場のコース、谷田部は舞台としてうってつけでもあったし、ここで世界記録を樹立できれば大きな宣伝材料になる。

　ところがよく考えるとレース車両はあっても記録挑戦車に使用する、つまり市販車両に近いクルマがなかった。そこで考え出したのが福澤さんのテスト中に出火炎上した、あの試作1号車を使うということだった。もし、この72時間にわたるスピードトライアルというプランが動き出していなかったら、試作1号車は本当にあのまま朽ち果てていたかもしれないのである。

　そして挑戦するドライバーはもちろんチーム・トヨタの面々だ。細谷氏がキャプテン、田村三夫氏とケガの癒えた福澤氏、そこに新規加入の津々見友彦氏と鮒子田寛氏の2名が加わり、5名体制となった新生チーム・トヨタが挑むのである。

スピードトライアルの現場には行けなかった

　なんともワクワクするプランであり、私も開発、改良には携わった。しかし、私にはほかにも市販化に向けての評価やテスト、改良などほかに行うべきことが山積していてトライアルの現場には行けなかったのだが、それが後に幸いするのである。

　本社で留守番をしていた我々のもとに緊急の案件が入ってきた。トライアル本番を2日後に控えた頃だったと思うが「テスト終盤にきてクラッチにトラブルが出た。なんとかならないか」と、慌てた様子で河野氏から、シャシーなどを担当していた山崎進一氏のもとに連絡が入ったのだ。会社に残っていたのは我々だけで、どこにあるかなども私たちしか知らなかった。

　実は高回転の時に同じようなトラブルが発生することがわかっていたし、軍用の6駆動車などでも似たようなトラブルを経験していた。そこで〝これからのテストでもいくつかクラッチは使用するだろう〟ということで改良したものを、予備として作っておいたのだ。もちろんそれは市販化に向けてのテスト用のものである。

　ストックは手配できたが、あとはどうやって届けるかである。最も確実で早いのは私と山崎氏のふたりで現地に直接クルマで走り、届けることである。FIAの公認記録員も来場しているワケだから日時を変更することも、中止することもできない。とにかく間に合わせるために山崎氏とともに愛知から谷田部へと走った。

　現場ではギリギリの状態でテストしているのだから、少しでも早く届けてやろうという思いだけでひたすら走った。どこをどうやって、どれくらいのスピードを出して走ったかなどあまり覚えていないのだが、無事に届けられた時の安堵感と大きな達成感は心に残っている。

もちろんトライアルの本番部隊にとって戦いはこれから最も気を引き締めなければいけない状況だ。よく聞けば、これまで78時間を通しての練習は一度もできていないというから、そのプレッシャーは相当なものだったはずである。それでもやれるかぎりのことをやってスタートしたという。

ついに2000GTがお披露目される!!

間に合った。トヨタの純血ワークスによる世界記録への挑戦は、後に映画になるほどの偉業だった。途中、台風などの天候変化に見舞われながらも三つの世界記録と13の国際記録を樹立したのである。さらに凄いのは、その記録車をトライアル終了後、スタッフ総がかりで磨き上げ、2日後の10月7日から始まる第13回東京モーターショーに展示するという強行作業までこなしたというのであるから、まさに脱帽モノである。

そして特別招待日に来場されていた当時の皇太子（現在の上皇）に誇らしげに車両説明する細谷氏の姿もあった。この展示された記録達成車はショーが終了すると、全国のディーラーなどで引っ張りだことなる。

いよいよ次は私が担当する一般公道での開発走行テストの仕上げである。担当ドライバーの細谷氏と田村氏、そして多くの技術員とメカニックが万全の体制で進めてきたワケだから、我々もここで無駄な時間や失敗などは許されない。

さらに言えば、数々の最高速記録を更新したトヨタ2000GTは多くのトヨタ関係者が証言しているように、そうした挑戦にはヤマハさんやデンソーさんといった各社の力が当然ながら不可欠だった。各社のスタッフの方々による適切ですばやい対応と、そして私たちトヨタ技術部との良好なチームワークがあったからこそ達成できたものだと思う。

ちなみに、このトライアルの模様の記録映画『世界記録への挑戦　TOYOTA2000GT　スピードトライアル　1967年』が岩波映画によって製作されたのであるが、日本産業映画コンクールでは大賞を取ったことは多くの関係者の誇りでもある。

また映画といえば『007は二度死ぬ』のなかでトヨタ2000GTが使用されたこともすでに皆さんはご存じだと思う。ルーフを切り取るという荒技でオープンカーに改装されてはいたが、日本の高級スポーツカーが世界的デビューを本格的に果たしたともいえる一大事だと考えれば、今もって私たちの誇りでもある。

ちなみに、この映画の実現は福澤幸雄氏がルイス・ギルバート監督と懇意にしていたことで実現したとも言われているが、その真偽のほどは不明だ。ある人はトヨタ側からの売り込みによるものという話も聞いている。とにかくスピードトライアルと、ほぼ同時進行で映画の企画が進んでいたようだ。まさにトヨタ2000GTの注目度の高さは世界レベルにまでなっていたことは確かだった。

スピードトライアル挑戦から約2カ月後、FIAから正式に公認を受け、世界に向けて日本車の技術力の高さを証明できた瞬間だったのだ。こうして市販に向けての勲章をいくつも手にすることになる2000GTだが、そうした華やかな露出の陰で、私たちは担当していた一般公道での開発走行テストの仕上げを急がなければいけなかったワケだ。

何よりも翌67年の5月には市販開始が決定していたから、我々もここで無駄な時間や失敗などは許されないし、それだけにプレッシャーは相当にあった。もちろん量産車の出荷品質などのチェックはヤマハ側でも評価が行われ、仕上げを行なわなければいけなかった。

単純に〝速ければいい〟というワケにはいかない市販化に向けてのテストは多岐に渡った。都内などの市街地、そして乗鞍岳や富士山を始めとした中部山岳部、日光いろは坂などで繰り広げられた市販化に向けての公道テストに加え、本社テストコースのテストは綿密な計画のもとで進められていく。前にも述べたが担当するドライバーは細谷四方洋氏と田村三夫氏、そして20名あまりの技術員とメカニックが万全のサポート体制で臨む。このなかには後にテストドライバーとなる成瀬氏もメカニックとして参加していたことも加えておきたい。

2000GTはジャガーEタイプよりも乗りやすい!!

この試験では2000GTのテストカーを3台用意したのだが、それ以外に想定ライバルとなるジャガーEタイプも同行した。ジャガーファンに取ってみれば、我々は身の程知らずと思われるかもしれない。だが、これは身びいきではなく、テスト中にEタイプは2000GTの速さや使い勝手についていけず、かなり走りにくいことが判明した。

すると最後には誰もEタイプのステアリングを握りたがらなくなったのだ。結局、乗り手のいなくなったEタイプを私が担当するということになった。普段、あまり運転することなどないイギリスを代表するスポーツカーに乗り続けられると思えば多少なりとも嬉しいのだろうが、正直に言えば私もずっと2000GTのドライビングをしたかったのだ。

　実はこの話には後日談がある。市販化に向けてのテストで忙しい時に、イギリスの写真家にしてエリザベス女王の妹、マーガレット王女の当時の夫だった初代スノードン伯爵と執事のモイナハン氏が来日されていた。なんでも東京オリンピックを控え、好景気というか活況を呈する日本の視察を兼ねての撮影行であったようだ。一方、当時のイギリスといえばまさに英国病を煩っていた最中。慢性的な経済の停滞と勤労意欲に欠ける労働者の怠け癖に悩まされていたのであるから、日本の状況は相当に興味深かったはずだ。

　そうした来日のなかで、スノードン伯爵はトヨペットサービスセンターに来社された際に「どうしてもトヨタ2000GTを見たい」というリクエストを出されたのだ。そこで急遽私はメカニックのN氏を伴って横浜まで走って行って2000GTをご披露した。

　あくまでも私の感想だが、日本に誕生したスポーツカーの完成度には少なからずの衝撃を受けられ、それなりに驚かれた様子であった。そして私はモイナハン執事を乗せて走っている時にジャガーEタイプを伴っての山岳テストの様子を話した。そしてうかつにもなぜかEタイプが使いにくかったし、2000GTより遅かったなどと話してしまった。すると彼はとても不機嫌になってしまったことを今でも覚えている。

　当然のことである。自国の誇りのひとつでもあるジャガーをけなされたら、誰だって不機嫌になる。もちろん私にはけなした感覚はなく、ひとつのエピソードとして思わず口にしてしまい、直後にハッとした。だが、すでに後の祭りである。それが原因かどうかわからないが写真家、スノードン伯爵はオリンピックを前にして木造の古い家々を壊しているところや古くさく近代的とは思えないような町並みなどばかりを撮影されていたと聞いている。

　さて、そんな逸話まで生んでしまった山岳部でのテストばかりでなく、ほかにも都内での市街地走行テストもある。市販に向けての開発ということを考えると、こちらも徹底してデータを集め、改良点を探らなければいけない。テスト中、市中では確かに注目度は高かったが、正直言えば山岳テストなどに比べると市街地テストはいささか退屈でもあった。

　だが、2000GTを手にする人たちの生活を考えると、むしろ市街地での使用のほうが多くなることは容易に想像できた。市販車、それも日本だけでなく世界に出しても恥ずかしくない快適性は必須条件となるから徹底したテストを繰り返した。

　このテストで同行した対抗馬はEタイプだけであったが、我々が考える想定ライバルはほかにもあった。ポルシェ911S、ロータスエリート、さらにモデル名ははっきりと覚えていないがアバルトなど、当時から一流といわれていたスポーツカーばかりであり、そうしたライバルと充分に対抗できるところまで市販量産モデルを仕上げなければいけないワケである。

　そして、もちろん一般道ばかりではなく本社テストコース、谷田部の自動車試験場の外周路などで過酷な条件でスポーツカーとしての性能をどんどん磨き上げることも行っていた。実用上での高い耐久性、日常的な乗り心地、振動と騒音、そして操縦走行安定性、使用性、安全性、そして動力性能やブレーキ性能、さらにディーラーでのサービス性などを含めて考え得るあらゆる項目をチェックし、万全を期した。

　ここまで仕上げたところで、いよいよ発売！　とはまだならない。2000GTを世に送り出すため、クリアしなければいけないことがあった。それは市販用として自信を持っている車両への、トヨタ自販など販売関係者に対しての内覧会や試乗会だ。この厳しい壁を乗り越える場を経なければいけないのである。本社テストコースで試乗してもらったのだが、「スペックどおり、220㎞／h出るんですね」などという人までいたのであるから、その猛者ぶりには少しばかり驚かされた。

　さらに試乗はテストコース外にも展開し、名神高速へと乗り出して日常的な走りも試してもらった。ほとんどの人たちは試乗を終え、まるで少年のような笑顔でクルマから降りてきたのである。その様子を見て私は2000GTに対してさらなる自信を持ったのである。

最終試験では2000GTにガソリンをまいて火を放つ

　こうした多くのテストを経たところで仕上げに、というか、少々もったいない話をひとつしてみよう。私たちが市販化に向けてずっとテストを繰り返してきたクルマ、つまり使用ずみとなった2000GTの1台なのだが、その室内に1ℓのガソリンをまいて火をつけたのである。

　もちろんこれも難燃性のテストとしての一環である。万が一、事故などで火がついた場合には、どこがどう延焼していくのか、どこが燃えやすいのかなど実際に火をつけてみたのだ。ところがテストは冬場に行われたのだが、外気温が1度ほどしかなく、なかなか火が燃え広がらなかった。

　実はRT55、トヨタ1600GTに対しても同じようなテストを行ったのだが、時期は夏場であって黒色のレザーシートなどはあっという間に燃えたのだ。それに比べて冬場のテストはガソリンや資材の気化速度がかなり違うために正確な実験結果を得ることができなかった。難燃性材料のテストはやはり夏場にやるべきだと、この時によくわかったのだが、なにはともあれ、今考えればつくづくもったいない話である。

　こうして多くの解決すべきテストをほぼ終え、発売を1カ月後に控えた'67年4月、最後の仕上げというか市販化の前宣伝として参戦したのが「富士24時間レース」だった。この日本初の24時間耐久レースの注目度は非常に高かったのだが、ここで細谷四方洋氏／大坪善男氏の駆る2000GTが24時間で3234kmを走破し、平均速度134・75／hという記録で優勝したのである。市販化にとっては何よりの援護射撃となったワケである。

こうしていくつものテストと問題を丹念にクリアしてきた2000GTは、ついに'67年5月に市販化されたのだ。価格は238万円であり、当時は約90万円のクラウンが楽々と2台、大衆車のカローラが6台買える価格だった。大卒初任給の調査が始まった'68年の月給が3万6000円というデータをみれば、いかに高価格車だったかも理解できると思う。

もちろん市販化に向けてのテストはこの価格に見合うだけの動力性能、品質、誰もがクルマに夢を抱いていた時代、たとえ雲の上のクルマであっても、その存在感と話題性は群を抜いていたし、街を走れば、まさに路上のヒーローのごとく、羨望の眼差しを受けた。

いっぽうで2000GTは市販から2カ月経過したところで「富士1000kmレース」にも参戦して細谷／大坪組が優勝したのが目ぼしい活躍の最後。しかし、その後はといえばサーキットにおける華々しい活躍はなかったのだ。ちなみに翌'68年4月の「第9回全日本クラブマン」のSクラスで北原豪彦氏が優勝したこと以外、名を知られたレースでの勝利はなかったように記憶している。

市販されたことで大きな話題となり、一般の人たちから注目されていた2000GTであったが、残念ながらサーキットでの主役はすでに国内外のプロトタイプレーシングカーへと移っていたのである。2000GTが得意としていた耐久レースより、スプリントレースにファンの注目度が移っていった結果であった。

そうであるならばクラスを変更し、市販スポーツカークラスへ参戦すればいいのだが、ここで問題となったのは少量生産車であったことである。当時のホモロゲーションでいうと500台以上の販売実績が必要だった。試作車やテスト用まで含めても337台しか生産されなかった2000GTが、それをクリアすることはもちろん不可能。結果的にプロトタイプカーのクラスにエントリーするしかなかった。

本格的レーシングマシンの開発に着手する!!

つまり、日産など各メーカーは威信を賭け、プロトタイプでレースに出場していたのだが、トヨタは市販車である2000GTをベースにしたマシンで挑むしかなく、当然のように太刀打ちできるワケがなかった。そこでトヨタ初のプロトタイプマシン「トヨタ7」を開発へとなるのである。

当然、私もトヨタ7の開発へと進むことになる。だが、当時のトヨタにとって数多くの市販車計画が優先的に進められていたため、レーシングカーの開発に人員を割く余裕はなかったが、そのいっぽうでクルマ販売の現場ではレース活動やその結果はまだ影響力が大きく、止めるワケにもいかなかった。

そこで考えられたのはヤマハさんと再び一緒に組むことであった。2000GTの開発で良好な関係を築いてきたヤマハさんと再び組むことは私たち現場の人間にとっても違和感がなったのだ。さらにダイハツさんからも応援として、10名ほどのメカニックの派遣があったし、デンソーさんとの関係も維持されたのだ。

こうした各社の心強い協力があったからこそ、トヨタのモータースポーツの思いを継続し、トヨタ7の計画を進めることも可能だったと思う。そうした協力関係は歴代のトヨタ7のボディを見てもらえばわかるが、必ずボディのどこかに〝ヤマハ、デンソー、ダイハツ〟の手書きで各社のロゴマークが入っていることでも理解できるはずである。さらに手書きのロゴマークを入れるという感謝を込めて行ったアイデアを出したのはリーダーたる河野氏だ。

「トヨタ7は我々の力だけでは決してできなかった。だから感謝を込めて」ということなのである。

何度も言うが、市販車の2000GTをベースにしたマシンでは、もはや日本GPでレース専用車として開発されたプロトタイプレーシングカーには太刀打ちできないことを痛感していた。戦えるマシンがなかったためにトヨタは'67年の第4回日本GPには出場していない。正直、私たちにとっては悔しいシーズンともいえたし、一日も早くしっかりとしたマシンを仕上げなければいけなかった。そこでトヨタにとって初のプロトタイプマシン「トヨタ7」、社内開発コード415Sの開発が急がれたのは自然の流れだった。

初代のトヨタ7の開発は'67年の春に計画がスタートし、本格始動は夏頃だったと思う。リーダーはもちろん河野二郎氏でエンジンは高木英匡氏、ほかにも大山彦男氏らなど、トヨタ社内では気心が知れた人たちが多く参加していた。さらに心強い社外スタッフが加わるのである。

トヨタだけでは絶対にできなかったプロジェクトだ

前に少し触れたが、2000GT開発でもお世話になった各社である。トヨタのほかにヤマハ、デンソー、ダイハツとなる一見、寄せ集めの混成チームのように見えるかもしれないが、当然我々はすでにトヨタ200

0GTの開発を通じても気心が知れた仲間としてお互いに認め合っていた。私の見るかぎりではあるが、チームを運用するうえで人間的なトラブルはなかったと思う。

そんな状況のなかで翌'68年の1月には1号車が完成し、2月3日に鈴鹿サーキットで、とりあえずは2000GTのエンジンを搭載してシェイクダウンを行うことになるのだ。もちろんターゲットにしたレースは'68年の第5回日本GPである。しかし、この開発期間を見てもらえば理解していただけるだろうが、決してじっくりと時間をかけて作り上げたマシンとはいえなかった。

シャシーはアルミ製モノコックとはいえ、アルミの小さなブロック板をリベットでつなぎ合わせていたので、走行中の負荷によってリベットが緩んでシャシー剛性が落ちてしまう。よく見れば短時間で製作した、まさに間に合わせといっていい状況だったのだ。本来サーキットで戦わなければいけないマシンにそんなことが許されるはずもなかった。

さらにあっちこっちに後づけの補強を行ったため、なんとレーシングマシンとしては致命的ともいえる車重の増加を余儀なくされていた。急ごしらえのボディに、間に合わせのように2000GTのエンジンを載せて鈴鹿でシェイクダウンしたのである。今となってはまさに笑い話のようだが、私たち開発にとっては、それでも必死の全力作業が続いていたのだ。

もちろん、このシェイクダウンの直後にアルミ合金製の3ℓのV8エンジンが完成して載せることができ、本来考えていた形に仕上げることができたが、重要なのはここからだ。日本GPまで時間はないがまだまだ問題山積である。

例えばリアスポイラーをどうするか？　という問題もあった。富士スピードウェイの直線コースでリアスポイラーがない場合、横風により車幅の分だけボディが飛ぶのである。ドライバーはそれを瞬時に修正してもとの位置に戻す。その腕前に驚かされたと同時に、とてもこれじゃ戦えないということでリアスポイラーを装着してみた。すると、横っ飛びの現象はなくなったのだ。

次にタイヤだ。トヨタ7の想定する最高速度は300km／h以上だったがテストを行っている富士スピードウェイではどうしてもその速度が出ない。頑張ってみたが、280km／hくらいだったはずだ。そこで「タイヤの転がり抵抗が大き過ぎるのでは？」となって、ブランドを変更し、装着してみた。

ところが、230km／hを出すか出さないかのうちにバーストしたのだ。その場所は当時あった30度バンクで、バーストしたマシンはバンク入口からスピンをしながらバンク上のガードレールに迫ったのだが、幸いなことに大きなトラブルにならずに回避できた。

ドライバーは名手、細谷四方洋氏である。誰もがヒヤッとしたのだが、ギリギリのところで大きな事故にはならなかったのだ。チーム・トヨタのドライバーさんたちの腕前には本当にいつも感心させられた。

スピンによるトラブルといえばこんな話もある。ドライバーの大坪善男氏だが富士スピードウェイのやはりバンクだったと思うが、テストでスピンをしている。この時、大坪氏のマシンは破損してしまい走行不能になってしまった。ここでふつうならば走るのを止めるのだろうが大坪氏は、ほかのドライバーのマシンを借り受けて、また走り出したのである。

走行が終わったところで話を聞いてみると、「あのままトレーニングを終えてしまうと〝恐怖を抱えたまま〟帰宅してしまう。その怖さを打ち消すために走ったんだ」というのでる。やはり、プロの一流ドライバーたちはテクニックだけでなく、精神的な強靭さをも持っているのだと感心させられた。

さて私たちがやるべきことはマシンの開発だけではなかった。レース中のピット作業も勝敗を分ける重要な要素であるからガソリンタンクの注入テストも繰り返し行った。実は130ℓのガソリンを10秒で給油できたら優位にレースを展開できると試算した。

フューエルタンクを透明アクリルで作り、なかにゴーズワイヤーと呼ばれる金網を入れたり、注入口を大口径にしたり、タンクを高く吊したりと、最善の方法を探していろいろなことを試したのである。最終的には10秒を達成できなかったのだが、それでも11秒まで短縮することはできた。

こうして富士スピードウェイでのテストを1日中行っているとみんな最後にはけっこうボロボロであった。当時は5人のドライバーと5台のトヨタ7が用意され、テストを行っていた。各々のマシンには専属の担当メカニックが決まっていた。

つまり、コンビを組んでいたワケである。これがテスト終了間際になるともうマシンは5台とも故障を抱えていたり、クラッシュで壊れていたり、満身創痍である。いやむしろ走れなくなるまで徹底してテストを行ったというほうが当たっているかもしれない。

帰路の途中、ヤマハさんなどの担当スタッフも含めて皆がマイクロバスに乗り込んで、ここでもミーティングを行った。すでに全スタッフとも疲労のピークに達しているというのに、車内で居眠りしている人は誰もいなかったはずである。

このマイクロバス・ミーティングだが、会社に戻ってからすぐに次の走行テストの準備に取りかかるためのものだった。今ではたぶん、ブラック職場なんていわれたかもしれないが、私たちは率先して情熱を持ってやっていたと思う。

こうして仕上げたトヨタ7は排気量無制限のグループ7マシンだったし、それが車名にも現れている。しかし、欧州のル・マンなどへの参戦も考えていたため、グループ6（スポーツ・プロトタイプ）規定に合わせて、3ℓエンジンを搭載していた。マシンの馬力は公称だが、330psほど。それでも細谷氏などドライバーに言わせると

「レーシングカーとすれば中の下、と言ったレベルだね」というマシンだったのだ。

　実はあるテストでヤマハさんがフォードGT40を持ち込んできたことがあった。実際に走らせてみると、ドライバーたちは、GT40のあまりのポテンシャルの高さに愕然としていたのである。

　さて、初代トヨタ7が目標としてきた5月3日の'68年日本GP。トヨタからは4台がエントリーした。ドライバーは細谷氏、鮒子田寛氏、大坪氏、そして福沢幸雄氏の4名だ。日産はR380に加え、R381も加え必勝態勢。

　さらに、話題は新興のプライベーターチームとして3台のローラT70マークⅢやポルシェカレラ10などを揃えたタキレーシング。そこに我々トヨタが加わり、マスコミは〝三つ巴の戦い〟として大きく取り上げていた。確か「TNT対決」などとはやし立てていたと思う。

　だが決勝では居並ぶ強力な5ℓ級マシンに適うはずもなく、残念ながらついて行けず完敗。最上位は8位に入った大坪氏、9位が鮒子田氏、福澤氏が14位、細谷氏はリタイアという結果だった。優勝は5・5ℓのシボレーV8を搭載した日産R381。

　この経験からドライバーの細谷氏は、当時の豊田英二社長に「トヨタもベンツとかのエンジンを買って搭載しますか？」と軽い気持ちで冗談のように言ったそうだ。すると、豊田英二社長は「トヨタがレースをするのは技術の開発と蓄積を行うことが目的。将来はガラスとタイヤを除き、すべての部品を自前で作るために行っているのだ」と言われたそうである。こうした言葉はドライバーばかりではなく、我々開発スタッフにとっても本当に力強い言葉として伝わってきたのだ。

　日本GPの結果を得て、次なる熟成をすぐに始めた。今度のターゲットは6月の鈴鹿1000㎞レースである。まずは鈴鹿用マシンとして前後のトレッドを片側50㎜ずつ広げてみた。サスペンションのマッチングを施してみると、ラップタイムは上がった。コーナリングが富士より多くなる鈴鹿ではローリングセンターを下げることでコーナリング速度が上がることがその理由だ。

　さらに時速300㎞からのブレーキングでは、ディスクローターの仕上げ精度が1000分の1代の誤差でないと致命的な振動が出るということもわかった。これについてはヤマハさんが精度を上げるために本当に苦労されていたと思う。こうしていろいろな改良を加えることで、タイヤの接地性も向上して、なんとこの時には鈴鹿のコースレコードを更新したのだ。

　しかし、鈴鹿1000㎞レースのような長距離耐久レースではラップタイムだけがキモとなるわけではない。ドライバーの最高ラップより3～4秒ほど遅いラップタイムを設定して、コンスタントに、そのタイムを維持しながら、まさに時計のように回ることが重要だということはすでにわかっていた。

　このレースでもそれを守って戦いを進めた。そして決勝となり、その作戦を徹底して守って淡々と戦った。実は周回を重ねている時、ラップタイムに遅れが出た場合には、こんな風に判断するようにしていた。

　1秒遅れたらシフトミスかブレーキングミス。2秒遅れたら追い越しで手間取ったか？　3秒遅れたらスピンか、グリーンエリアに突っ込んだか？　4秒遅れたらクラッシュしたか、故障で帰れないか？　だが、幸いにしてトヨタ7は順調に周回を重ねていった。

　するとライバルたちは次々とリタイア。結果は福澤幸雄／津々見友彦組が勝利を勝ち取ったのである。このレースがトヨタ7にとっての公式レースで初優勝ということになった。さらに6月の全日本鈴鹿自動車レース大会では細谷氏が優勝し、3位までをトヨタ7が独占したのである。

　その後も国内の耐久レースに積極的に出場して勝利を重ねる事になるのだが、それでも3ℓのトヨタ7の戦闘力はほかを圧倒するようなものではなかった。さすがにそんなマシンに頼るワケにはいかず、5ℓの「ニュー7」の開発がスタートしたのだ。

　そんな時、ひとつの悲しい事故が起きてしまった。翌年の'69年2月、福澤氏がヤマハの袋井のテストコースで事故死するという悲しい出来事が起きたのだ。福澤氏がその時、事故を起こしたというマシンは5ℓのニューマシンではなく3ℓのトヨタ7だった。

　福澤氏の事故は当時、大きな衝撃として世間に伝えられ、マスコミにも大きく取り上げられた。もちろん、私たちスタッフにとってはそれ以上にショックだった。とても才能のある、そしてスター性のある偉大な才能が失われるのは本当に悲しいことであった。

成果を実感してレースの現場から離れた

　こうした辛い出来事を乗り越え、'69年3月末に2代目となる5ℓのニュー7、社内コード474Sの1号車が登場。この年のワールドチャレンジカップ富士200マイル（日本CAN－NAM）で優勝した。

　実は、私はこの時点でレースグループから車両実験課に異動していた。マークⅡやコロナ、セリカといった市販車の開発テストに携わることになった。同時に士別試験所を始めとしたテストコースの建設などにもかかわった。

　こうして'90年の12月、私はトヨタを定年退職するのだが、トヨタ2000GT、そしてトヨタ7に携われたことは大きな誇りである。そして21世紀になってからもトヨタ2000GTに関わった人たちが時々集い、同窓会〟を開いていることをお伝えして、私の証言を終える。

↑1965年の第12回東京モーターショーで松田氏も解説員を務め、2000GTの試作１号車が展示されて大きな話題となった

↑1964年、成瀬氏は手際のいいメカニックとして中途入社してきた。写真左端は浮谷東次郎氏、３人目が成瀬氏、そして一番右が松田氏

↑ドライバーズシートに座る細谷氏と左の松田氏がマシンのセッティングなどについて話し合っている様子を撮影したショット

↑手前の整備中の２台はレース用にアルミボディとなったプロトタイプ。一番奥が練習用の仕上げられた試作1号車だった

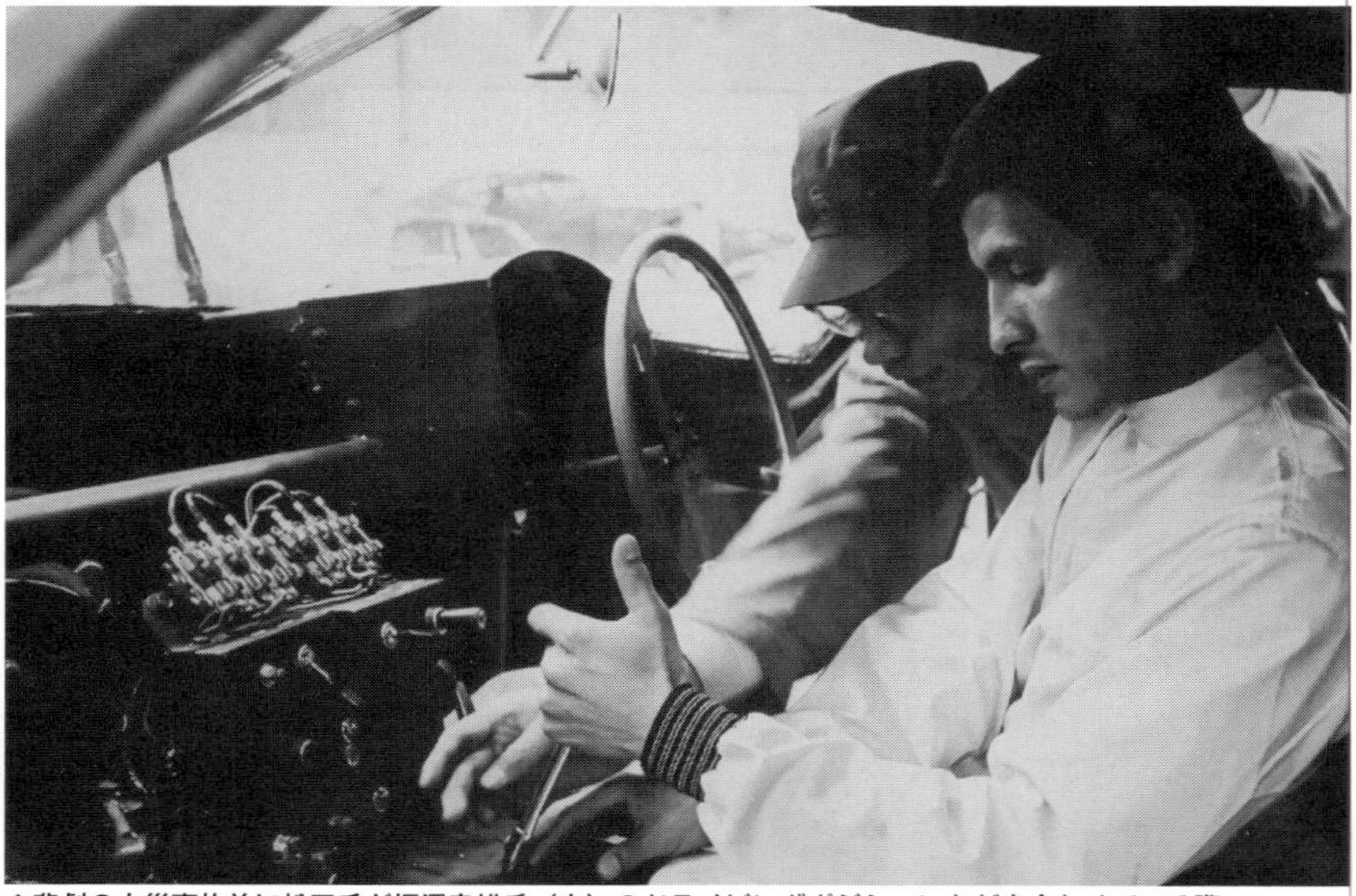

↑悲劇の火災事故前に松田氏が福澤幸雄氏（右）のドライビングポジションなどを合わせている際のショット

↑谷田部試験場のパドックでトライアル終了後の検査を待っている2000GTのトライアルカー

↑トヨタ７の次に車両実験課に異動し、市販車の試験に携わる。さらに士別試験場建設を始めとしたテストコースの建設にも松田氏は携わった

↑1964年、RT40型コロナのラリー車開発やトレーニングのためにトヨタ本社前からスタートしている

↑前方のクルマは細谷氏が乗ったアルミボディのGP本番車。手前は火災事故直前のスチールボディの１号車

↑アルミボディを採用した日本グランプリ本番用の2000GTはフロントノーズのデザインなどが違っている

↑第３回日本GPではR380というプロトタイプレーシングカーの参戦に対して“無給油作戦”で挑み、細谷氏が３位入賞

↑レーサーとしての才能だけでなく、スター性を持っていた福澤幸男氏の事故死は松田氏にとっても辛い出来事だった

↑現在のような舗装された快適なワインディングでのテストというより、ラリーのグラベルとでもいった感じのルートでテストが繰り返された

↑乗鞍の未舗装路から一転し、ここ日光では舗装路のワインディングを駆けぬけてテストが実施された

↑2000GT発売開始直前となる1967年４月に開催された富士24時間レースでは伝統のル・マン式スタートが行われ、みごとに優勝を果たした。耐久レースでの強さを証明してみせた

↑オリジナルのトヨタ７。鈴鹿でのシェイクダウンは、トヨタ2000GTのエンジンを積んで行われたのだった

↑日光にテスト場所を移し、走行テストが繰り返された。写真右側に比較用のジャガーEタイプが見えている

↑トヨタ７の開発を担ったレースグループ。ヤマハ、ダイハツ、デンソー、トヨペットサービス、トヨタ自販などからも

↑マフラーが内蔵されたセブン３ℓの１号車。ドライバーは細谷四方洋氏

↑トヨタ2000GTの開発の携わった人たちで21世紀になっても同窓会が開かれていた。「2004年に開催された時にはまだ多くの人が集まったんですがね」と池田氏は懐かしそうだった

第10章

日野コンテッサのエンジン開発者

鈴木孝

TAKASHI SUZUKI

すずきたかし●1928年長野県長野市生まれ。'52年に日野ヂーゼル工業（現日野自動車）入社。東北大学工学部工業力学科（旧航空科）を卒業した鈴木氏が選んだ道は「エンジン作り」。まさに入社年は日野がフランスのルノー公団と技術提携契約を結び、ルノー4CVのノックダウン生産による乗用車の国産化生産を決定していた。

その後、4CV車のエンジン部門を任されて以降、'60年日本初となるワンボックスカー、ヒノコンマースを皮切りにコンテッサ900、コンテッサ1300、コンテッサ1300クーペ、小型トラックのブリスカなど、日野の乗用車エンジンを担当。

'66年、日野がトヨタと業務提携し、乗用車部門から撤退後はトラック、バスのエンジンの担当に転向、次々に先進技術をつぎ込んだ新型中大型車用エンジンを設計開発した。日野自動車工業副社長、そして顧問などを歴任。

自動車用エンジン先進技術の開拓の先駆者として、世界初の電子制御ディーゼルエンジン、電子式コモンレール燃料噴射装置といった数々の新技術の開発を手がけた。また学術論文や著作も数多く発表。そうした功績が認められ、'11年の日本自動車殿堂入りを果たしている。日野からの日本自動車殿堂入りは'10年の元専務取締役、星子勇氏に次ぐ2人目で、'17年には元取締役副社長の鈴木孝行氏が3人目で続いている。

神風号や航研機など飛行機に憧れた少年時代

　私の少年時代、つまり昭和10年頃になるが、自家用車を所有することは、よほどのお金持ちか特別な人にしか許されないことだった。その頃、父は長野青年師範学校（現在の信州大学の母体のひとつ）で教員をやっていたので、ごくふつうの教育者家庭で生まれ、そして特別な不満もなく暮らしていた。

　もちろん自家用車などとは無縁の生活を送っていた。後に父が長野県庁の役人になるのだが、やはり事務職をこなす父にとってクルマは無縁ともいえたが、実は送迎してもらっていたのがアメリカ車のビュイックである。そのクルマに乗せてもらったことが、私にとってクルマ体験の始まりになったと思う。

　そんな環境にあった当時の私にすれば、むしろ憧れの存在となったのは飛行機だった。そのきっかけとなったのが小学3年の時に長野まで飛んできた純国産機「神風号」である。日本とヨーロッパを結ぶ定期航空路など、まだ夢だった時代に神風号は世界記録を打ち立て、その凱旋飛行でやってきたのだ。

　'37年4月6日に立川飛行場を離陸し、途中に台北やカルカッタ、バクダッド、ローマ、パリなどをはじめとした各都市を経由した神風号は、現地時間4月9日の午後、ロンドンに着陸。立川を離陸してから94時間17分56秒後のことである。給油や仮眠を除く飛行時間でいえば51時間19分23秒という記録であり、もちろん前人未踏の快挙を打ち立てての凱旋である。

　日本中がこの大記録に沸き立っていた。さらにこのニュースを私にとって誇らしく、そして輝かしいものとしていたことがあった。それは神風号の塚越賢爾機関士とともに飛んだのが、安曇野市に生まれて旧制松本中学（現・長野県松本深志高等学校）を卒業した飯沼正明操縦士だったこと。

　まさに郷土の誇りであるから興奮しないほうがおかしい。その飯沼操縦士が長野県の上空を凱旋飛行するというのであるから、大人も子供も、その日は朝から落ち着かなかった。先生ですら授業そっちのけでそわそわしているのだから、私たち子供が落ち着いて授業を受けられるはずがない。そして、ついに飛んできた神風号を見た時の衝撃はあまりにも強烈だった。

「なんて美しい飛行機なんだ」と、強烈な印象を抱いた。そして飛行機という存在の美しさに魅入られた私は「この手で作ってみたい」と思うようになった。多感な少年とすれば、そんな風に思ってしまうのも自然の流れなのだ。

　さらに、思いをいっそう確実なものとした存在が「航研機」（こうけんき）と呼ばれた飛行機だ。小学4年の頃だったと思うが、この飛行機が、また世界記録を樹立するなど、国産航空機の技術力の高さを世界に向かって証明してくれたのだ。

　そしてこの飛行機には奇しき因縁がいくつかあった。まず父の母校である東京帝国大学（現東京大学）の航空研究所が設計したことだ。父も「俺の大学が作った飛行機なんだ」と言って、自慢気にキット模型を買ってきてくれたことは、当時の私にとって嬉しいプレゼントだったことは間違いない。

　さて、もうひとつの因縁といえばこの飛行機が日野自動車の前身である東京瓦斯電気工業による計算、製図によって、具体的な製作が始まったことである。後に私がその会社に入ることになろうとは幼い私にとっては思いもしなかったのだが……。

　こうして飛行機に対する情熱は旧制中学に入ってからも続き、模型飛行機ばかり作っていた。デザインの美しさに引かれて神風号や航研機に興味を抱いたが、エンジンをはじめとしたメカニカルな部分に、まだあまり興味がなかった。機械のことより、まずは形なのは子供にとって自然なことかもしれない。

　とにかく中学に入っても飛行機ばかり作っていて勉強もしなかった。お袋がハラハラして、ずいぶんと小言を言われたものである。そんな私の飛行機漬け人生が少しずつ変化を見せ始めたのは中学生になって、少し時間が過ぎてからだった。

　日本は太平洋戦争に突入していったのだ。勉強どころではなく、重い鉄砲を持たされて、まさに戦争の訓練、否応なしに借り出されるのである。

　運動神経の鈍かった私にとっては苦痛であった。いつも戦闘訓練では〝戦死〟扱いとなって、教練の途中で立たされてしまう。そして私のように出来の悪い生徒は夜遅くまで残されて戦闘訓練をさせられる。こうして教練と勤労奉仕に明け暮れる中学時代は4年間で終わりを告げることになる。

　本来、旧制中学は5年生まであったのだが4年生から本格的な動員となって、ほとんど学校に行かなかったのだ。さらに戦局が切迫してくるということで私たちにも決断が迫られた。頭がよくて運動神経がいい奴は予科練などに移り、戦場へと向かって行った。何人もの友人が命を落とすという悲しい思いをしている。

　一方、私のような出来の悪い学生は上級学校に進むしかなかった。そこで私は現在の信州大学工学部に当たるのだが、航空機課に進んだ。ところが、ここでも人生のいたずらに翻弄されてしまったのだ。

　入学したのが昭和20年の6月、つまり終戦まであと2カ月。〝銃後の守り〟のために立派な飛行機を作ってやろう、などとも考えていたのだが、終戦を迎えた直後に航空機課が廃止になってしまったのだ。

　それでも多くの友人はそのまま土木関係の仕事へと進んだ。いくつもの橋などを作って戦後復興に役立っていた。対する私だが、どうしても飛行機への夢を捨てることができなかった。そこでもう一度、飛行機をやれそうな大学を探し、なんとか見つけたのが東北大学だった。

　工業力学課という名前こそ変わっていたが、ここには航空課の教授がそのまま残っていたのだ。ただ、それだけの理由だったのだが、内情をよく理解しないまま、東北大学工業力学課に入ったのだ。幸いにして旧航空課ということもあって、飛行機の話はみんな好きで、まさに入って正解だと感じた。

　ただ、ひとつだけ誤算があった。美しい飛行機を作りたいと希望して入った私は「流体力学」の講義を受けたが、これがめっぽう難しかったのだ。何度聞いても私の頭ではよく理解できなかったために、ついには別の選択を迫られることになった。

　よく考えることもなく、ただ飛行機がやりたいという漠然とした思いだけで東北大学に来たのだが、ここでつまずいてしまった。おっちょこちょいも、ここまで来ると我ながら呆れてしまった。どうもこの性格は父の遺伝のようである。

　父のおっちょこちょいぶりもかなりのもので、後に県知事選に立候補し、みごと落選するなど、その方面での武勇伝をかなり持っていた人だった。それを考えれば私もあまり人のことは言えたものではなかった。

　ともかく機体設計ができないとなると、次にやることは何か? と考えた。そこで興味を持ったのがエンジンであった。エンジンの講義は、戦争中日本初のジェット機「橘花」のエンジン、「ネ20」の燃焼器を設計した棚沢泰教授が受け持たれていた。これは私も理解できたので当然、面白くなっていった。

　さらに日本の航空エンジン研究の第一人者、東大の富塚清教授の言葉も後押ししてくれた。「エンジン設計はバカじゃないとできない」という教えだ。おっちょこちょいで単純な私は、この言葉を素直に解釈し、そして意を強くしてエンジンの道へと進んだのだ。

　富塚先生がおっしゃるには「頭のよすぎる奴は理屈で考え、机上の論議や計算で結果を導き出してしまう。当然、無駄なことをやろうとはせずに理屈だけでダメを出してしまう」という。

　一方、私のような人間はなんでも実際にやってみないと答えが出せないし、納得しないからいいのだというのである。

　エンジンはいろんなものの寄せ集めで成り立っているので、あちこちいろいろなところに気を配り、なんだろうと見回している奴が適しているということなのだ。この言葉に接した時、「まさにエンジンは私に適任だ」と思ったのだから、相変わらずの単純な思考回路である。しかし、こうした先人たちの教えがあったから私はエンジンと向き合うことになったのだ。

　改めてエンジンを学びながら昭和27年、'52年に大学を卒業することに。もちろん、遊んでいる暇などないので就職となったワケだが、呑気な私は悪友と遊んだりして、実にのんびりしたものであった。当然、就職活動で遅れをとってしまい、気がつくと就職先はかぎられていた。

　もちろん、父のように役人になるつもりもなかったので民間企業ということになる。そして、学んできたエンジンのことが生かせる就職先として残っていたのは、当時の日野ヂーゼル工業と、新潟鐵工所だった。

東北大学工学部工業力学科から日野ヂーゼル工業へ

　この時、新潟鐵工所の求人票には初任給が正直に書いてあった。残された道もかぎられ、追い詰められた立場ながら「なんだ月7500円か……。ちょっと安いんじゃないか」などと話していたのだから、今考えてもあきれるくらいに呑気である。

　ところが日野は初任給が書いていない。おまけに当時、日野ヂーゼルなんてよく知らない会社だったが、勤務地が東京だ。「どうせ勤めるなら新潟より、大都会の東京がいい」ということになった。そんな思いで決定した日野ヂーゼルだったが、採用試験に勇んでやってきて、降り立った日野駅で愕然とした。

　当時の日野駅周辺といえば周囲はまだ畑だらけ。「こりゃ、ひどいところにきたもんだ」なんて自分の立場も考えずに思ったのだから、どこまでも呑気で、そして身のほど知らずでもあったワケだ。

　とはいうものの、すでに後戻りもできず受験したのだが、ここでまたしても大失態を繰り広げる。筆記試験の後で行われた口頭試問で試験官に「キミは大学時代に勉強してきたか?」と聞かれた。もちろん、ずらりと並んだ重役たちを前に堂々と「やってきました」と答えた。

　すると、今度は私が卒業設計でやった32psのエンジンのことについて聞かれた。かなり専門的な質問が矢継ぎ早に飛んでくる。とりあえず、ボアやストロークについてはなんとか答えられた。自分の設計したエンジンだから答えられて当然である。

　ところがここからが苦しかった。「ピストンスピードはどれくらいかね?」ときたのだ。これは考えてもみなかった質問だ。冷静に考えればストロークがわかっていて、エンジン回転数がわかっていれば、暗算で出てくる。だが、遊ぶことが優先だった私にとっては非常に難しい質問だったのだ。

　それにうかつな回答をして、とんでもないことを言ったら、すべてが終わる。そんな恐怖から思わず出た言葉が「忘れました!」だったのだ。すると今度は「大まかでいいから答えてみなさい」と追求された。もうここまで来ると頭のなかが真っ白になって「だいたいも忘れました」と答えてしまった。

　もちろん、ここで勘弁してもらえるはずもなく、たたみかけるように「では常識的な数値を言ってみろ」となったのだが、慌てふためいている私にとってすでにわかるはずもなかった。もう勘弁してほしいと思ったのだが、追求はまだ続いたのだから、まさに拷問である。

「では1m、10m、100m、1000mのうちのひとつを選びなさい」ときた。もう終わりだと感じながらも、とにかく考えた。そして導き出したのが「100m」と答えだった。正解は10mであった。完全に終わったと落ち込んでいる私に対して「キミのエンジンはずいぶんと速く回るんだね」ときた。

もうやけである。「ハイ、僕のエンジンは高速型ですから」と答えてやったのだ。こんな類いの質問がさらに続けられたのだから、誰も彼もなんとも意地の悪い人たちだと思った。そして最後の最後に「もし君がこの会社に入ったら、何をやりたいか?」と聞かれた。

もうこうなるとやけである。「はい、エンジンをやりたいです」と胸を張って堂々と答えてやったが、すでに結果は見えていたようなもの。この試験の様子を友人に話したら、誰もが「お前の採用はない」という見解。どうせダメだろうと私の覚悟も決まったが、何がよかったのか合格し、採用されたのだ。

晴れて日野ヂーゼルに入社となった私だがその後、1年もの間、研修が続く。そのほとんどが現場研修という名の工場勤務である。朝8時に始業であり、当時、中野の知人宅から通っていた私にとってはかなり辛い日々だった。今にして思えば私が合格したのは、人手が不足していた工場勤務をやらせるためではなかったのか?　と思える状態がしばらく続いたのだ。

ほかの会社で3カ月ほどで終了するはずの研修が1年である。「俺はこのまま終わるのか……。まったくひどい会社に入ったなぁ」となんて恨み言を言いたくなる状況だった。しかし、そんななかでも、楽しみも見つけながら仕事をしていた。

最初にやることになったのはクランクシャフトのバランス取りだ。当時はまだ日本製の工作機械の精度が低く、バランスをチェックする機械もドイツのカール・シェンク社のものを使っていた。当時からバランシングマシンなどの開発用設備においてはトップクラスの技術を持っていた名門企業である。そこの機械を使って、クランクシャフトのバランスをチェックする。

しかし、最終的な調整は熟練工が勘に頼って粘土を貼り付ける旧式なやり方。もちろん、私も最初はその方法でやっていた。すると不思議なことにバランス取りがうまくなっていく。しかし、いくら長年の経験に基づいているとはいえ、「どう考えてもこれは非科学的であり、いつまでもこんなやり方ではダメだ」と、入ったばかりの若造が生意気な主張をさせてもらった。

そして私は独自にバランスを調整するゲージを自作しながらも、自分なりの考えを少しずつ理解してもらおうとしていた。そうしているうちに徐々に現場にも慣れていった。結局、そのゲージを作るかどうかを議論しているところで1年間の研修が終了。ようやく正式採用となった私は、いよいよエンジンを担当する部署へ配属となった。

私が入社した昭和27年、つまり'52年は日野ヂーゼルがフランスのルノー公団と技術提携契約を結び、ルノー4CVの国産化生産を決定していた。私はその社運を左右するともいえるプロジェクトで、4CVのエンジン部門に配属されたのだ。

日野ヂーゼルに入社後、戦車のディーゼルエンジン作りに携わる

私がまず行わなければいけなかったのは乗用車やトラックの設計ではなかった。「105㎜無反動自走砲」という、言葉だとわかりにくいが、要するに大砲を備えた戦車のディーゼルエンジン作りに携わることになったのだ。実習期間を終了して常日頃から「エンジンをやりたい」と言っていた私にとっては確かに希望どおりの部署だった。

ただ、戦車のエンジンをやるということは戦争に対して反対の意向を抱いていた身としては少しばかり釈然としなかった。当然のようにジレンマを感じたのも事実だったが、トラックなどにも転用できるエンジンであればとも考え、自らを納得させ開発に取り組む決意をした。それにまだこの段階では日野と三菱、そして小松製作所との競争試作の段階であり、正式採用ということではなかったのだ。

任されたのはエンジンの潤滑系。入社当時から少しばかり生意気な態度を取っていた私にすれば、「潤滑系のことなど、オイルポンプなんかの話だし、それほど面倒なこともないだろう」と端っから舐めてかかっていた。そんな気持ちで仕事を進めるなかで冷却系をやる先輩エンジニアの仕事を覗いてみた。

すると、戦前の古いエンジンを参考に、〝吸い込み式〟のシステムで冷却を設計しようとしていた。そこで私は先輩に対して「それは随分と古いことをやっているんですね。今どきそれはないですよ」と、やってしまったのだ。熱い空気を冷却に使用する〝吸い込み式〟と、冷たい空気を使う軸流ファンによって送り込む〝押し込み式〟とでは確実に冷却効率が違うことはすでに理解されていることだった。

もちろん、「〝軸流ファン〟に切り替えるべき」と言ってしまった。すると、その先輩が「係長がこれをやれと言ったんだ」となった。そこで折れればよかったが「効率を考えてほしいですね」とやってしまったから、その場の雰囲気の険悪さは今考えてもあまり思い出したくない。

この私の主張は係長にまで届き、さらに上の武藤恭二部長にまで伝わってしまったのだ。当時の部長といえば、今の専務に当たるほどの立場であり、権限も持っていた。つまり、新米にとってみれば雲の上の存在だったワケだが、そこまで伝わってしまうと肝が据わる。

実際に両方の方式でどれほど消費効率に違いがあるかなど、世界中の文献を参考にして計算してみた。すると、かなりの差があったのだ。我が意を得たり、である。その結果を持って私は直談判してみたら、驚きの反応が返ってきた。

「よくわかった。それじゃ、こ

れからはキミが冷却をやりなさい」となってしまった。一方で私とやり合った先輩は潤滑系担当となったのだが、なんとも先輩には悪いことをしたと思っている。こうして担当となった冷却系だが、これがなんとも難解な代物で特に「軸流ファン」の設計はかなり困難を極めた。「あ〜あ、潤滑系がよかったなぁ」なんて言ったところで後の祭り。参考文献と首っ引きで何度も何度も計算を繰り返し、ようやく設計を完成させた。さて、3社による競合、今風に言えばコンペの結果は果たしてどうなったか？　エンジンや車体の木製モックアップを作った段階で国の審査が入り、日野は残念ながら審査に落ちてしまった。

ルノー4CVのノックダウン生産と国産化の苦労

そんな自走無反動砲の開発のさなか、日野の社内ではもうひとつ大きな流れが進んでいた。フランスのルノー公団との提携交渉であり、ルノー4CVの国産化の話である。ルノー4CVといえば当時、ドイツのVWと並んで爆発的に売れている小型の大衆車。4輪独立懸架、748cc、リアエンジンリアドライブといった内容だったのだが、さっそく社内にも小型車専門の部署が発足し、私はそちらへ配属になった。

ここからは乗用車用のガソリンエンジンの開発である。ルノー4CVの国産化は、契約後3年以内に完了という内容だったが、当初は輸入部品によるノックダウン方式から開始しなければいけない。おまけにルノー側から設計図が開示されるのは2年目に入ってから。残された1年で国産化のための設計、生産準備、生産開始という状況をクリアしなければいけなかった。

これは相当に厳しい条件であったため、克服策を考えた。当時、技師長であった家本潔氏が現物スケッチをベースとした生産を決意したのだ。つまり、ルノー4CVを全員でバラバラにして一つひとつの部品の設計図を起こしていく作業である。我々新人も含め、スタッフを総動員し、ばらしたクルマのパーツの計測を開始した。

ところが、当時の計測器なんて、それほど精度が高くなかったし、マイクロメーターとノギスくらいしかない。そんなもので精密な計測などできっこない。それでも「計って設計図を書け」と無茶を言うのだから、やらざるを得なかった。

しかし、入社してまださほど時間の経っていない私にしてみれば満足にエンジンなどを分解したこともなかったので、まさに手探り状態。そして、エンジンをばらして見た感想は「へぇ〜こんなものか」だった。

特別に凄いとか感心するところはなかったのだが、いっぽうでルノーの大衆車に対する「コストダウン意識」には感心させられた。効率を高めるための工夫がエンジンを始め、ボディの隅々の作り込み部分にまで及んでいる。その効率化をしっかりと考慮した設計思想については後の日野のクルマ作りにずいぶんと生かされることになる。

さて、私の担当のエンジンだが、作業が進むに従って苦労した部分がいくつかある。まずはタイミングギア。まずは強度の高い歯車形状を自分なりに転位係数なるものを計算して導き出し、作らなければいけなかった。実はこの強度のある歯車の理論を導いたのは東北大学の恩師である成瀬政男教授であり、すでに〝成瀬歯車〟としてドイツなどでは製造されていたのだ。

ところが、私は〝どこかでそんな話を聞いたなぁ〟程度の認識しかそれまで持っていなかった。もちろん、日本ではまだ知られていなかった歯車であるが、強度が出せそうだったので試してみた。するとこれが、ドンピシャリ。なんとその設計で作り上げたギアは2年目に到着したルノー社の設計とまったく合致しており、短期間での国産化達成に役立つことになるのだ。

すると「鈴木、よくわかったなぁ」と上司からお褒めの言葉をいただいた。そこで素直に、照れくさそうにしてれば可愛げもあるのだが「けっこう簡単なことでしたよ」と言ってしまうあたりが、生意気だった。だが、本心を言えば〝本当にこれでいいのか〟と、毎日試行錯誤を繰り返しながら、本当にヒヤヒヤしながら過ごしていたのだ。

そしてもうひとつの難題は吸排気バルブの開閉を行うカム。当時、日野はアメリカ製の一流の工作機を揃えていたが、それでもなかなかくせ者のカムの曲線が再現できなかった。ただ出っ張らせればいいだろう、と簡単にはいかないのだ。

三円弧カムという古いタイプのカムで加速度を上げると、バルブ自体が踊ったり、バルブシートを傷める原因になったりと、高速回転ほど問題が出ていた。これを等加速度カムとすると解決するのだが、そんなものは目で見ても違いなど何ひとつわからないほど精密だった。

それを私は「確かイギリスの機械学会に発表されている数表を見れば計算式があったな」と気軽に考え、それに従って作ってみたのだ。ほとんど勘で作り出したような状況だったのだが、またしてもドンピシャリ。ここでも周囲から褒められると「その程度はわかりますよ」と嘯くのだから、私という男はどう考えても嫌なヤツである。それにしてもこうしていろいろとみていくとルノーの当時の技術力は日本をはるかにリードしていたことははっきりしたし、習うべきことが多くあった。

そして、完成して市場に出すと、これがまた問題がいくつも出た。まずは4CV自体が日本の埃っぽい道路に合っていなかった。舗装率わずかに5％、つまり悪路がまだ95％という状況で、リアエンジンは埃を吸ってしまい、エンジン各部が摩耗する。事実、そうした類いのクレームはタクシー業者を中心として盛んに上がってきていた。

当然、上からは「早急に直せ！」と指令がくる。そこでまず考えたのはエアの取り入れ口をリアからフロントに移すという対策だった。実際に調べてみると、吸気エアを後ろから吸った場合と前から吸った場合ではかなりの違いがあることがわかった。

なんとその埃の量はエアの取り入れ口をフロントに移すだけで6分の1に低減できることがわかったのだ。当然、設計を変更して前からエアを吸入する構造とした。当時のエアクリーナーは弁当箱のようなかにオイルで湿らせた旋盤の切り子を詰めているような状態で、とても現在のようなエアクリーナーのレベルではない。ろくに空気清浄もできなければ、うっかり触るとケガをするような代物だった。そうした問題を解決するための方策をいろいろと考えなければいけなかった。

ちなみに、切り子の欠点を補うために不織布がクリーナーとして使われ、ペーパーになるのはまだまだ後のことだった。

次にリアエンジンならではの問題として解決策を考えなければいけないことはエンジン音。リアエンジンは構造上、どうしてもマフラーは短くなってしまう。フロントエンジンであれば前からリアに排気されるまでに音を処理することができるのだが、リアエンジンはそうはいかない。オリジナルのルノー4CVもけっこううるさかった。

もちろんそのままでは日本では通用しないということになり、「とにかく鈴木、音を消せ。お前に任せるから適当に考えて！」と無茶な命令がまた飛んでくるのだ。「勝手に考えて」はわかったが、設備が足りない。そこで私は「音を退治するにはシャシーダイナモがいるんですよ。おまけに無響室のなかに！」と上司に直談判。すると「お前さん、何を寝ぼけているんだ。そんな金のかかることができるか」というのである。それでも食い下がると、「じゃ、三井精機工業（以下三井）に行き、シャシーダイナモを借りなさい」となった。

当時、三井ではオート三輪車を作り始めていて、日野とは同じ三井系列ということもあって技術提携もする間柄。設備を使わせてもらうことはそれほど難しいことではなかった。しかし、三井には無響室まではなかった。そこで私は勝手にアスベストやフェルトを壁にペタペタと貼り、シャシーダイナモの部屋を無響室に改造したのだ。

ま、結果を出せば問題はないところであるし、あまり文句も言われなかったのだからのんびりとした時代だった。もちろん、ルノーのオリジナルとは違ったマフラーを設計し、充分に静粛性を保ったマフラーを作り上げることができた。最終的にはエンジン回りのほとんどを日本側でやることになったのだ。

こうした苦労を克服した結果、ルノー4CVのノックダウンと国産化を成功させ、セールス面で大きな成果も残せた。しかし、目の前にあるのは、あくまでも借りもののクルマであった。当然、我々が目指すべきなのは自分たちの手による完全なる国産乗用車の製造である。

ルノーとの提携による経験は生かさなければいけないが「我々のクルマを仕上げたい」と誰も感じていた。そんな思いに支えられながら’61年から製造を始めるコンテッサ900が生まれてくることになる。

ところがルノーにとってみればそれはあまり望ましいことではなかった。あくまでも日野はノックダウンを続け、ルノーにとって東アジアの拠点であってほしいというのが本心。当然のようにルノーは契約段階から警戒はしていたようで、設計図が2年経ってから届けられたのもそうした理由があったようだ。

だが、いっぽうで「たぶん、日本人にはまだ完全なる国産化は無理だろう」とみていたようである。ところが我々はコンテッサ900を作り上げてしまったワケだから、大いに慌てた。当然のようにいろいろなチェックを入れてきた。「見たところ同じRRだから我々のライセンスをずいぶんと使っているのではないか」というのである。

売れるワケがないとルノーから疑われた日野コンテッサ900

ノックダウンからわずか3年で成し遂げたコンテッサ900を徹底的に疑ってきた。そして、ついにフランスから担当者がやってきてコンテッサを細々とチェックするという。この時はまだ、「上司が対応するんだろうな」とのんびり構えていた。ところが、いきなり「コンテッサのレイアウトが4CVとそっくりじゃないか」とルノー側が言っているというので、慌てて上司が飛んできた。

「鈴木、4CVのレイアウトはルノーのオリジナルか？ 前例がないか調べろ！」という。私も相当、わがままかもしれないが、当時の日野のエンジニアには無茶を言う人がずいぶんといた。ま、こちらとしても日野としての意地もあるし、なによりも悔しいので「わかりました」ということで必死に調べた。

すると、メルセデスベンツの170Hというクルマが、4CVと同じレイアウトになっていた。確かそれを調べ、回答を見つけるには二晩かかったと思うが、その事実を突き止め、ルノー側に提示した時は溜飲を下げた。ところが、問題はそれで終わらなかった。

「エンジンなども真似をしているんじゃないか」ときた。そこで900と4CVのエンジンもバラバラにして両方を比較することになった。当然、上司である課長あたりが説明するのだろうと、のんびりしていたら「鈴木、お前が説明しろ」と、またしても無茶振りである。

事前準備もしていない状況で説明していたら上司が「いや、それぞれに何㎜違っているとか厳密に」ときた。いきなり言われても、全部覚えているはずもなく、まさに泣きたくなる状況だった。しどろもどろの説明をさんざん叱られたのだが、結果的には「エンジンもすべて違っていて問題なし」となった。

当時、我々のなかにはノックダウンを行っていたとしても〝ルノーとの完全なる共通化〟など少しも考えていなかった。プライドもあったので、すべて独自開発するつもりでいたのだ。ロングストロークのルノーエンジンに対してボアを大きくしてショートストローにし、排気量も変えた。そうなれば当然、エンジン特性だってルノーとは違ってくるのである。

また、日野は次なるクルマを模索する段階で実は「FFかRRか、はたまたFRか」を議論していたのだ。キャビンの居住性ということを考えるとFRという選択肢はなかったのだが「RRレイアウトのままでいいのか?」という意見があった。

そこでコンテッサ900の前に「FFをやってみろ!」という命令がきた。ここから誕生したのが「日野コンマース」というFFのバンだった。モノコックボディに排気量836ccのエンジンを載せて前輪で駆動するFFで、発想は家本潔さんによるものである。

ルノーが乗用車に対してはナーバスになることも予想できていたのでアンビランス、つまり病院車という作りにした。これなら文句も出ないだろうということでこのスタイルになった。ところが、我々は病院車であっても設計を行ううえで手を抜く気などまったくなかった。

全輪独立懸架のフロントトーションバースプリング、リアはトーションバーとリーフの組み合わせという、当時としては相当に先進的で珍しい作りとなった。そして完成車は〝2000台も作れれば上等〟という、言わば実験的な車両として輸出も含めて販売された。せっかく作ったのだから売れてほしかったし、評価も得たいと思った。

ところが、コンマースは〝雪道での登坂性の不足やユニバーサルジョイントの特性不良(ボールジョイントなおかつ等速ジョイントではなかった)〟などの問題があって2年ほどで生産を中止。かなり細部にこだわり、想いを込めて作ったのだが、成熟していなかったので結果的に市場実験車のまま終わった。輸出を含め、2433台販売され、生産終了となった。

もちろん、このコンマースのおかげでFFとRRの特性を理解することができたことは技術開発のうえで大きな収穫となった。後の日野にとっても非常に貴重な財産として残った。私にとっての最初のエンジンはコンマース用といってもいい。

少し話がそれたが、こうした積み重ねのうえで'61年には日野コンテッサ900が発表される。ルノーのパテントに抵触するところがないことも認めさせたことで、コンテッサ900は無事に走り出すことができた。

デザインは新進の高戸正徳さん(後に日野アストラ/デザイン取締役)が中心になってまとめ上げた自信作となった。リアサスペンションは耐久性と操縦安定性を重視して独自のトレーリングアーム方式を用いた。これは当時、理論的には未熟であったのだがRR特有の直進安定性、旋回性、さらには乗り心地の向上に役立っていた。

このようにクルマとしての潜在能力の高さは実際に走らせてはっきりしていた。ところが、この時はモータースポーツに対するポテンシャルの高さや可能性などに気がつくはずもなく、私は開発の日々を過ごしていた。

コンテッサ900のオイル消費の多さと熱対策に苦慮する

無事にコンテッサ900は走り出し、ビジネスのうえでも成功していたのだが、いくつかの問題も抱えていた。その第一はオイル消費の多さ。当然エンジンの耐久性にも大きな影響が出てくる。この問題はルノーの時にも出ていたのだが解決し切れていなかったのだ。

するとユーザーから多くのクレームが入ってくる。この頃、まだオーナードライバーなどは少数であり、大口顧客といえばタクシー会社であった。そこで「こいつを設計した奴は誰だ。文句が言いたいから会社に来い!」と、広島のあるタクシー会社から呼び出されてしまった。

当然、上司が行くものだと思っていたのだが「鈴木、ちょっと行って話を聞いてきてくれないか」というのである。こちらも〝そこまで怒っている〟とは思わないので、渋々ではあったがあまり考えることなく、先方を訪ねてみた。

そして、先方に到着し、壁に大きな観賞魚用水槽のある立派な社長室に通されたが、現れた社長がいきなり「こんなエンジン作りやがって」と、もの凄い剣幕で怒鳴り散らされたのだ。〝金魚鉢〟を背にした社長から、まさにこてんぱんというヤツで、向こうは言いたい放題だ。が、元来負けず嫌いな私は「直してみますよ」と啖呵を切って帰ってきた。本心は、その場から一刻も早く解放されたかったからの方便でもあり、自信などこれっぽっちもなかったが、約束は約束である。すぐに会社で改善に全力で取りかかった。次々と試みたものの、なかなかいい結果が出なかった。ところが、解決策は意外にあっけないものであった。

ピストンのリング溝の下に〝ちょっとした小さな段差〟をつけてみたらオイル消費が減り、問題が解決できたのだ。自分でも感心するほどのアイデアだと思うと同時に、せっかくだから国内でパテントまで取得した。しかし、後にドイツのシュツットガルトにあるピストンのトップメーカー、「マーレ」にある〝ピストン博物館〟を尋ねた時のこと。私が得意になっていたそのアイデアはかなり前に考えられていたのだ。まだまだ日本ではクルマ作りが迷走していた頃の話である。

さて、コンテッサ900にはもうひとつ〝熱対策〟でも問題があった。RRならではの弱点であるが、エンジンの熱によって燃料系にパーコレーションが起きたのである。前にも言ったが埃っぽい日本の道に合わせて、エンジンルームをカバーして防塵対策としていた。

とにかくパーコレーションが起きてしまうとキャブレターからガソリンが吹き出して、エンジンが不調になったり、再始動ができなかったりする。これはこれでけっこうな悩ましいトラブルを抱えていた。正直言って900の時にこの問題は、一応は改善できたのだが完全に解決するまでは至っていなかった。

この熱の問題を解決できたのは1300になってからである。排気系と吸気系を別々にしてクロスフローとしたうえでエンジンを傾け、排気側の熱を下方向に少しでも逃がすようにしたことで夏場の問題は解決。そのいっぽうで冬の暖気がうまくいかないという問題は〝世界初の電気加熱式オートチョーク〟を採用したことでしっかりと解決できたのである。

オーバーヒートしないし、オイル消費も増えなかったし、オートチョークもちゃんと機能した。熱に対する問題は1300でほぼ満足のいく結果が得られたのだ。ただ、少し余談になるが、最近のこの異常気象ともいえる猛暑を考えると、現存しているクルマに乗るコンテッサクラブの会員たちのクルマが心配である。そうは言うものの、彼らは私よりもクルマを熟知しているから大丈夫だと思うが……。

さて、コンテッサ900だが、問題を抱えながらもRR特有の非常に優れた直進安定性、旋回性、さらには乗り心地のよさという走行性を持っていた。しかし、優れた潜在能力を持ちながらもそれに気がつかなかったというのも、また時代だったのかもしれない。

当時の日野社内のモータースポーツに対する認識は〝子供のお遊び〟というもの。私自身もコンテッサの優れた能力をこの時点でもまだ明確に知らず、毎日を過ごしていたのだ。

当然、'63年に鈴鹿サーキットで「第1回日本GP自動車レース大会」が行われると聞いても、暖簾に腕押しである。我が国における本格的な自動車レースが始まろうとしていても、本社としては「どこか、やりたい販売店がやればいい」程度の認識でいたのだ。

そんなメーカーの対応のなかで、中心になったのが鈴鹿に近い和歌山日野。ドライバーは当時〝100マイルクラブ〟という自動車クラブがあって、そこからリーダー的存在のひとりである立原義次さんなどが乗ることになった。聞くところによると、このクラブの入会資格は〝時速105マイル（約168km／h）の経験者〟、あるいは〝105マイル以上出せるクルマに乗っている人〟というものだったとか。なんとも時代を感じさせる入会条件である。

今にして思えば笑い話かもしれないが、当時は至って真面目であり、レベルも高いクラブだった。そんな状況で日本GPの期日が近づき、世間も盛り上がってくると会社側もクルマと、少人数ではあるが人的な援助も行おうとなった。実は無関心なようであった会社にもモータースポーツが持つ、懐の深さを知っていた人がしっかりといたのだ。宮古忠啓さんである。

宮古さんは金融出身であるものの、欧米のクルマ文化を滞在中に肌で知っていたし、その後も日野の国内外のレース活動推進役として大きな役割を果たす人である。もちろん、海外のレースにも積極的な姿勢を見せた。モータースポーツで知名度を上げることでマーケットを確保し、輸出のためにサファリや米国のセダンレース参戦を実践していくのだ。そうした人たちのサポートもあり、まったくの無関心ではなかったワケだ。

さて、第1回日本GPであるが、実際に何人かの実験部隊がサーキットに行くと今度はクルマが足りないという問題が起きていた。当初はそれほど積極的に見えなかった会社側は「すぐにクルマを送れ！」となったのだが、たやすく揃うはずもなかった。とりあえず市販用のラジオなどがついたままのデラックスというグレードも混ざり、参戦することになった。

第1回日本GPの優勝とプロトモデルを作る第3研究部

エントリーは「ツーリングカークラスのC-Ⅲ」と「スポーツカークラスのB-Ⅰ」のダブルエントリーである。ツーリングカーのライバルはドイツのDKW1000などをはじめとした外国製のスポーツカーがずらりと並ぶ。特にこのDKWは2サイクルエンジンとフロントドライブ（FF）の最新モデルとして注目されていたクルマでポールポジションもファスティストも持っていかれていた。

こちらとしては端から勝てるなどとは思っていなかった。ところがいざレースが始まってみると、各車は善戦を繰り広げ、結果はなんと優勝してしまったのだ。さらに1300cc以下のスポーツカークラスでもオースティンヒーリースプライトやダットサンフェアレディSPLといった本格的なスポーツカーを相手に大善戦して、DKWに続く2位となったのだ。

会社側とすれば〝いとも簡単に勝利した〟ということになる。当然、私もレース部隊には直接関係はしていなかったのだが、ただただ驚いたというしかない。このエンジンを作る時に加速を重視して仕上げたのは事実だ。実際に900のエンジンは加速が凄くよかったものの、最高速ではそれほど伸びなかった。いっぽうで、コーナーでは有利であり、旋回性能でもある程度の自信があったのは確かだが、それが結果として表れて実に嬉しかった。ユーザーにも喜ばれ、コンテッサはさらに市場での人気が上がっていった。

こうなると現金なもので'64年の第2回日本GPに対しての期待は高まるばかりだ。より万全な体制で臨んでいくかと思ったのだが、現実はそうではなかった。トヨタや日産プリンスをはじめとした各社が本格的なワークス体制を整えて全力で勝ちを狙いにきている。そんな状況だというのに、日野は〝なんとかなるさ〟と実にのんびりしたものであった。

　それでも現場では排気量を985ccまで拡大してツインキャブレターにしたり、高圧縮比ヘッドを載せたりして、レース仕様車「コンテッサGT」を作り上げた。それでも量産車としてのホモロゲーションは不可と判断した。

　当初から着々と準備した他社の力の入れようとは比べるまでもなかった。そんなことで第2回日本GPでは惨敗。ライバルの三菱コルトに、こてんぱんにやられて帰ってくることになる。当然、市場でのコンテッサの人気にも陰りが見えてくる。

　ここで初めて日野もモータースポーツが持つ意味を正面から捉え、本腰を入れて第3回日本GPに備えることになる。本格的にプロトモデルを作るために「第3研究部」という新たな部署まで作ったのである。残念ながら私はまだお呼びがかからず、である。エンジン屋からは田中実さんがひとりだけプロジェクトに参加してスタートすることになったのは、私とすれば少々残念であった。

　ここで私は知らなかったのだが、日野はアルピーヌにツインカムエンジンを依頼していたというのだ。田中さんがある時、私のもとに来て「鈴木さん、今度これをやるんです」とアルピーヌからの設計図を見せてくれた。それが実にひどいもので、こちらのエンジンヘッドをツインカムにしただけで、ブロックは手を加えることなくそのままという代物。

「田中くん、これじゃパワーなんか出ないよ！」とアドバイス。それを田中さんが少し直して作ったが、結局のところ75ps程度しか出ないとなった。それを田中さんは何度となくやらされたんだろうと思うが、結局彼は後にホンダへと転身することになるのだ。

　ちょうどその頃の私は'64年にコンテッサ1300を発表するための開発で確かにレースどころではない状況だった。だが、そんな私にもいくつかの試練が襲ってきていたのだ。まず1300という排気量の問題だった。会社側からの要求は「1200で設計してくれ」というものだったのだ。当時、ライバルだった日産ブルーバードが1200で大成功を収め、非常に評判がいいということもあり、日野も1200という判断になるのも自然の流れだった。

　しかし、私のなかには〝ライバルと同じでいいのか？〟という疑問が湧いてきていた。後追いの立場で同じことをやっていいのだろうかと思ったワケだ。さらにもう一点、当時のヨーロッパでは同じクラスの排気量は1300が主流だった。ルノーしかりシムカしかり、ほとんどが1300であるし、レースでもちょうど〝1300まで〟でクラスが一区切りであったのだ。

　そこで、私は上司に「おかしいですよ、ヨーロッパは皆1300ですよ」と、直談判した。すると、「そうだな」となって上司は会社の上層部に話を持って行ったのだがあっけなく玉砕。「すまん、鈴木くん、会社の指示に従ってくれ」ときたのだが、私は「なぜ1300の優位性を言って説得できないんですか」と詰め寄ってしまった。

　上司は間に挟まれ、辛い思いをされていたのだがある時、「どうでしょう、1251ccなら1200台だから1200と言える。ちょっとはみ出しただけだからこれでいきましょう」と言い、1251ccで開発していくことにした。もちろん会社には内緒だが、どうしても最終テストで上層部のもとに行くことになったところで、私たちのたくらみはあっけなくばれてしまった。

　すると、私はまるで首根っこを捕まれたネコのようになって、その上司に連れられ、上層部の前に引き出された。「申し訳ありません。鈴木が勝手にやりまして……」と私の責任にされたのだ。「なんで俺のせいなんだ」となったワケだが、実は上司もある種の賭けに出ていたからの行動だったようだ。下っ端のやったことなら、なんとか勘弁してもらえる。運がよければそのまま認めてもらえるという目論見があったようなのだ。

コンテッサ900スプリントの秘話、1300ccレーシングエンジンの開発

　すると、上層部が「しかたない。わかったから1300でヤレ！」と許可が出たのだ。そんな騒動の結果、排気量は1251ccになり、ジョバンニ・ミケロッティがデザインした美しいボディのコンテッサ1300が誕生したのだ。ミケロッティの名前が出たところで少しだけ時計を戻して'62年に姿を現したコンテッサ900スプリントに少し触れよう。

　コンテッサ900のシャシーをベースに、ミケロッティが提案したワンオフモデルである。2ドアクーペの美しいコンテッサ900スプリントは、エンジンやサスペンションにもチューニングが施され、データによれば最高速150km/hを可能にしていたという。

　しかし、これはあくまでもミケロッティのデモンストレーション的な存在だったと言われている。そのいっぽうで、日野からの依頼で作られたという話もある。その現場の一端にいた私だが真意のほどは本当に知らないのだ。ただ、この美しいクーペがもし現実のものとなっていたら、コンテッサの伝説がさらに増えていただろうことは容易に想像できるのだ。

　市販されなかった「幻の名車」だけでなく、私の担当エンジンでも同じような運命のものがあった。なし崩しのように認めてもらった1300のエンジンのことである。1251ccで満足していればよかったのだが、私はどうもそこに留まっているだけではすまなかった。1251ccというのは1300ccに50ccも足りない事実がどうしても気になってしまった。そう

なるとやっぱり1300ギリギリにしたくなり開発する。

それがツインオーバーヘッドカムの「YE27」というスポーツバージョン用エンジンで1251ccのボアを少し広げて1293ccにして開発したのだ。これは〝本格的なスポーツカーを作ろうとなった時に〟使うつもりで作った。量産試作までやって、たぶんエンジンを10数台作ったハズだ。ちょうどその年に第2回日本GPが行われ、日野は惨敗してしまうのだ。

そして、第3回日本GPを目指して動き出していたプロジェクトだったが、いろいろな事情によってGPは中止され、'66年に順延となってしまった。振り上げた拳をどうおさめるか？ 開発したエンジンの使い道が見つからない状況である。

日野もいろいろ考えたのだろう。私は'65年の11月に「鈴木、レースの会議をやるから出てくれ！」という命令がきたのだ。私はここで田中実さんが持ってきたアルピーヌのエンジンに対して「あんなインチキなエンジンで勝てるワケがない」と、またしてもよせばいいのにぶち上げてしまった。

すると、上層部の人たちが烈火のごとく怒り、会議室から追い出されてしまったのだ。「もうレース用エンジンなどやる機会もないだろうな」と少しばかり残念に思った。すると、会議終了後「そこまで言うならお前がやってみろ！」となったのだ。1300のエンジンを可能なかぎりボアを広げ、130psを目指すというもの。つまり、リッター100psエンジンを作る命令が正式に下った。

これがレース専用エンジン「YE28」であるが、こうなると私は燃えるのだ。もっとも頼りになる田中実さんはすでにいないが、新人のやる気満々の西村隆士君を迎え、全力で開発をスタートさせた。ある程度、YE27で下地ができていたとはいえ、わずか2カ月くらいで開発をしなければいけなかった。不眠不休で開発作業を進め、なんとか試作エンジンまでのメドが立った。ところが、ここで私はサラリーマンの悲哀を味わうことになる。

1300のエンジンで130psを目指したレース専用エンジン「YE28」が完成間近となった'66年3月、私は「鈴木くん、アメリカでレースをやってきてくれないか」というひと言でアメリカへの長期出張にほぼ強制的に出されてしまった。

そこには「レースはクルマを売る。だから内外の自動車レースに出る！」と常日頃から話していた宮古忠啓さんの考えがあったはず。日野自動車も'64年の第12回イースト・アフリカン・サファリラリーにもエントリーし、サポートカーを含む5台のコンテッサ900を送り込むなど海外経験も積み重ねていた。

日本で走る機会が減ったなら日本を飛び出し、世界で実力を示し、コンテッサと日野自動車の存在を知らしめ、商業的な成功にもつなげたいということだったのだろう。

ピート・ブロックとの出会い、そしてアメリカへ

そこで会社としての指示の内容であるが、「ピーター・ブロック（以下ピート）という男と契約し、全部任せてある。そしてコンテッサクーペを3台、向こうに送ってあるから手伝ってくれ」と今回のアメリカ行きを命じられたのである。会ったこともない男とアメリカでレースをヤレという、なんとも乱暴な説明なのだ。

おまけに一人で行け、やることは自分で考えろというのだから、いくらなんでも無茶だ。しかしその半面、ワケのわからない状況への挑戦という、へそ曲がりで刺激好きの私にとっては、ちょっぴり嬉しくなるような展開でもあったワケだ。もちろん拒否する理由もないので承諾し、渡米するとなると覚悟は決まった。

それにしても、これが私にとって初めての海外旅行だった。おまけにひとりぼっち。出発の日には羽田まで同じ課員たちが、トラックの荷台に乗って見送りにやってきてくれた。羽田には当時、送迎デッキがあり、そこで大きな日の丸を振りながら皆で見送ってくれたのである。

まるで出征兵士だが、私はパンナムの直行便に乗り込んだ。日本とはしばらくのお別れとなり、珍しく心細くなったが機内に入ると今度はいっさい日本語が聞こえないことに戸惑った。

だが、ここで怖じ気づいたら負けだと思い、不安をかき消すために「ウイスキーを持ってきてくれ」と注文した。ところが、私の英語がまったく通じない。発音が悪かったんだろう、まったく理解してくれない。

苦難は空港に到着しても続いていた。迎えに来ているはずのピートがいない。電話のかけ方も知らないし、みんな早口で英語がよくわからない。「ひでぇところに来たもんだ」と途方に暮れているところで、ようやくピートがやってきてくれた。

「よかった。これで眠れる」と思ったのだが、まだ災難は続く。彼が「レース仲間を呼んであるから話をしよう」というのだ。お前たちは地元だが、俺は遠い日本から今来たんだぞ、と言えるはずもなく、疲労困ぱいの我が身は有無を言わさず拉致されたのだ。

だが、そこでは〝サスペンションのジオメトリーを変更しよう〟とか〝部品はこう削って新しく適応させたい〟とか、熱い意見交換が酒を飲みながら展開されたのだ。そうしたクルマに関する内容は不思議とわかるし、こちらの言いたいことも通じた（と思っている）。

とにかくアメリカの〝新しい仲間たち〟の熱い思いはよく理解できたのである。ここから〝日本生まれの伯爵婦人の壮大なるチャレンジ〟が始まったのだ。

さて、ピートはなぜコンテッサを知ったのかといえば、ロバート・ダンハムというアメリカ人ドライバーがコンテッサをアメリカへ持ち込んだことに始ま

る。ダンハムは当初、普段使いに使おうと思って、気軽な気持ちでコンテッサ1300クーペをアメリカに持ち込んだ。

合わせてクルマが持っている〝高速性能と高い安全性〟という潜在的ポテンシャルにも目を付けてのことだった。ところが、その能力がサーキットでも充分に通用するものだと、本人や周囲の人たちが気づくのにそれほどの時間はいらなかったという。そこで多くのレース仲間たちはダンハムに、コンテッサでのレース出場を強く勧めた。そして、そのなかの仲間のひとりがピートだったのだ。

当時のピートといえば、'64年にアメリカ車として初めてル・マンを制したフォードコブラのデザイナーで、レーシング・ドライバースクールのインストラクターとしても活躍していた。コブラ・デイトナクーペの空力ボディのデザイナーにして、レーシングドライバーであり、さらには一流のチューナーとしても知られていた実力者だった。

そして彼らは私が渡米する2年前の'64年からコンテッサ1000GTで戦っていた。この頃からコンテッサの戦闘力に注目していたピートは〝さらなる向上〟を目指して日野との協力関係を結び、そして私が先兵としてアメリカにやってきたのだ。

こうして「チーム・サムライ」の体制は整い、コンテッサ1300クーペをひっさげて、毎週末ごとに行われるセダンレースに参戦することになったのだ。すでによく知られた話なのだが、そのコンテッサの白いボディに「いざ征かむ、めにものみせん、青い目の大和魂、コンテッサ駆り」、もう一台には「先陣は我がコンテッサ、青い目の大和魂、手綱さばいて」と私は金釘流で書いてやった。

西海岸のあちこちをピートと転戦することになった。週末になると朝3時には「ヘーイ、タカシ、ゴー」と彼にたたき起こされるのだ。チームには日野の本社からコンテッサのほか、トランスポーテーションとして中型トラックも提供され、部品などを満載されていた。

そしてコンテッサを載せたトレーラーは、フォードのトラックが引っ張るという体制で転戦していた。実は、この時のサーキットを行脚していたトラックこそ、アメリカが輸入したトラックの記念すべき第1号車で、今でもロングビーチに保存されているはずだ。

週末ごとのサーキット通い、そこから帰ってくれば平日はチューンナップに明け暮れる。作業はまさに厳しい修行そのものであったが、本場のチューニング技術は日本のレベルをはるかに超えていた。レースで得られた結果を、すぐに製品にフィードバックして、より優れた物を作り出す。まさしくサーキットは最高の実験場としての役割も持っていることを私は身をもって学ぶことになった。同時にアメリカでのモータースポーツ文化というものもしっかりと見ることができたのだ。

さらにドライバーとしても活躍していたピートとダンハムの優れた能力にも感心させられたことが多くあった。特にピートは屈強で、100kg近いエンジンを素手で持ち上げるほど。

これには驚いたのだが、そのいっぽうでレースコースを走りながらキャブレターのプリードなどを適切に選択したり、サスペンションのジオメトリーを修正するなど繊細さも持ち合わせていて、彼の能力の高さには脱帽するばかりであった。

このようにしてコンテッサ1300のエンジンは時間の経過とともに磨きがかかっていくのだ。そして、予想以上の戦績を残したことでコンテッサがアメリカのレースファンから大きな注目を浴び、サーキットでの市民権を得ていった。つまり、日野にとってはこの良好な戦績が大きな意味を持ってきたのだ。そう、「コンテッサ1300の対米輸出構想」が確実に進展していくのである。

もちろんピートにとっても「日野の全米のディーラーの権利を持つこと。次期コンテッサをデザインすること、自分のレーシングチームを持つこと」など、自らの目標を達成しつつあった。さらに言えば、私にとっても〝宝物〟ともいえる経験を積みながら充実感を味わっていたのだが、ここでまたしても問題が起きたのだ。

なんとアメリカに来て3カ月ほど経過したばかりだというのに「日本に戻れ！」という命令が下された。なんということだろう。ようやく戦績が上向き、勝利も積み重ねていけそうなところに来ての社命である。さすがに「いい加減にしろよ」と思ったのだが、しかたがない。

6月も末のことである。帰国した私を待っていたのは「8月14日に富士スピードウエイで開催される〝日本レーシングドライバー選手権〟に出場するからクルマを仕上げてくれ」というのである。羽田に到着すると、チーム監督である池田陽一さんが待っていた。

そして顔を見るなり「今すぐ工場に来て、状況を確認してください」というのである。アメリカに行っても、帰国してもいきなり飛行場から連れ去られるのである。

エンジン実験室で私を待っていたのはスタッフの沈んだ顔であった。なんと私が完成を目前にアメリカに飛んだ時のまま、YE28の開発は少しも、まさに1mmも進展していなかったのだ。すでにレースまで2カ月を切ったこの時期に「どうしろというのか？」と怒りさえ覚えたのだが、もちろんこのエンジンについても私がやるしかない。

さらに、この時点で次期コンテッサ、つまりコンテッサ1500のエンジン開発も最終段階にきていたことを思うと、時間も人も何もかもが足りなかった。そこで私は専属の特別部隊の結成を要請した。すると関口部長は条件つきで即決してくれたのだ。

だが、その条件とは〝人は出せない、開発期間厳守〟であった。わずか10人程度の所帯だが、よく考えてみたら〝金を使うな〟とは言われていないので、贅沢にやってやろうと勝手に解釈してスタート。ところが日野の歴史上、9000回転という高回転、高出力エンジンなど経験がなかった。当然のことかもしれないが、ようやく回り始めたエンジンは次から次へと壊れていく。最終的に40カ所を超えるトラブルが出てくる。

　さらに、どうしてもコンロッドの焼きつきが起きるので設計変更することにした。まず、木型で製作して問題があるところを削りながら作り上げていく。「これでいける」となったところで鍛造屋に持ち込んで製作するという荒技だ。人間でいえば内蔵の一部を入れ替えるほどの大手術を一晩でやってのけた。

チーム体制が整い、ヒノ・プロトが疾走す！

　誰もが追い詰められた状態だったが、幸いにして少数精鋭ともいえる部隊の士気は高かった。寝袋を持ち込んでの徹夜作業にも文句を言わず、開発期間を守ってくれた。最後は性能試験となったが、目標馬力に未達という未練を残しながら、そのまま、できあがったばかりの「ヒノGTプロト」を富士スピードウェイに持ち込んでみた。

　ドライバーの山西喜三夫氏と塩沢勝臣氏のふたりにはすこぶる評判はよかったのだが、氣温が上がってくるとエンジン油温が上がり調子が悪くなる。決まって外気温が27度を超えると、ご機嫌が悪くなったのだ。そんな問題を抱えながら臨んだ本番だったが、当日は外気温が低く、27度に達しなかった。

　初出場の日野プロトタイプは、ポルシェカレラ、フォードコブラなどと互角に戦い、堂々の3位入賞を果たした。そしてこの8月14日という日は、海を越えたアメリカでもコンテッサがリバーサイドでの6時間耐久レースで優勝を果たしていた。最終的には2位チームの抗議で勝利は取り消されるのだが、地元ではコンテッサの活躍、そしてピートの挑戦が大きな話題となったのだ（その後10月にはロスアンジェルス・タイムスグランプリで優勝を果たした）。

　その直後に発表されたトヨタとの提携。我々は乗用車部門からの撤退を余儀なくされた。もちろん「RRのままで行くか、排気量はどうするか」などと激論を戦わせながら開発を進めていた次期型コンテッサ１５００計画もストップした。１５００ccのエンジンは〝幻のエンジン〟として陽の目を見ることがなかったのだ。

　そんな時、アメリカで奮闘するピートから手紙が届いた。草書書きの英文、わかりづらい表現などで輸出部の人間ですら訳せない。困り果てて私はアメリカ在住の親戚の夫婦に無理矢理、翻訳を頼んだ。ふたりは相当な苦労を重ね〝ふつうの英語〟として解読してくれた。

トヨタとの提携で乗用車部門撤退後、ヒノ・サムライの運命は？

　そこには〝あのプランを実行するために日本に行く〟という内容が書かれてあった。あのプランとは、〝ヒノ・サムライ〟というプロトカーを日本で走らせることである。私の渡米中にピートとふたりで練っていた計画なのだが、ピートはことあるごとに帰国した私に進捗状況を報告してきていたのだ。

　そして、いよいよプランを実行したいというのだが、すでに我々は乗用車から撤退が決定していて、表向きは手出しができない状態だった。それでもピートは翌'67年4月にヒノ・サムライをひっさげ、上陸してきた。おまけに「三船敏郎」を監督に据えての参戦で、話題にならないワケがなかった。

　私も心から嬉しかった。だが、会社としては出迎えることができなかった。アメリカで活躍するピートは本来なら最大級の礼を持って歓待されるべきだったのだが、ひとりの役員も出迎えることがなかった。すでにコンテッサは生産ラインから消え、それまでの乗用車とレース部門にいた部隊は中型トラックの部署へとシフトしていた。

　日野が関与することは許されなかったため、当然のようにピートは〝個人参戦〟という形になり、同時に日本の車検に合わせるために苦労していた。そんな彼らを見て、もちろん黙っているワケにも行かず、私は変装して富士スピードウェイに行き、ピットに潜り込んで手伝ったのだ。すぐに私の正体は見破られたのだが、そんなことは関係なく、ピートとの友情を優先した。結果としては車検に合格することができず、日本のサーキットでは陽の目を見ることがなかったのだ。

　こうして私のレース、そして乗用車の歴史はひと区切りとなった。その後、私は多くのディーゼルエンジンを手がけることになる。なかでも「ＥＰ１００型ディーゼル」は〝世界初のダウンサイジングエンジン〟として高い評価を得て話題となった。できるかぎり小さな排気量のエンジンを高過給して燃費を向上させる、今でこそ当たり前の理論を初めて実現したエンジンであり、現在もその技術はしっかりと受け継がれてきている。

　そうした技術の継承を経ながら日野は'91年、パリ・ダカのカミオン部門に参戦し、新たな挑戦をスタートさせる。私も久しぶりのレースに心から高揚した。パリのパビオン・ドーフィーヌで参戦を宣言した。地元では〝初参加で完走〟は無理と言われたのだが、参加7台すべてが完走してくれた。

　そして'97年には新たに茂森政副社長の監督で、カミオン部門の総合1・2・3フィニッシュを実現してくれ、乗用車時代に培われた〝日野スピリット健在〟を示すことに。

「もし、トヨタとの提携がなかったら？」と今も時々聞かれる。人生に〝たられば〟はない。自らの人生を否定しないために、そう申し上げて私の証言を終えたい。

↑若かりし頃の鈴木氏の愛車とのツーショット。1955年式のビュイックを駆ってドライブ途中だったという

↑「父が長野県庁の役人になった時、時々送り迎えをしてもらっていたビュイックのデソート」と鈴木氏。数少ない少年時代のクルマとの思い出を作ってくれた存在

↑1955年に開催された第２回全日本自動車ショーは12日間、前回と同じ日比谷公園内広場で開催。日野ルノーも展示された

↑日野ヂーゼル入社後の研修時代の工場ライン。まだ乗用車生産は始まっていないため、トラックがずらりと並んでいる

↑1966年当時、鈴鹿に近い和歌山日野が第１回日本GPの中心的存在になり、ドライバーとして当時の「105マイル・クラブ」のリーダー的存在だった立原義次氏（写真左）のショップにて

↑スポーツカーB-Ⅰで立原義次選手が参戦し、２位を獲得したナンバー15のマシン。PPも獲得

↑タクシーとして使われることの多かった日野ルノーに対してコンテッサ900はファミリーカーとして認知されていた

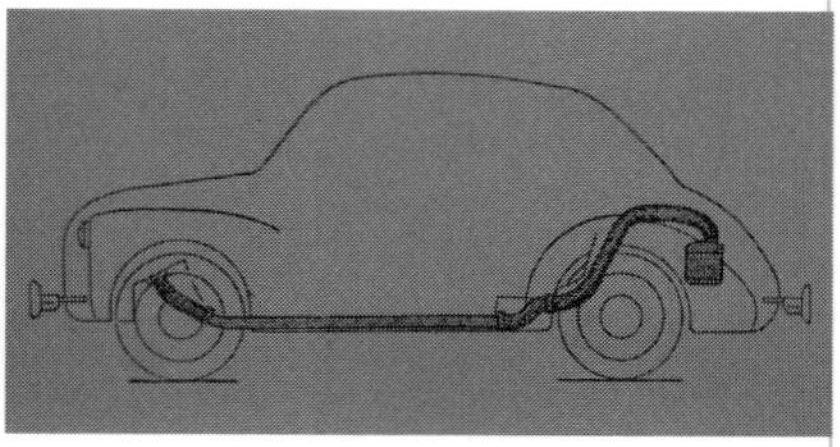

↑埃っぽい日本の道路事情に合わせるため、エアの吸気をフロントから行うというアイデアを鈴木氏のイラストで解説してもらった

↑鈴鹿で戦ったクルー。まだ日野はワークス体制をとるような状況ではなかった。この後にまさか勝利するとは……

↑ボディの横には「いざ征かむ、めにものみせん、青い目の大和魂、コンテッサ駆り」と毛筆で書かれたピートのクルマ

↑130psを目指していたものの、最後まで目標値はクリアできず、120+αpsに終わったというレーシング専用エンジンYE28

直接会って話を聞かないと、熱い想いは伝わってこない

歴史の証人の取材スタイルは〝直接お会いして〟が鉄則で、現在までずっと貫いている。お住まいの場所まで伺い、直接お話を聞くことで、電話取材では得られない余談がたっぷり。実はその余談にこそ、面白い話が紛れていたりするから、取材は実に楽しい。そして日本の自動車業界を支えてこられた方々だけに、お一人おひとり、個性的な取材スタイルとなるし、それ自体も楽しめるといった特別な時間を過ごせるのである。その貴重な取材は本当に楽しい時間となる。それだけに一度の取材で終わるところを話が次から次へとでてきて2度3度とお尋ねすることにもなるのだが、それでも快く取材にご対応いただいた方もおひとりやおふたりではない。

さらに取材場所も多種多様。近所のファミレスであったり、ご自宅であったり、ある時はメーカーの本社会議やミュージアムの一室まで用意していただいたこともある。いっぽうで、行きつけのカラオケ屋さんに昼間っから、という方もおられたし、ご自宅でカレーをごちそうになりながら、という取材もあったりと、こちらもスタイルはいろいろだったが、すべてがなんとも楽しい時間を過ごしながらの取材となったのだ。

さらに海外にお住まいの方にも取材をお願いしたことがあった。直接お会いして、が鉄則とはいえ、さすがに現地までの取材費の捻出は無理ということで、ＳｋｙｐｅやＳＮＳ、そしてメールなどでのやり取りをしながら、お話をお聞きしたこともあった。なかには日本に帰国されることを耳にし、ご迷惑を承知で空き時間にホテルまで押しかけ、お話を伺ったこともあった。一度、直接お会いすれば、あとは電話などの力を借りての追加取材もスムーズに行くことが多かった。

実はこの取材スタイルを決めたのも、初回の木全さんの取材があったからだ。もし、あの時、電話取材やメールのやり取りだけだったら、あれだけの熱い想いは伝わらなかっただろうし、あれだけのボリュームの連載には絶対ならなかったのだ。そして、この連載も現在まで続くことはなかったと思う。もちろん今回登場いただいた10名の方には、すべて直接お会いしている。目と目を合わせての取材だからこそ出てくる話にはやはり重みがある。そしてその方の短期連載が終了後、こんな声が届くこともある。

「ベストカーに載ったおかげで、昔の仲間たちから連絡がきたよ」とか「自分のやってきたことを、ここでまとめることができたような気がする」とおっしゃっていただくことがある。これは取材した人間にとってはやはり嬉しいひと言である。こうして皆様にはご迷惑をかけながら、それでも快く取材を受けていただいた皆様には感謝しかない。心よりのお礼を申し上げたい。最後になるが、今回、こうして一冊にまとめることをご本人や関係者の方々にお伝えした。そのなかで第8章の島田勝利様が平成29年10月2日にお亡くなりになっていたことを奥様から聞いた。取材の度に沢山の資料を自転車の前カゴに入れ、自宅近くのファミレスにやって来られた元気な姿を思い出した。ご冥福をお祈りしたい。

佐藤篤司

佐藤篤司(さとうあつし)

1955年新潟県生まれ。経済誌出版社勤務を経て、1981年創刊の(株)光文社『週刊宝石』契約編集記者として活動を開始。徳大寺有恒氏とともに自動車連載企画『ニューカーを斬る』の編集を12年間にわたり務める。その後、(株)光文社の各男性ファッション誌、1990年創刊『月刊Gainer』、1999年創刊『月刊BRIO』などの自動車担当スタッフとして制作に携わり、以降、自動車ジャーナリストとして編集、企画立案、執筆などを行う。

さらに(株)光文社の女性ライフスタイル誌『VERY』などではライフスタイルシーンの車両コーディネートなども行っている。現在は(株)光文社『FLASH』、(株)小学館『メンズプレシャス』、(株)小学館『BE-PAL』、(株)講談社BC『ベストカー』連載、マネーフォワード社『マネープラス・くるまと暮らす』、『日刊ゲンダイ』、『夕刊フジ』などライフスタイル誌や夕刊紙、Webなど、自動車専門誌だけでなく一般誌なども企画構成、執筆を行っている。4輪はもちろんバイクも試乗してレポートやライフスタイルの提案などを行う自動車ジャーナリストとしても活動。日本自動車ジャーナリスト協会(AJAJ)会員。

STAFF
■Cover Design　羽吹広樹 かがやひろし
■Book Design　羽吹広樹　coo
■Editor　渡邊龍生(株式会社講談社ビーシー)

日本《にほん》クルマ界《かい》 歴史《れきし》の証人《しょうにん》10人

2020年3月18日 第1刷発行

著　者／佐藤篤司《さとうあつし》
発行者／川端下誠　峰岸延也
編集発行／株式会社講談社ビーシー
〒112-0013 東京都文京区音羽1-2-2
電話　03-3943-6559(書籍出版部)
発売発行／株式会社講談社
〒112-8001 東京都文京区音羽2-12-21
電話　03-5395-4415(販売)
電話　03-5395-3615(業務)

印刷所　豊国印刷株式会社
製本所　株式会社フォーネット社

ISBN978-4-06-515590-5